国家出版基金项目
NATIONAL PUBLICATION FOUNDATION

"双碳"目标下建筑中可再生能源利用

光储直柔

刘晓华 张 涛 童亦斌 郝 斌 江 亿 等◎著

中国建筑工业出版社

图书在版编目（CIP）数据

光储直柔 / 刘晓华等著. -- 北京：中国建筑工业
出版社，2025. 3. --（"双碳"目标下建筑中可再生能
源利用）. -- ISBN 978-7-112-30995-5

Ⅰ. TU113

中国国家版本馆 CIP 数据核字第 2025QE6382 号

责任编辑：张文胜
责任校对：党　蕾

"双碳"目标下建筑中可再生能源利用

光储直柔

刘晓华　张　涛　童亦斌　郝　斌　江　亿　等◎著

*

中国建筑工业出版社出版、发行（北京海淀三里河路 9 号）

各地新华书店、建筑书店经销

北京科地亚盟排版公司制版

北京中科印刷有限公司印刷

*

开本：787 毫米×1092 毫米　1/16　印张：15¼　字数：378 千字

2025 年 3 月第一版　　2025 年 3 月第一次印刷

定价：**80. 00** 元

ISBN 978-7-112-30995-5

（44580）

本 书 作 者

第1章　刘晓华　张　涛　关博文　张　吉　江　亿
第2章　张　涛　刘晓华　李　浩　关博文　张　吉　江　亿
第3章　童亦斌
第4章　刘效辰　苏智寒　刘晓华　张　涛
第5章　李少杰　陈家杨　刘晓华　郝　斌　张　吉
第6章　刘　硕　李少杰　刘晓华　梁博远　刘效辰
第7章　张　吉　刘晓华　江　亿
第8章　陆元元　郝　斌　张　吉　刘晓华　邓志辉　孙冬梅　李　坤　陈丽华　等
第9章　刘晓华　张　涛

全书统稿：张　吉

前　言

用大比例的风电、光电替代以燃煤燃气为燃料的火电，实现能源从化石能源到可再生能源的转型，是实现生态文明的主要任务之一。这一转型可彻底解决大规模使用化石能源所导致的能源安全、环境污染和气候变化三大危害，实现人类用能的可持续发展。这将是载入人类文明史中的重大事件。风电、光电随天气的变化而大范围变化，是其与可调控的火电的最大区别；风电、光电属于来源于自然环境的低密度电源，其发展需要大规模的空间资源，这也是以风电、光电为主要电源的新型电力系统必须应对的主要问题。因此，大规模发展风电、光电要解决的两个问题是：在哪儿找到足够的空间安装风电和光电发电装置？如何破解风电和光电的输出与用电负荷变化的不一致，使风电、光电得到有效消纳？光储直柔这一建筑新型配电方式就是针对这两个问题而产生的新技术，是破解这两个问题的重要途径之一。

这里的"光"是指在建筑外表面尽可能多地安装光伏板，这就给建筑设计提出了新的要求，在满足建筑使用功能和美观需求的同时，还要提供最多的可安装光伏板的外表面。

这里的"储"是指通过各种渠道和手段使建筑具有更多的储能功能，包括利用建筑自身围护结构的热惯性、挖掘建筑机电系统的各种储能能力，以及接入建筑配电网的充电桩系统所连接的电动汽车电池资源。

而"直"是指建筑内部采用直流配电。随着电力电子技术的发展和各类用电设备的直流化，随着光伏和储能电池在建筑配电系统中的广泛应用，直流配电日益显出其多方面的优越性。当年爱迪生建立的直流配电系统经过百年周折，又将以全新的结构返回了。

最后的"柔"则是这种建筑新型配电系统所追求的目标：使建筑配电系统成为直流微网，与电网之间电力往来的瞬间功率将不同于此时建筑内全部用电设备的用电功率之和。二者的差是光伏发电、储能设施储/放电共同作用的结果。通过与电网的有效沟通，建筑可以有效消纳自身光伏电力、接纳更多的由电网输送的风电光电、根据电网的供需关系调整自身从电网的取/送电量，从而适应新型电力系统的需要，满足"荷随源动"的新要求。

自 21 世纪初世界上就开始再次讨论直流建筑。日本、德国等已开始建筑直流配电的尝试。我国大约在 10 年前开始提出建筑采用直流配电，以实现建筑用电的柔性化。在中美清洁能源合作框架协议的支持下，由深圳市建筑科学研究院主持、业内多个热衷于直流配电的企业和研究部门参与，2019 年在深圳未来大厦建成了国内第一个具有"光储直柔"功能的直流配电建筑，开始了我国在这个领域研究、开发和实践的热潮。

与此同时，由深圳市建筑科学研究院召集、郝斌等人牵头成立了"直流建筑联盟"，全面开展了相关的基础研究、应用研究、产品开发、工程实践、标准编制和宣传推广工作。该联盟的成员也从最初几十家迅速发展到超过百家，参加者也很快从建筑领域发展到包括电力、配电装备等多个领域。

2021年的国际绿色建筑与建筑节能暨新技术与产品博览会上，第一次有三个论坛以建筑光伏和直流配电为主题。在其中的一个论坛上，与会者对这一技术的命名进行了热烈的讨论，最后一致给出"光储直柔"（Photograph，Energy Storage，Direct currency，and Flexible，PEDF）这个命名。以后，这个名字就被业内各界广泛接受，包括在国务院印发的《2030年前碳达峰行动方案》中，也明确光储直柔是为了落实"双碳"目标要在建筑中大力推广的技术。

从2014年前后提出直流建筑以来，从2019年第一座全面采用光储直柔配电的深圳未来大厦建成以来，从2021年"光储直柔"这个名字被正式推出以来，这一新的建筑配电理念和技术迅速传播开，且飞速发展，各种采用光储直柔的建筑也如雨后春笋般到处涌现。"光储直柔"这个名字多次出现在中央和各级地方政府关于发展低碳技术的相关文件中。通过光储直柔实现建筑自身产电、储电和灵活用电，从而使建筑成为新型零碳电力系统建设的重要"战场"之一，使建筑为"双碳"目标做出更多的贡献。

光储直柔技术的迅速发展，要感谢科学技术的支持。自2022年起，作为国家重点研发计划专项项目，科学技术等部门就给予持续支持，这不仅是研究经费的支持，更是承认这一新生事物并将其正式列入研究项目队列，给予重点支持，这是很不容易的事。

光储直柔技术还得到了能源基金会（Energy Foundation，EF）的支持。应该是从2021年末作为临时增加的预研项目开始，以后作为重点项目，获得持续的连续经费支持。这就解决了研究经费的问题，对发展和推广光储直柔起到重要作用。

还要感谢中国建筑节能协会支持和推动成立了光储直柔专业委员会，并推动了相关标准的编制。目前，设计方法、评价方法和电量变换器等团体标准已相继出台，这对发展光储直柔技术起到重要的引领、规范和指导作用。

然而，最重要的还是分布在全国各地、各条战线上的几十个研究、实践光储直柔技术的团队。正是这些研究团队对这一新事业、新技术的痴迷，全身心地投入，努力创新、勇于实践、合作攻关，才使其飞速发展，使中国在这项技术上与世界并跑甚至领跑。中国学术界的是激烈竞争的，而在光储直柔上各个研究团队非常团结，有共同探讨学术的平台，有相互支持互相帮忙的文化，也有无私奉献、拿出自己的研究心得及时为业内答疑解惑的专家队伍。正是从一开始就形成的这种文化，使我国光储直柔的研究、试制和推广工作得以高效进行，获得飞速发展。

2021年"光储直柔"这个名字出现以来，已陆续有了一批研究报告、标准和科学技术出版物。但尚缺少从基本理论出发全面系统阐述光储直柔的文献。为此，在能源基金会的支持下，由刘晓华教授牵头，由清华大学、深圳市建筑科学研究院股份有限公司、北京交通大学等研究团队共同组织了写作班子，在很短的时间内完成本书，汇集目前在此方向的主要研究成果和进展。这样既可用于大家在光储直柔的研究、开发和工程应用中参考，也作为一个历史的记录，把这几年的认识与体会归纳总结。书中的许多内容仅是目前的认识，随着研究的进一步深入，随着更多的工程应用和新的相关产品的出现，很可能有些内容不全面、不准确甚至是错误的，还有很多重要的内容被疏忽、被遗漏。我想，3 年到 5 年后随着这一方向研究与实践的深入，作者将会为读者献出更完善、更深入的新版本。

感谢本书各位作者的奉献，也感谢各位读者对本书的关注。

愿中国的光储直柔事业顺利发展，为新型零碳电力系统的建成贡献力量。

于清华节能楼

2025 年元月

目　录

第1章 绪 论

1.1 发展背景——"双碳"目标下的新要求

1.1.1 "双碳"目标与关键领域

2020 年 9 月 22 日，国家主席习近平在第七十五届联合国大会一般性辩论上宣布，中国二氧化碳排放力争于 2030 年前达到峰值，努力争取 2060 年前实现碳中和（本书简称"双碳"目标）。能源结构变革是实现"双碳"目标的根本环节，而电力、建筑、交通是实现"双碳"目标的三大重要领域（图 1.1-1），均需要面向"双碳"目标寻求自身能源结构突破、推动创新技术发展，分别探索各自的碳达峰碳中和技术范式，而这些关键领域的不同探索路径又汇聚成对全社会整个能源系统的变革性发展要求。

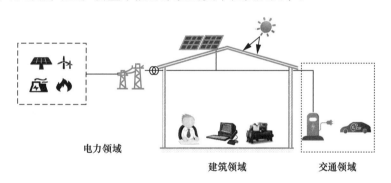

图 1.1-1 "双碳"目标相关的重点领域

针对电力领域、建筑领域、交通领域的低碳或零碳化技术发展，众多研究者开展了深入细致的研究，并对发展路径和研究方向越来越趋向一致。例如在电力领域，实现电力系统的低碳转型是实现全社会"双碳"目标的重要支撑。实现电力领域"双碳"目标的主要任务之一是实现从以化石能源为基础的碳基电力系统转为以可再生能源为基础的零碳电力系统。电力系统的低碳/零碳化发展，需要充分发挥风电、光电等可再生电力的重要作用。多个研究机构对实现电力系统低碳转型的任务进行了深入研究，得到的结论是尽管在未来全社会用电总量、电力系统装机容量等方面存在一定差异，但未来的电力系统将以风电、光电等可再生电力为主。截至 2024 年 8 月底，全国累计发电装机容量约 31.3 亿 kW，同比增长 14.0%；其中，太阳能发电装机容量约 7.5 亿 kW，同比增长 48.8%；风电装机容量约 4.7 亿 kW，同比增长 19.9%。如图 1.1-2 所示，2030 年碳达峰、2060 年碳中和时新能源的装机容量将大幅提升，未来碳中和时期将由风电、光电（简称风光电）等可再生电力占主导，其装机容量可达电力系统总装机的约80％，相应的由风光电提供的发电量则可占到约60％[3]。

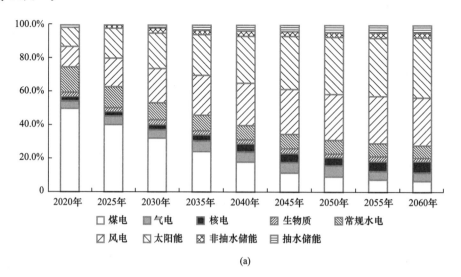

(a)

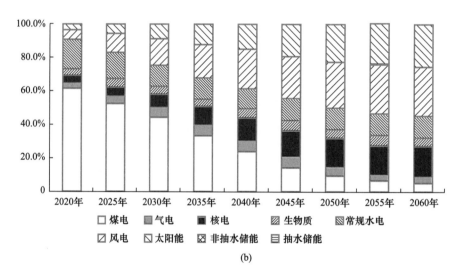

(b)

图 1.1-2　电力系统电源装机结构与发电量发展预测[2]

(a) 电力系统装机容量结构变化；(b) 电力系统发电量结构变化

　　电力系统的零碳化发展，不仅需要电源侧的转变，还需要用户侧（建筑领域、交通领域）的积极参与。从建筑领域来看，实现建筑终端用能的全面电气化或再电气化是建筑零碳化的重要抓手，建筑自身的电气化水平提升既推动了相关的热泵技术、电驱动机电设备的发展，又使得其作为重要的电力系统终端用户，需要进一步融入未来的零碳电力系统中，成为友好型的电力用户。从交通领域来看，电动汽车的发展既推动了全社会的技术产业升级又是驱使交通领域能源变革的最重要推手，交通领域的电动化也使得其与电力系统的零碳化进程深度融合。因而，电力领域、建筑领域、交通领域未来均需面向零碳能源系统进一步融合发展，加快构建相互之间紧密联系、携手迈向碳中和的创新图景。

1.1.2　新型电力系统的发展要求

1. 新型电力系统

新型电力系统是面向"双碳"目标与能源革命需要构建的电力系统，是依靠风、光、水、核、生物质等新能源电力为主体，火电等传统电力作为补充的电力系统，是破解能源"不可能三角"（同时实现能源安全、经济、绿色目标）的关键领域。

充分利用可再生能源、实现能源可持续是驱动新型电力系统构建的关键内生动力，这一过程需要整个电力系统的供给侧与需求侧均做出变革，并且应协同变革。从需求侧来看，不能再依赖化石燃料，而应当从利用可再生能源的角度出发充分解决自身需求，促使其用能结构由化石燃料转向电气化；从供给侧来看，也不再以化石燃料为主，而是转变供给侧结构，转向以风光电等可再生电力为主体的供给。

新型电力系统不单单意味着电源结构的改变，也并非简单地将原有的火电等化石电源替换为风电、光电等可再生电力，而是整个电力系统的全面变革，"源、储、网、荷"各个环节都需要适应新型电力系统的发展要求（图 1.1-3）。

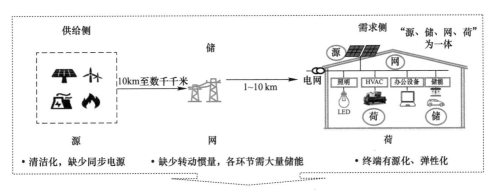

图 1.1-3　新型电力系统"源、储、网、荷"环节

（1）在电源侧，新型电力系统将以风光电等可再生电力为主体，电源结构发生改变、数量由有限向海量转变、分布特征由集中向集中与分散并存发展，现有的火电等基础性电力将转变为未来的调峰电力；风光电为主的电源结构下对与风光电波动性相适应的灵活电源需求日益增长，各类储能资源、灵活性调节资源成为关键。

（2）在负荷侧，全面电气化一方面会带来终端用电需求的进一步增长，另一方面终端将由单纯负载转变为集分布式发电、终端用电和调蓄于一体的复合体，负荷侧有望从刚性变为具有一定调节能力的柔性终端。要发挥好建筑、电动汽车等电力终端用户的作用，使得终端用户能够参与到与电力系统供给的互动中来，降低新型电力系统中对储能容量的要求，更好地满足系统对灵活性调节资源的需求，助力解决电力系统供需不匹配问题，促进电力系统由传统的"源随荷动"转变为"荷随源变"，实现供需匹配。

（3）在储能侧，要统筹规划好电力系统中可用的储能资源，既包含电源侧、电网侧的储能资源，又可挖掘用户侧的储能或等效储能资源，并对未来电力系统中各处储能资源开展协调利用，协同起来发挥作用。电源侧的储能主要是用于应对风光电等可再生电力的波动性出力问题，电网侧可调度的抽水储能、集中电池储能等将成为支持电网系统稳定运行的重要手段，用户侧的分布式储能或等效储能资源则可广泛调度起来，实现用户侧柔性用电，促进"荷随源动"。充分调动这些集中储能、分布式储能的能力来解决电力系统"源""荷"之间不匹配的问题。

（4）在电网侧，新型电力系统将呈现集中式大电网与分布式电网并存的格局。电网的职责发生转变，由全力保障供电、满足终端用电需求转变为调动系统中的电源侧、储能侧、用户侧等来实现协同，共同完成电力系统的平衡、调节等任务。用户侧配电网将接入建筑、电动汽车等用户侧资源，用户侧更好地协同起来参与外部电力系统间的互动，而用户侧具有的灵活调节能力也将使配电网更容易实现就地平衡。

2. 新型电力系统对储能的需求

新型电力系统面临风光电出力不稳定、电力供给与负荷需求两端难以完全匹配等瓶颈问题，外部风光电等可再生电力如何有效消纳、建筑侧分布式光伏等可再生电力如何有效消纳、如何应对风光电的波动性等是在新型电力系统中需要设置储能资源来应对的重要问题。

储能是实现新型电力系统实时运行调节的重要手段，在一定程度上实现可再生电力供给与终端负荷需求之间解耦的重要抓手，能够为系统实时调节提供有效缓冲空间。从电力系统中储能应对的问题来看，时间尺度上包含长周期、短周期储能，对应有不同的技术解决方式。例如，对于年内或季节尺度上的跨季节电力供需不平衡问题，需要一些跨季节储能的方式，如储氢、跨季节运行的火电调峰机组等；对于日间的储能需求，抽水储能等可作为电网侧的应对手段，蓄电池等可应对日间或日内不平衡下的储能需求。这些储能方式对应不同的时间尺度，可用于解决不同体量、不同时间尺度下的能量调蓄问题。

单纯依靠储能电池等现有方式实现能源/零碳电力系统的调蓄，需要投入极大的成本，迫切需要探索经济性合理、可负担的调蓄方式。可探索的路径包括：一方面降低储能成本、提高储能技术的方式，电池、各类储能技术一直是热门研究领域，未来随着技术进步储能成本也存在一定下降空间；另一方面则可通过需求侧的灵活调节来降低系统对储能装置容量的要求，寻求替代的方式来获得等效储能的效果，这就使得建筑、电动汽车等用户侧有望成为重要的等效储能或调蓄资源[4-7]。

根据所处位置的不同，电力系统中可设置或可利用的储能资源主要包括电源侧储能、电网侧储能和用户侧储能（图1.1-4），三种储能资源发挥的作用不同，需要对各类储能资

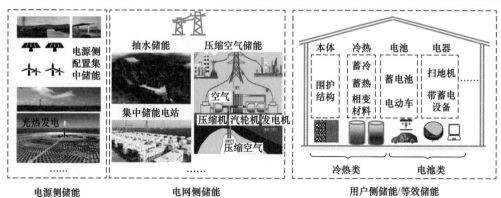

图 1.1-4　新型电力系统中可利用的储能/等效储能资源

源的合理配置、合理调度进行整体规划。

（1）在电源侧需要有效的储能手段或组合电源来应对风光电的波动性。风光打捆、水光打捆等实际上是利用了各类电源间的互补性，有助于降低对电源侧储能的要求、更好地利用可再生能源[8,9]。为了更好地平衡风光电等电源侧出力，电源侧需设置集中储能方式，例如风光电电站均需要设置一定容量的储能，尽可能实现风光电电源侧的储能调节，一定程度上缓解风光电出力的波动性。一些可再生能源发电方式例如光热发电，具有较好的出力特点，自身即可实现太阳热量的储蓄和发电能力调节，也是一种在电源侧改善可再生电力波动的手段。

（2）在电网侧需要合理的储能方式为电网调节提供可利用手段。整体上协调电源与终端用户间电力的供需平衡，是电力系统调度调节中重要的可利用手段。电网侧常见的储能调节方式包括抽水储能电站、压缩空气储能电站、集中式蓄电池电站等，其中抽水储能电站可实现非常高的储能效率，但对地理条件有要求，需要蓄水上库、下库间具有较大高差[10]，一些废弃矿坑等也有望改造为抽储电站；目前各地规划建设抽水储能电站规模达到上亿千瓦、未来可达到 4 亿～5 亿 kW。利用盐穴开展的压缩空气储能，在储电、放电过程中由于空气压缩、高压空气释放等过程导致大量的冷热产生，需对冷热进行有效利用，以提高系统综合性能。

（3）在用户侧应充分挖掘其具有的等效储能资源来实现负荷柔性可调，辅助电力系统调节，用户侧如建筑、交通领域全面电气化会带来终端用电需求的进一步增长，而终端用户所具有的储能能力也需要得到进一步重视。终端用户的特点是单个体量较小，远小于大规模电站的能量调度能力，但其特点是具有海量用户、拥有海量的可调节等效储能资源。电动汽车、电器设备、空调系统甚至分布式蓄电池等都有望成为用户侧可挖掘的储能资源，当前电网与用户互动的重点也包括车网互动、对建筑空调系统的调节等[11-13]，未来需要进一步解决用户自身等效储能能力的充分挖掘、电网与海量用户之间有效互动等关键问题。

1.1.3 建筑助力低碳未来的实现

根据清华大学建筑节能研究中心对中国建筑领域用能及碳排放的核算结果，2022 年，中国建筑建造隐含二氧化碳排放量和运行相关二氧化碳排放量占中国全社会二氧化碳排放总量（包括能源相关和工业过程排放）的比例约为 32%[14]。2022 年，中国建筑运行的一次商品能耗为 11.2 亿 tce，约占全国能源消费总量的 21%，建筑商品能耗和生物质能共计 11.7 亿 tce（其中生物质能耗约 0.5 亿 tce）。2010～2022 年，建筑能耗总量及其中电力消耗量均大幅增长，2022 年全社会的建筑用电量超过 2.3 万亿 kWh，如图 1.1-5 所示[1]。建筑领域已成为推动"双碳"目标实现的关键领域。

在未来低碳化发展过程中，建筑扮演的角色将迎来重要转变。建筑将从单纯的能源用户转变为集能源生产、消费、调蓄于一体的综合体，实现由单纯的能源消费者、刚性用能向深度参与低碳能源系统构建、调节、成为柔性负载的转变，成为未来低碳能源系统中的重要一环。建筑自身可再生能源利用也是建筑领域降低碳排放的有效手段，当前光伏技术的发展已为建筑中规模化利用光伏可再生电力提供了重要保障，各类建筑的屋顶、外表面等成为重要的可利用场地资源。光伏发电等可再生能源利用技术将在公共建筑中得到更好

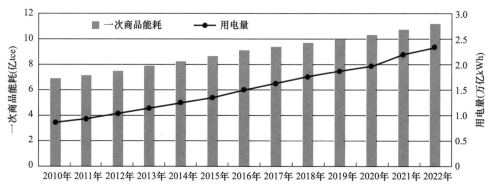

图 1.1-5 中国建筑运行折合的一次商品能耗和用电量（2010~2022 年）

地利用，尽管一些高层、超高层建筑很难通过自身光伏发电解决其用能问题，但很多体形系数小的公共建筑则具有充分利用光伏发电技术的先天优势。例如交通建筑中的航站楼、高铁客运站等具有大面积屋顶，建筑层数少，光伏发电技术性价比高，高铁雄安站等新落成站房已很好地应用了光伏发电技术，因此，不论是改造还是新建的公共建筑都可以考虑利用光伏发电技术，充分利用宝贵的建筑外部面积资源（图 1.1-6）。

（a） （b）

图 1.1-6 公共建筑光伏利用案例

（a）高铁雄安站；（b）北京世园会中国馆

公共建筑将成为充分利用可再生能源的有效载体，为实现可再生能源的自产自用提供了便利条件。以典型办公建筑为例，利用光伏发电可解决的建筑尖峰电力需求通常也仅在20%左右，办公等公共建筑的用能时间与光伏发电等可再生能源的发电曲线具有高度相近特征，可以充分利用自身光伏发电潜力，易于实现对自身可再生能源的全部消纳；也可以有效消纳外部光伏发电等可再生电力，降低由于可再生电力供给与末端建筑需求间不匹配而导致的储能成本增加。公共建筑围护结构等具有一定的热惯性、自身内部具有众多用能设备，未来可以发展出根据电力供给特点、适当结合建筑自身围护结构储能特点、用电设备功率调节的末端用能响应模式，可进一步结合水蓄冷、冰蓄冷等主动式系统，进一步实现公共建筑用能的柔性。

另外，在公共建筑内可以布置分布式储电以及通过智能充电桩利用好公共建筑中停车场的电动汽车资源，是实现有效用能调节的重要途径。公共建筑如办公建筑内的人员作息与其停车场的利用时间高度一致，利用公共建筑的停车场发展适应光储直柔系统的新型电动汽车充电桩具有得天独厚的优势。这种系统模式的发展、推广应用，不仅助力建筑领域实现用能低碳、柔性调节，而且将可再生能源的供给与建筑用能、交通用能实现了有机融合，也有助于交通领域的低碳化（图 1.1-7）。

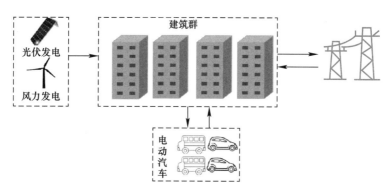

图 1.1-7　公共建筑参与未来低碳电力系统互动

公共建筑用能系统便于率先实现全面电气化，其用能系统便于统一管理，这就为其未来参与整个能源系统的调节、响应未来低碳能源供给侧变化提供了有利条件。建筑单体的调节能力小，需要聚合形成规模后，采用虚拟电厂技术才能与电网有良好互动。公共建筑未来可以以单体建筑、建筑群（区域建筑）的方式参与到与电网的交互中，成为可响应电网调度需求、用能在一定范围内灵活调节的柔性负载。最终建筑群与电网的交互可以实现在低谷时间段用电，消纳电网富裕的可再生电力；在高峰时间段向电网输送电力，减轻电网压力。这一目标的实现，需要公共建筑在自身用能方式、储能手段等方面做出变革，也需要新的技术手段、关键设备的支持。

1.2　建筑新型能源系统构建路径

1.2.1　"双碳"目标下建筑能源系统的革新

传统的建筑能源系统的基本任务是保证建筑内冷、热、电等基础能源需求，创造适宜的温度、湿度、洁净度等物理环境，满足各类建筑中人、工艺过程等的使用需求。传统建筑能源系统多以建筑节能、绿色建筑等目标来驱动能源系统的性能提升，通过建筑围护结构等被动式本体性能的改进、建筑中主动式机电设备的效率提升、降低自身冷热电量的能源需求等来实现能源系统的性能提升[3]。

"双碳"目标下建筑能源系统面临更高的要求，需要在建筑节能的基础上进一步面向低碳作出革新；需要在满足建筑基本功能的基础上，思考其功能和角色的转变，由单纯负载、用户向可实现自身可再生电力生产、电力消费、储存和调节功能"四位一体"角色转变（图 1.2-1），集"源、储、网、荷"多种特质于一体[15]，为整个能源系统的低碳甚至零碳目标做出积极贡献，这也对建筑能源系统发展提出了新的挑战。

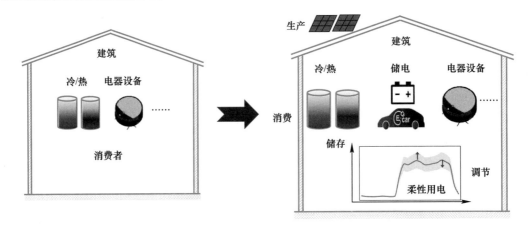

图 1.2-1　建筑由单纯消费者向"产、消、储、调"四位一体的角色转变

电气化是用能终端和建筑能源系统的重要发展趋势[16]，当前建筑领域的整体电气化率在50％左右，随着"双碳"目标的推进，电气化率将持续提升。建筑领域电气化率提升的主要途径包括供暖领域的部分化石燃料燃烧转变为电驱动的热泵、炊事用化石燃料被电替代等。例如，随着经济社会发展，长江流域建筑的供暖需求不断增长，电力驱动的热泵是该地区供暖空调的高效解决方案，冬夏一体的高效空调、热泵产品也得到越来越多的研发和应用。随着电气化率的提高，建筑用户侧的冷、热需求最终转变为对电力的需求，越来越多的"全电建筑"出现，使得电力系统的负荷特性不断发展变化。

除了自身用能方式的电气化，零碳目标要求建筑能源系统还能够充分利用自身可再生能源，在消纳自身可再生能源的基础上成为柔性用能终端。需要指出的是，建筑节能仍然是实现建筑低碳/零碳目标的重要基础，建筑节能目标与建筑柔性用电/低碳目标之间具有一致性，尽管在部分情景下为了更好地满足建筑柔性用电目标（如削峰填谷、需求响应）而使得建筑用电偏离了原有的建筑节能固有思路，例如采用热泵、制冷机组来响应电力系统的调节需求时，一些工况下需要热泵或制冷机组提前开启并利用建筑的热惯性和热环境控制参数的可调性来获得电力供给时间上的平移或错峰，从总的用电需求来看，建筑自身用电可能不再能实现节能的最优，但这一过程其实不仅仅关注自身建筑能耗的节省，从整体能源系统的视角来看，柔性用电有助于实现供需两侧的友好互动，这也是建筑自身应当为零碳能源系统构建所做出的贡献。

在"双碳"目标的引领下，建筑能源系统的革新不仅仅局限于能源生产、消耗的效率提升，还需要在用户侧同步推动深层次变革。与电源侧和电网侧大规模、集中式建设不同，建筑用户侧的能源系统革新更多表现为分布式发展，并且呈现"源、储、荷"一体化的特点。在"双碳"目标下，建筑在能源系统中的核心任务可以归纳为"产、消、储、调"四个方面（图 1.2-2）：

产：建筑能够充分利用自身的可再生能源，如光伏发电，成为分布式能源的重要节点。随着分布式光伏发电的普及，建筑表面，尤其是建筑屋顶被视为安装光伏发电装置的理想场所。研究表明，未来相当大比例的分布式光伏发电将依附于建筑表面，这不仅可以解决自身的能源需求，还能成为电力系统稳定的输出源。建筑通过实现就地消纳、自主管理自身光伏发电，减少对电网的回馈需求，从而降低电网管理压力，提升整体的能源利用

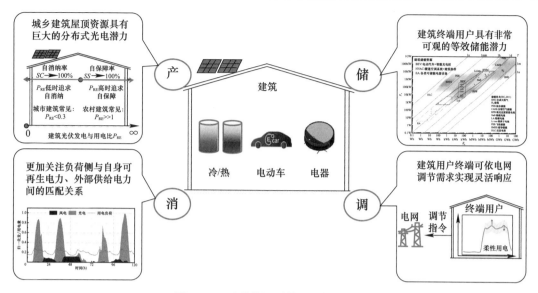

图 1.2-2　建筑能源系统可发挥的作用

效率。

消：保障建筑用户自身的用电需求，是建筑能源系统的核心功能之一。随着建筑领域电气化的不断深化，供暖、空调等高耗电系统对电力的需求日益增多，尤其是夏季和冬季的电力消耗峰值常常与空调制冷和供暖密切相关。随着电动汽车的普及，建筑用电需求将进一步增加，这对建筑配电系统提出了新的要求。如何在电动汽车充电需求与建筑其他电力需求之间找到平衡，同时消纳更多的可再生能源，是建筑能源系统未来需要解决的问题之一。

储：建筑侧储能及其等效储能资源是推动能源系统灵活性的重要手段。在能源系统革新的过程中，大量的储能和灵活性资源是必不可少的，电源侧和电网侧的储能建设正在蓬勃发展，建筑用户侧的分布式储能同样备受关注。除了化学储能技术，建筑具有的等效储能能力也逐渐被重视。虽然用户侧储能的调节作用不及电网和电源侧，但它可以有效消纳可再生能源，提升建筑自我供电能力。同时，建筑用户侧的等效储能方式往往比单独设置储能系统的成本低得多，能够在削峰填谷、响应分时电价的机制下实现显著的经济效益。

调：在新的能源系统下，建筑用户侧的灵活性不仅仅体现在满足自身用电需求上，更体现在对电力系统调节需求的积极响应上。通过负荷侧的柔性用电，建筑可以更好地配合电力系统的需求变化，实现从"源随荷变"到"荷随源动"的转变。电价信号、碳排放因子等实时调节机制有望成为未来用户侧用电决策的重要参考，促使建筑能源系统更高效地响应电力系统的调节需求。随着虚拟电厂、需求响应等技术的发展，如何在海量建筑用户之间实现自主管理和自主响应，将是未来建筑能源系统面临的核心问题之一。

通过"产、消、储、调"各方面的变革，建筑能源系统在助力建筑实现零碳/低碳化目标的同时，还能够为整个能源系统提供更加灵活和稳定的支撑。这不仅是建筑自身发展的需求，也是实现"双碳"目标不可或缺的组成部分。

1.2.2　"双碳"目标下建筑能源系统构建原则

1. 降低需求、节能依然是基础

建筑节能是建筑低碳/零碳化的重要基础，实现"双碳"目标，节能是关键，任何时候都应当把节约能源摆在首位。长期以来我国建筑领域无论人均还是单位面积能耗强度和碳排放强度均显著低于欧美发达国家[14]，这是我国的生产生活方式决定的。随着我国社会经济进一步发展，建筑能耗强度、碳排放强度仍有上升趋势，需要在构建低碳建筑能源系统中加以应对。例如长江流域的供暖问题，一直以来是需要解决的重要问题[17,18]，未来随着人民生活水平的进一步提升，如何在满足人民对供暖等美好生活需求的基础上，采用低碳合理的解决方案，仍是需要进一步研究的关键问题。

较低的能耗强度、碳排放强度可以为建筑低碳甚至零碳能源系统目标的实现提供有利基础，基于建筑使用功能特点和所在地的气候特征，通过科学合理的设计提升建筑本体性能，降低建筑能源需求，一直以来都是努力的方向（图 1.2-3）。例如，建筑使用过程中减少不必要的冷热量消耗是降低建筑能源需求的重要途径。建筑本体性能的提升、对建筑围护结构性能的改进，近年来已取得了显著进展；围护结构保温性能的提升，对实现供暖时的耗热量降低起到了关键支撑作用[19]。在降低建筑本体需求层面，以往暖通空调设计中较少关注自然渗透风等实际因素的影响，而在很多大空间建筑如商场、交通建筑中，渗透风是影响建筑室内热环境与能源消耗的重要因素。对于航站楼等体形系数相对较小的大空间建筑，一些实测结果表明[20,21]，冬季工况下人员、灯光设备的发热量与围护结构冬季的散热量近似相当，而整个空调系统的供热量则与渗透风导致的热量消耗相当。如果有效降低不必要的渗透风能耗，机场航站楼类建筑有望实现近零能耗供暖[22]，从而为实现建筑自身能源系统的低碳/零碳目标提供极大便利。需要指出的是，渗透风的理论分析方法和模拟计算多通过计算流体力学（CFD）的方式，通过 CFD 模型获得室内气流流动情况及渗透风影响规律，并在此基础上借助不同的暖通空调末端来有效应对渗透风的不利影响[23]。

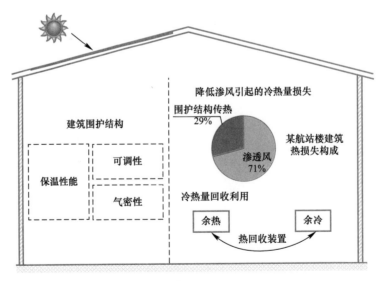

图 1.2-3　提高建筑本体性能，降低能源需求

近年来，一些新材料、新技术的发展，为从源头降低建筑本体能源需求提供了新的解决思路。例如辐射冷却材料的基本原理是通过对太阳辐射波段进行很好的反射，并在大气窗口波段实现良好的红外辐射透过，以有效利用天空背景辐射低温冷源对建筑外表面进行冷却。[24,25] 对于制冰场馆等需要全年制冷的建筑场景，通过建筑外表面辐射冷却方式可

以有效降低其内表面的温度，从而有效降低营造冰场环境所需的冷量，实现较好的节能效果。

建筑能源系统构建中应当从整个能源系统的角度综合考虑建筑的冷热需求，当建筑内同时存在冷热需求时，应着重考虑在建筑内部实现自身冷热量的有效回收利用，充分挖掘可回收的冷热量的潜力。例如电子洁净厂房中[26]，冬季需要对室外新风加热，新风加热量是建筑冬季热需求的最重要组成部分，而相应的电子洁净工艺房间内通常具有较高的室内发热量，还需要通过干盘管（DCC）供冷来满足排热需求。这类同时具备冷热需求的场景即可通过热回收减少外部冷热量投入、降低对外部的能源需求，对实现建筑能源系统的低碳化具有重要的支撑作用。

2. 推动建筑能源系统全面电气化

全面实现终端电气化是建筑能源系统适应碳中和发展要求的重要目标和指引，这一发展趋势可有效避免建筑终端燃烧化石燃料产生直接碳排放，是实现建筑能源系统低碳化甚至零碳化的重要抓手。当前建筑领域的整体电气化率在50%左右，未来面临着进一步提高电气化率、实现建筑再电气化/全面电气化的重任。从当前建筑领域分项的电气化水平来看，北方地区供暖相对较低，仍有大量依靠化石能源作为热力来源的问题。在建筑能源系统低碳化目标下，需要集中解决此部分热力需求的应对问题。建筑热力需求的解决途径是构建新型热力系统，转变当前热量仍主要来自化石燃料的方式，转而寻找合适的低碳/零碳热源，例如将各种余热资源充分采集/回收、输送，合理利用，减少对化石燃料的依赖，促进整个热力系统的清洁低碳化。目前一些研究中已提出将电力系统与热力系统耦合分析，通过电热协同、热电协同等方式来促进电力、热力供应的高效化、清洁化[27,28]，但仍需进一步对热力需求的合理解决方案持续研究。当无可利用的余热资源时，采取跨季节储热的方式也成为热力需求低碳化的重要选项，一些研究中也提出跨季节储热池等构想[29]，目标是在不同季节间实现大规模热量的储存，解决低碳热量来源问题。针对跨季节储热问题，需要建设大规模跨季节储热池，与常规水库、蓄水池相比，储存冷热水的大规模跨季节储热池，在选址、热池结构、设计建造、运行维护等方面仍有一系列待解决的问题，也包含诸多与之相关的新的热力学问题需要解决。

化石燃料多存在于热量获取或特殊场景需求中，通过电力满足这些特殊场景的需求、实现对化石燃料的替代是实现全面电气化的重要途径，这也需要相应的电力驱动设备的支持。除北方地区供暖外，未来建筑能源系统可实现100%由电力驱动，从而有助于建筑能源系统实现低碳化目标。提升电气化率的途径主要是化石燃料替代、炊事/生活热水等领域实现电气化。例如，热泵将在"双碳"目标下获得巨大发展已成为行业共识[30,31]，对用于制取热量的建筑用能设备，通过热泵等电力驱动方式来替代锅炉等满足热量需求是有效的解决途径，各类热量制取需求场景下的热泵设备正得到快速发展；对于有蒸汽需求的医院建筑等场合，变化石燃料燃烧方式为热泵方式来制取蒸汽已成为可能[32]，相应的设备已得到研制开发；对于建筑中的炊事用燃气，电气化替代、相应的电气化炊具等也日渐得到开发应用，全电厨房、全电建筑等正得到越来越多地示范推广。进一步地，仍需要开发适应全面电气化需求的各类电器设备，以便为建筑能源系统的全面电气化提供支撑。

3. 进一步提升建筑机电系统能效

提高建筑机电设备、机电系统能效是实现建筑节能、建筑低碳目标的重要抓手，推动各类设备、系统的能效提升一直都是用能终端发展的重要目标。小到家用空调，随着其能效标准的不断提升，当前一级能效水平已实现了大幅提升；大到集中空调系统的制冷机组（以制取 7℃冷水为例），其能效水平（COP）也已从 5.0 迈向 7.0。以制取 7℃冷水的大型离心式制冷机组能效逐年提升情况为例[33]，当前设备可达到的制冷循环效率已非常接近于理想循环效率；制冷机组蒸发侧、冷凝侧温差，也已控制在 1℃以内，甚至可达到 0.5℃。在外部需求确定的情况下进一步提升单个制冷循环性能已非常有限，这就需要从新的视角出发来寻求提升机电系统能效的措施，例如通过改变建筑侧对冷源的温度需求，可以将冷水温度从 7℃提升到 16℃左右，由此可以带来制冷循环蒸发温度的大幅提升，这种温度水平的制冷机组能效可比常规机组提升 30%以上[34]，在很多建筑场景中具有广泛应用前景。

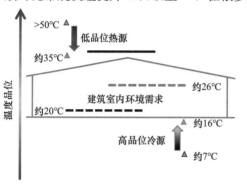

图 1.2-4　降低温度品位需求，提高系统能效

从建筑冷热源设备的性能提升路径来看，降低对冷热源的温度品位需求、减少系统中的温差损失等，可以有效提升冷热源的能效水平（图 1.2-4）。以制冷为例，既应当努力寻找比室外空气（干球温度）更优的自然冷源或者温度水平更低的热汇，包括冷却塔（湿球温度）、地表水、干燥空气（露点温度）、地下水等；又可以通过降低对冷源温度品位的需求来实现整个系统性能的提升。目前已发展出高温供冷＋低温供热、温湿度独立控制等新的空调系统，实现了系统能效的大幅度提升[35,36]。

除了上述提升机电设备单点工作性能的措施以外，由于建筑多数情况下运行在部分负荷工况，实现各类机电设备在部分负荷下的能效提升，从而获得整个运行期内的全工况性能提升，也是建筑机电系统能效提升的重要任务。变频调节已成为机电设备适应部分负荷工况的重要手段，以制冷空调系统为例，制冷机组、辅助设备（如风机、水泵）等均已实现了变频化，以适应部分负荷工况下的调节需求。直流电机驱动的变频风机、水泵、制冷机组等设备，能够更好地适应全工况、部分负荷下的运行需求，是实现机电设备能效提升的重要途径。

要实现整个建筑机电系统的性能提升，需要在系统方案设计、施工、运行、调适等多个环节协同发力，需要对整个系统进行精细化设计和运维，确保系统中各环节都能够助力综合性能的提高。例如，当前越来越多的实际工程中已不再仅关注制冷机组等单个设备的效率提升，而是以构建高效制冷机房、高效能源站等方式来促进建筑冷热源的高效化[37]。进一步地，需将空调系统中的末端空气处理机组统一考虑，提升系统的整体能效。

4. 分散可调，适应不同需求

建筑能源系统的基本任务是满足建筑内冷、热、电等的能源需求，而这些能源需求产生的根源还是由于建筑内的人或工艺过程对建筑环境和冷、热、电等方面有要求。建筑能源系统采用集中还是分散的解决方案，需从面对的对象、集中与分散方式的应对差异等方面综合考虑。

从建筑服务对象来看，当建筑服务于工艺生产过程时，可以采用统一供给、统一调控的方式来满足末端能源需求；而当建筑服务于人时，由于人员对环境要求的差异，则很难简单通过集中供给的方式来满足不同人员的需求差异。实际建筑中存在多个不同用户时，多用户之间的需求存在差异，很难完全同步，存在使用习惯与行为差异等，也使得集中能源供给方式下并不能高效地满足多个不同用户的需求。例如，对"质"的不同需求：有的末端需要低温（如 7℃）冷水，其余末端 10℃ 以上的冷水即可满足要求，但集中式能源系统只能"就低不就高"，统一提供 7℃ 冷水，这就提高了对冷源温度品位的要求。对"量"的不同需求：当仅有部分末端负荷率高时，集中式能源系统往往会出现调节不充分而造成"过量供应"，或者付出相对较大的风机、水泵调节能耗。

传统的解决方式是根据系统中最不利用户或者要求最严苛用户的要求进行统一供给，由此可能带来集中供给方式下的能源质（品位）或量（冷热量等）的浪费或过量供应。例如集中空调系统中常见的调节方式包括阀门开度调节、再热、三通阀旁通调节等，为了适应末端的不同需求、变化的需求，需要采用上述调节措施，但此时需要付出相应的"代价"：减小阀门开度会增大管路阻力/压降，消耗了动力；再热方式会导致冷热抵消，增加冷热量消耗；三通阀旁通调节尽管不会带来冷热量损失，但会带来掺混耗散，造成了品位损失。

为此，建筑能源系统对应的建筑末端可能包含多个用户，用户需求的不同使得各用户均可能具有一定的自行调节需求。统一集中供给的方式，涉及对各末端不同用户是否能实现合理分配、末端用户的调节需求能否得到有效满足等问题。例如，当系统中存在多个需求显著不同的末端用户时，采用集中式能源系统会造成显著的调节不均、增加冷热量损失和不必要的耗散，此时宜采用分散的方式来满足不同末端用户的需求，避免集中方式下导致的不必要浪费。变"全部时间、全部空间"的环境营造方式为"部分时间、部分空间"的局部式解决方案，将有助于大幅降低建筑环境营造过程的能源消耗，并能更好地满足建筑中不同用户的不同需求。在实际建筑能源系统解决方案中，亦可根据"集中"与"分散"的各自特点综合考虑，利用适当集中+末端分散可调的方式兼顾系统效率与末端调节需求之间的平衡。例如一些建筑环境营造中，通过集中式能源系统统一提供某个服务水平下的背景环境（如夏季温度控制在 28℃ 左右），接近各末端用户的需求；而各末端用户可利用自身的分散式设备进一步进行局部调节，以满足各自不同的需求。这样既兼顾了集中式能源系统的高效优势，又充分保障了末端用户自身调节的需求，使整个系统更加高效、低碳。

5. 实现建筑能源系统的柔性响应

未来可再生电力占主导的能源供给结构下，建筑能源供给通过外部电力供给和自身可再生电力（如光伏发电等）来解决。建筑成为整个能源系统中重要的一环，需适应能源供给侧结构变革带来的挑战，将传统的"需求确定供给"转变为"供给引导需求"的新模式，这时建筑柔性用电就变得极为重要。

国内外针对建筑柔性刻画、如何增强建筑柔性的相关研究方兴未艾，电网友好型建筑、电力需求侧响应、建筑柔性、建筑弹性（flexible building）等成为相关研究热点[38,39]。建筑要实现柔性用电，需要从建筑本体、自身用电设备以及建筑周围的可利用条件（如电动汽车等）出发，寻求有效的能源储存、释放途径来增强自身的用能柔性（可调性）。

建筑本体：建筑自身围护结构通常具有一定的热惯性和蓄热特性，如何有效利用这一建筑特有的储能特性，在一定的运行调节策略下使得建筑能够充分发挥自身储能特性来适应低碳能源电力系统的响应要求，是需要进一步研究的问题。欧洲研究较多的 TABS

(Thermal Actived Building System)即是利用辐射地面等的蓄热特性来实现房间的预冷/预热,可与柔性用能调节目标有效结合。

蓄冷/蓄热:是建筑内常见的能量蓄存方式,可实现日间、月间甚至跨季节储能。例如冰蓄冷/水蓄冷,其出发点即是期望降低建筑空调用能高峰、实现移峰;在用电柔性方面,蓄冷也是有效的柔性调节手段。蓄热被认为是经济合理的储能方式,既可以用来解决建筑层面的热力需求,也可以作为未来整个能源系统的灵活性储能资源[40]。

电器设备:是重要的用能终端,也是建筑内重要的灵活性/柔性资源,具有较大的柔性调度潜力。例如,建筑空调系统中的风机、水泵可在一段时间内通过变频实现功率大幅调节但不对末端环境产生明显影响,从而成为一定的柔性调节手段。各类用电设备的用电负载特性如何进一步适应建筑用电柔性调节的需求,也是对各类电器未来发展提出的重要要求。

蓄电池/电动汽车:尽管当前蓄电池等化学储能方式仍存在成本较高和电池风险性等局限性,但分布式蓄电池仍将是建筑中最重要的储能手段;未来电动汽车所具有的电池规模及其相应的储/放电能力也有望成为建筑能源系统可利用的柔性资源。根据建筑自身用能需求、电力系统期望的建筑用能曲线、建筑其他可利用的储能能力等,可以确定所需设置的建筑内蓄电池容量。

依靠上述建筑自身"被动"+建筑内电器设备及储能措施"主动"的能量储存利用和负荷转移,有助于实现建筑用能需求在一定范围内的柔性调节,使得建筑自身用能具备更大的灵活性。建筑用电柔性的发展目标是未来能够主动适应外部电力供给侧变化特点,在满足建筑自身用能需求的基础上更好地助力外部电力供给侧充分利用可再生能源,真正实现"荷随源动",促进供需匹配和整个能源系统的低碳甚至零碳化。

当然,与工业领域动辄兆瓦级甚至更高的响应能力相比,单体建筑对电力系统的响应能力通常较小。为此,负荷聚集商等电网调度响应模式已提出将数据中心等规模较大的可控类型建筑作为其可调节利用的灵活负载。而各类建筑如何进一步发挥量大面广的特点,真正实现聚少成多、发挥出海量建筑集聚出的规模化效应,还是一片尚待挖掘的灵活性资源"蓝海"。

1.3 本书主要内容与框架

"双碳"目标推动整个能源系统的低碳发展,在未来低碳能源系统发展要求下,建筑将不再仅是传统意义上的用电负载,而是兼具发电、储能、调节、用电等功能。"光储直柔"是推动建筑承担上述综合功能的重要技术路径,目前相关研究与实践不少尚处于探索阶段。本书旨在对光储直柔相关研究进展进行全方位梳理,并对其中关键环节的发展方向进行讨论。全书共分9章,将在对光储直柔基本原理进行介绍的基础上,分别对光储直柔系统的基本架构、系统容量配置、建筑中的储能/等效储能方法、建筑与电动汽车联合发挥作用、系统运行调控策略等方面开展深入阐释,主要内容包括:

(1)光储直柔系统的基本构成。深入分析建筑用电与建筑自身光伏发电间的关系,对两者间的不匹配、光储直柔可发挥的作用等进行探讨,在此基础上确定建筑光伏发电利用的分类模式,更好地指导在建筑场景下的分布式可再生能源利用。

（2）建筑光储直柔系统的拓扑结构。确定合理的拓扑结构是光储直柔系统合理应用的重要基础，针对典型功能建筑场景，研究适宜的电压等级、电能质量、供电可靠性等相关指标的变化规律，为确定适宜的系统拓扑结构提供理论指导。

（3）建筑中可利用的储能/等效储能手段。针对空调系统、电动汽车等等效储能手段可发挥的效果进行讨论，对建筑与电动汽车协同与电网互动的方式进行探索，深入揭示电动汽车转移停留规律及其与建筑间的密切关联，回答可实现建筑与电动汽车协同目标需要什么样的充电桩、设置何种运行策略等关键问题。

（4）进一步介绍光储直柔系统中关键环节的容量配置方法。对系统中关键环节，如光伏、储能等的容量确定方法进行探讨，结合需实现的光伏消纳、电网交互负荷平稳性等指标来确定各环节的合理容量选取范围，以便在实际系统设计阶段更好地配置系统关键环节。

（5）以合理的光储直柔系统设计为基础，深入分析该系统的运行调节策略、光储直柔建筑等用户侧与电网实现互动的方法等。对建筑等用户侧如何实现自身用电功率柔性调节、如何响应电力系统调节需求等提出解决方案，进一步探讨如何充分发挥建筑等用户侧的作用，更好地服务新型电力系统建设，更好地指导光储直柔系统运行。

（6）本书将介绍光储直柔系统关键设备产品与工程示范案例。涵盖不同类型、不同功能建筑，深入剖析光储直柔系统实际案例的运行效果，并对光储直柔的发展进行展望。

本书的主要内容框架如图 1.3-1 所示。

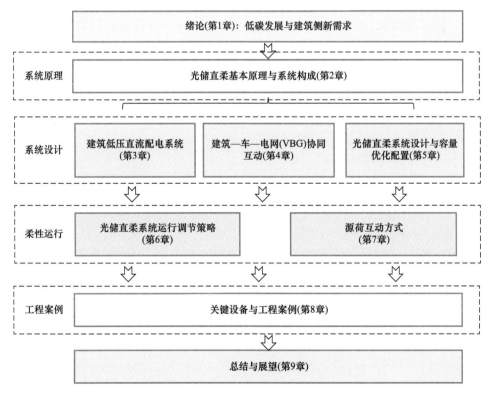

图 1.3-1 本书的主要内容框架

本章参考文献

[1] 中国电机工程学会. 新型电力系统导论 [M]. 北京：中国科学技术出版社，2022.

[2] 周孝信，赵强，张玉琼. "双碳"目标下我国能源电力系统发展前景和关键技术 [J]. 中国电力企业管理，2021，31（11）：14-17.

[3] 清华大学建筑节能研究中心. 中国建筑节能年度发展研究报告 2022（公共建筑专题）[M]. 北京：中国建筑工业出版社，2022.

[4] SUN Y J, WANG S Q, XIAO F, et al. Peak load shifting control using different cold thermal energy storage facilities in commercial buildings：a review [J]. Energy Conversion and Management，2013，71（7）：101-114.

[5] HUGHES J T, DOMíNGUEZ-GARCíA A D, POOLLA K. Identification of virtual battery models for flexible loads [J]. IEEE Transactions on Power Systems，2016，31（6）：4660-4669.

[6] BARONE G, BUONOMANO A, CALISE F, et al. Building to vehicle to building concept toward a novel zero energy paradigm：modelling and case studies [J]. Renewable and Sustainable Energy Reviews，2019，101（3）：625-648.

[7] BORGE-DIEZ D, ICAZA D, AÇIKKALP E, et al. Combined vehicle to building (V2B) and vehicle to home (V2H) strategy to increase electric vehicle market share [J]. Energy，2021，237（10）：121608.

[8] 罗彬，陈永灿，刘昭伟，等. 梯级水光互补系统最大化可消纳电量期望短期优化调度模型 [J]. 电力系统自动化，2023，47（10）：66-75.

[9] 宋宇，李涵，楚皓翔，等. 计及可靠性的风光互补发电系统容量优化配比研究 [J]. 电气技术，2022，23（6）：49-58，68.

[10] 费香泽，顾克，刘佳龙，等. 基于卫星遥感地形数据的抽水储能电站上下水库选址方法研究 [J]. 水电能源科学，2023，41（2）：79-82.

[11] 魏一凡，韩雪冰，卢兰光，等. 面向碳中和的新能源汽车与车网互动技术展望 [J]. 汽车工程，2022，44（4）：449-464，444.

[12] 李泽阳，孟庆龙，孙哲，等. 考虑需求响应的储能空调系统灵活用能实验研究 [J]. 暖通空调，2022，52（9）：153-160.

[13] 邰滢莹，彭晋卿，殷荣欣，等. 风机盘管空调系统参与需求响应的适应性研究 [J]. 建筑科学，2022，38（2）：195-201，208.

[14] 清华大学建筑节能研究中心. 中国建筑节能年度发展研究报告 2024（农村住宅专题）[M]. 北京：中国建筑工业出版社，2024.

[15] 刘晓华，张涛，刘效辰，等. 电网友好型建筑构建路径探索 [J]. 新型电力系统，2024，2（1）：13-25.

[16] 舒印彪，谢典，赵良，等. 碳中和目标下我国再电气化研究 [J]. 中国工程科学，2022，24（3）：195-204.

[17] 杜晨秋，喻伟，李百战，等. 重庆住宅人员空调使用行为特点及评价 [J]. 建筑科学，2020，36（10）：12-19.

[18] JIANG H C, YAO R M, HAN S Y, et al. How do urban residents use energy for winter heating at home? A large-scale survey in the hot summer and cold winter climate zone in the Yangtze River region [J]. Energy and Buildings，2020，223（9）：110131.

[19] 梁传志，侯隆澍，刘幼农，等. 北方采暖地区既有居住建筑供热计量及节能改造工作进展与思考

[J]. 建设科技，2015（9）：12-16.

[20] LIU X C, ZHANG T, LIU X H, et al. Outdoor air supply in winter for large-space airport termi-nals：air infiltration vs. mechanical outdoor air [J]. Building and Environment，2021，190（3）：107545.

[21] LIN L, LIU X H, ZHANG T. Performance investigation of heating terminals in a railway depot：On-site measurement and CFD simulation [J]. Journal of Building Engineering，2020，32：101818.

[22] LIU XC, ZHANG T, LIU X H. Energy saving potential for space heating in Chinese airport termi-nals：The impact of air infiltration [J]. Energy，2021，215（1）：119175.

[23] LIU XC, LIU X H, ZHANG T, et al. Winter air infiltration induced by combined buoyancy and wind forces in large-space buildings [J]. Journal of Wind Engineering and Industrial Aerodynamics，2021，210：104501.

[24] SMITH G, GENTLE A. Radiative cooling：Energy savings from the sky [J]. Nature Energy，2017，2（9）：17142.

[25] LIU J, ZHANG J, TANG H, et al. Recent advances in the development of radiative sky cooling in-spired from solar thermal harvesting [J]. Nano Energy，2021，81：105611.

[26] YIN J W, LIU X H, GUAN B W, et al. Performance and improvement of cleanroom environment control system related to cold-heat offset in clean semiconductor fabs [J]. Energy and Buildings，2020，224（10）：110294.

[27] 李伟阳. "电热协同网"是城市节能降碳的现实必然选择 [N]. 中国能源报，2021-11-08（25）.

[28] 李楠，黄礼玲，张海宁，等. 考虑多能需求响应的电热互联系统协同调度优化模型 [J]. 数学的实践与认识，2020，50（5）：142-154.

[29] 贺明飞，王志峰，原郭丰，等. 水体型太阳能跨季节储热技术简介 [J]. 建筑节能，2021，49（10）：66-70.

[30] LIU Z J, LIU Y W, HE B J, et al. Application and suitability analysis of the key technologies in nearly zero energy buildings in China [J]. Renewable and Sustainable Energy Reviews，2019，101（3）：329-345.

[31] 杨灵艳，徐伟，周权，等. 热泵应用现状及发展障碍分析 [J]. 建设科技，2022（9）：96-100.

[32] 田星宇. 高温蒸汽热泵的动态建模与预测控制研究 [D]. 南京：东南大学，2021.

[33] 员东照. 高温离心式冷水机组在数据中心的应用探讨 [J]. 制冷与空调，2015，15（9）：91-93.

[34] 田旭东，刘华，张治平，等. 高温离心式冷水机组及其特性研究 [J]. 流体机械，2009，37（10）：53-56.

[35] BEHZADI A, HOLMBERG S, DUWIG C, et al. Smart design and control of thermal energy stor-age in low-temperature heating and high-temperature cooling systems：A comprehensive review [J]. Renewable and Sustainable Energy Reviews，2022，166（9）：112625.

[36] ZHANG T, LIU X H, JIANG Y. Development of temperature and humidity independent control (THIC) air-conditioning systems in China—A review [J]. Renewable and Sustainable Energy Re-views，2014，29（1）：793-803.

[37] 谭海阳，屈国伦，何恒钊，等. 基于高效制冷机房系统能效分级评价的冷源系统模型构建 [J]. 暖通空调，2021，51（11）：33-38.

[38] AMAYRI M, SILVA C S, POMBEIRO H. Flexibility characterization of residential electricity consumption：A machine learning approach [J]. Sustainable Energy Grids and Networks，2022，32：100801.

［39］ ZHENG Z，PAN J，HUANG G S，et al. A bottom-up intra-hour proactive scheduling of thermal appliances for household peak avoiding based on model predictive control ［J］. Applied Energy，2022，323（10）：1-19.

［40］ 何雅玲. 热储能技术在能源革命中的重要作用 ［J］. 科技导报，2022，40（4）：1-2.

第2章 光储直柔基本原理与系统构成

2.1 基本原理

光储直柔,英文简称 PEDF (Photovoltaics, Energy storage, Direct current and Flexibility),旨在通过光伏等可再生能源发电、储能、直流配电和柔性用能来构建适应"双碳"目标需求的新型建筑配电系统(或称建筑能源系统)[1]。

图 2.1-1 给出了光储直柔建筑配电系统的典型系统架构,利用建筑表面铺设光伏板、充分利用建筑作为光伏等可再生能源的生产者是实现建筑低碳发展的重要途径;储能是实现建筑能量储存、调节的重要手段,需要建筑层面整体考虑储能方式,包括建筑周围停靠的电动汽车等都可以作为有效的储能资源;直流化是实现建筑内光伏高效利用、高效机电设备产品利用的重要途径,系统内设备间通过 DC/DC 变换器连接到直流母线,在建筑内打造出直流配电系统。光储直柔建筑的最终目标是实现建筑整体柔性用能,使得建筑从传统能源系统中仅是负载的特性转变为可成为未来整个能源系统中具有可再生能源生产、自身用能、能量调蓄功能的复合体,也是建筑面向未来低碳能源系统构建要求应当发挥的重要功能。

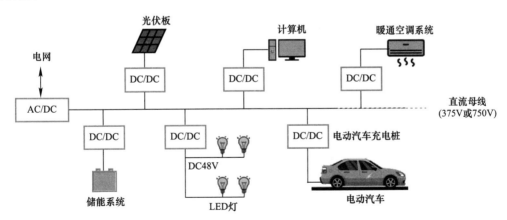

图 2.1-1 光储直柔建筑配电系统的典型系统架构

光储直柔的内涵具体阐释如下:

"光"指的是建筑中的分布式光伏发电设施。光伏发电受空间限制和资源条件限制较小,目前已成为可再生能源在建筑中利用的主要方式之一。这些设施可以固定在建筑周围区域、建筑外表面或直接成为建筑的构件,例如光伏板、柔性太阳能薄膜、太阳能玻璃等。随着光伏组件和系统的成本不断降低，以及光伏组件色彩、质感和与建筑构件的结合形式越来越丰富，推广建筑分布式光伏已成为低碳建筑的必然选择[2]。其他分布式发电设施（如分布式风力发电等）如果可以与建筑进行有机结合，则同样可以作为光储直柔系统中的发电设备。

"储"指的是建筑中的储能设施。其广义上有多种形式，电化学储能是形式之一，且近年发展最为迅速。电化学储能具有响应速度快、效率高及对安装维护的要求低等诸多优势，目前建筑中应急电源、不间断电源等已普遍采用电化学储能。未来，随着电动汽车的普及，具有双向充放电功能的充电桩可把电动汽车作为建筑的移动储能设施。除此之外，建筑围护结构热惰性和生活热水的储能等也是建筑中可挖掘的储能资源。这些蕴藏在未来建筑中的储能资源对于电力的负荷迁移、对波动性可再生能源的消纳都将发挥举足轻重的作用。

"直"指的是建筑低压直流配电系统。随着建筑中电源、负载等各类设备的直流化程度越来越高，直流配电系统的优势在不断凸显。电源设备中的分布式光伏、储能电池等普遍输出直流电；用电设备中传统照明灯具正逐渐被 LED 灯替代，各种空调、冰箱、洗衣机、水泵等电机设备也在采用直流变频技术；还有计算机、手机等各类电子设备均属于直流负载。上述各类直流设备可通过各自的 DC/DC 变换器连接至建筑的直流母线，直流母线可通过 AC/DC 变换器与外电网连接。建筑直流配电系统在提高能源利用效率、实现能源系统的智能控制、提高供电可靠性、增加与电力系统的交互、提升用户使用的安全性和便捷性等方面均具有较大优势。

"柔"指的是柔性用电，也是光储直柔系统的最终目的。随着建筑光伏、储能系统、智能电器等融入建筑直流配电系统，建筑将不再是传统意义上的用电负载，而将兼具发电、储能、调节、用电等功能。因此，通过设计合理的控制策略，完全可以将该类建筑作为电网中的一个柔性用电节点。具体而言，在保证正常运行的前提下，建筑从电网的取电量可响应电网的调度指令，在较大的范围内进行调节。当外界电力供应紧张时，自动降低取电量；当外界电力供应充裕时，自动提高取电量。发展柔性用电技术，对于解决当下电力负荷峰值突出问题以及未来与高比例可再生能源发电相匹配的问题均具有重要意义。

将上述四部分技术进行有机结合，则可以支撑光储直柔建筑配电系统的功能。外部电网评估其中的电力供需情况，给出光储直柔系统的指令用电功率（P^*）。则光储直柔系统的输入功率为 $P^* + P_{PV}$，其中 P^* 由外电网连接建筑的 AC/DC 变换器控制，P_{PV} 由系统内部的光伏设施及相应的 DC/DC 变换器控制。基于光储直柔系统上的功率平衡关系，直流母线电压（U_{DC}）可在一定范围内变化，并作为光储直柔系统中所有设备之间通信的信号。该系统的工作原理如下：

（1）稳定运行状态：总负荷（包括所有电器、电动汽车充电桩和储能系统）等于 $P^* + P_{PV}$，同时 U_{DC} 在限值范围内（即 $U_{DC,min} < U_{DC} < U_{DC,max}$）时，则系统稳定运行。

（2）高负荷状态：当总负荷高于 $P^* + P_{PV}$ 时，U_{DC} 下降。各电器响应电压下降，根据各自的控制策略降低负载。电动汽车充电桩和储能系统也会降低充电功率，甚至切换到放电模式。通过以上方式，可将总负荷降低至 $P^* + P_{PV}$。如果 $P^* + P_{PV}$ 过低而无法达到（即 U_{DC} 已达到 $U_{DC,min}$），AC/DC 变换器必须增加其功率输入，将 U_{DC} 稳定到 $U_{DC,min}$。

（3）低负荷状态：当总负荷低于 $P^* + P_{PV}$ 时，U_{DC} 升高。各电器响应电压升高，根据各自的控制策略增加负载。电动汽车充电桩和储能系统也增加了充电功率。通过以上方式，可将总负荷增加至 $P^* + P_{PV}$。如果 $P^* + P_{PV}$ 过高而无法达到（即 U_{DC} 已达到 $U_{DC,max}$），则光伏或 AC/DC 变换器必须降低其功率输入，将 U_{DC} 稳定到 $U_{DC,max}$。

基于前述光储直柔建筑配电系统的内涵与工作原理，该系统的关键特征如下：

（1）光储直柔系统并非简单地将光伏、储能、直流配电系统、智能电器等组合，上述技术也并非独立存在，而是有机融合并构成一个整体来实现"柔性用能"，即实现建筑与电网之间的友好互动。因此，基于变化直流母线电压的系统控制策略是其中的关键。

（2）光储直柔系统将给电力系统的设计和运行带来巨大变革，即从传统的"自上而下"（集中电站发电，并通过电网输配给各终端用户）转变为"自下而上"（各终端用户自身具有发电能力，分布式发电首先在终端用户自消纳，若有剩余再传输至上一级电网）。

光储直柔系统将成为电力系统中可调度的柔性用能节点。对于目前以火电为主的电力系统，光储直柔建筑可实现"削峰填谷"（消纳夜间谷电，减少日间取电）；对于未来以风光电为主的电力系统，光储直柔建筑可提高可再生能源的利用率。

2.2　光储直柔研究与发展现状

2.2.1　部分相关政策支持

光储直柔是建筑领域面向碳中和重大需求实现技术创新突破的重要途径，目前已受到广泛关注并得到国家的政策支持。《国务院关于印发 2030 年前碳达峰行动方案的通知》中明确指出，提高建筑终端电气化水平，建设集光伏发电、储能、直流配电、柔性用电于一体的光储直柔建筑。"光储直柔"建筑配电系统将成为建筑及相关部门实现"双碳"目标的重要支撑技术。

住房城乡建设部印发的《"十四五"建筑节能与绿色建筑发展规划》指出，"十四五"时期累计新增建筑光伏装机容量 0.5 亿 kW；建设以"光储直柔"为特征的新型建筑电力系统，发展柔性用电建筑；在满足用户用电需求的前提下，打包可调、可控用电负荷，形成区域建筑虚拟电厂，整体参与电力需求响应及电力市场化交易，提高建筑用电效率，降低用电成本。

此外，相关政策对发展建筑侧需求响应、建筑层面的储能利用、建筑光伏利用等均提供了有利条件，如《"十四五"新型储能发展实施方案》中指出，要聚焦新型储能在电源侧、电网侧、用户侧各类应用场景；实现用户侧新型储能灵活多样发展。《国家发展改革委　国家能源局关于完善能源绿色低碳转型体制机制和政策措施的意见》中指出，要鼓励光伏建筑一体化应用；发挥需求侧资源削峰填谷、促进电力供需平衡和适应新能源电力运行的作用；支持用户侧储能、电动汽车充电设施、分布式发电等用户侧可调节资源，以及负荷聚合商、虚拟电厂运营商、综合能源服务商等参与电力市场交易和系统运行调节。工业信息化部、住房和城乡建设部等联合发布的《智能光伏产业创新发展行动计划（2021—2025 年）》指出，要提高建筑智能光伏应用水平。积极开展光伏发电、储能、直流配电、柔性用电于一体的光储直柔建筑建设示范。

这些政策支持为光储直柔建筑的推广应用提供了重要支撑，也对合理构建光储直柔系统、开发系统关键设备、开展工程应用等提出了迫切需求。在"双碳"目标指引下，未来的电力系统将转型为以可再生能源为主体的零碳电力系统。光储直柔建筑配电系统可有效解决电力系统零碳化转型的两个关键问题，即增加分布式可再生能源发电的装机容量和有效消纳波动的可再生能源发电量。

如何构建光储直柔建筑是这一新技术需要解决的重要难题，这一系统并非简单应用光伏或某项单一技术，也并非将"光、储、直、柔"简单组合即可实现目标。合理构建光储直柔系统需要多方面的协同才可实现将建筑打造成为能源系统中集生产、消费、调蓄功能于一体的目标。

2.2.2 光：产消明确、应装尽装

发展风光电等可再生能源需要的是面积，光伏、风电机组等均需要安装，以便将风、光资源转换为电力，这就使得建筑表面成为重要的资源，也是建筑可从单纯的用电负载转变为能源生产者的重要基础。

建筑可发挥多大的作用、有多大的光伏安装潜力是充分利用光伏等可再生能源、构建新型电力系统过程中需要回答的重要问题。自然资源部以 2m 分辨率国产高分卫星遥感影像为数据源，利用深度学习技术提取了全国范围的建筑区、典型区域建筑占比系数表征全国不同区域的建筑屋顶面积，对我国建筑屋顶可安装光伏资源进行了统计评估，指出我国可利用的屋顶资源潜力达到 1.4 万 km^2[3]。住房城乡建设部等部门基于我国现有及未来城乡建筑面积发展情况，对建筑光伏装机容量进行了预测：到 2025 年的建筑光伏装机容量为 100GW，到 2030 年可达 215GW[4]。对农村光伏资源的调查研究表明，我国广大农村具有广阔的屋顶资源，农村单户具有的光伏发电潜力可达 10kWp 甚至更高，例如山西某村 1000 户安装分布式光伏的村子，具有 5MWp 的光伏发电潜力[5]。因而，建筑侧有望成为重要的分布式光伏资源，建筑光伏利用有望成为未来整个低碳电力系统中的重要组成。

建筑自身光伏如何有效利用、如何实现更好的产消一体是发展建筑光伏的一个重要问题。具体到单个建筑，则需要关注建筑光伏发电与建筑自身用能之间的匹配关系。不同类型建筑的用能特点不同，建筑自身用能具有很大的波动性；光伏发电能力也受到光伏板自身性能、安装方式、所安装区域的太阳辐射强度等多重因素影响，建筑自身用能与自身光伏发电之间的关系需要深入探讨，不单是两者总量之间的简单对比，更应该关注的是逐时用电特征与光伏逐时发电量之间的关系，以便更好地判断建筑自身光伏是否可实现自我消纳。

从光储直柔建筑构建需求来看，建筑应当明确其作为可再生能源产消者的重要作用，区分出建筑到底作为生产者还是自我消纳为主的定位。以典型建筑的用电特征[6]为基础，对建筑可利用的光伏发电资源和自身用能之间的逐时变化规律做出定量刻画，如图 2.2-1 所示。初步的研究结果表明：对于办公建筑，大致 6 层以上的建筑应实现光伏自我消纳、不上网，在实现较高光伏自我消纳率、充分利用自身光伏资源的基础上，减少与电网之间的双向交互，建筑用电不足部分由外部电网供给。对于商场类用能强度较高的建筑，大致 3 层以上的建筑可实现光伏自我消纳。对于 2 层以下的建筑，在充分安装光伏、利用建筑自身面积资源的基础上，则应当明确其作为重要能源生产者，除通过有效储存、缓解光伏发电与建筑用电在时间上的不匹配来解决自身用能需求外，这些建筑可以向外网输电，绝

大部分时间内可实现向外网输电而不从外网取电。大多数农村建筑可利用自身的光伏资源，有效解决其自身能源需求，并且多余电力上网，使得农村等具有显著光伏利用潜力的场合有望成为未来零碳电力系统中重要的分布式电力来源。

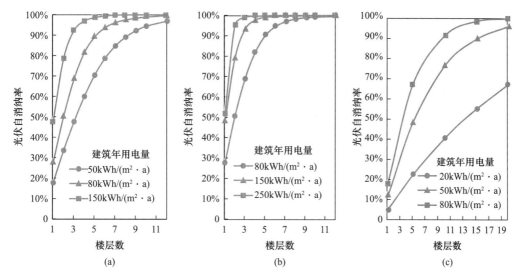

图 2.2-1　建筑自身用电与光伏发电间的关系（以典型建筑为例）
(a) 办公建筑；(b) 商场；(c) 公寓

这样，对于不同类型、不同功能、不同体量的建筑可大致区分出"自发自用、自我消纳不上网""自发外输上网为主"两大类，当前大部分建筑为上述两个大类。即便对于处于两类之间的少部分建筑，也应当是在多数时间段以发电上网或自我消纳一种模式为主。在光储直柔建筑中，也可以进一步利用其储、柔等方面的特点来进一步增强光伏的自我消纳和有效利用，这样就能有效破解当前发展建筑分布式光伏面临的上网交互难题，在保证充分利用建筑光伏、光伏"应装尽装"的基础上，既实现了较高的光伏利用率，减少弃光，又能实现与电网之间尽可能地单向交互。这是光储直柔建筑应当具有的基本功能，也是其可发挥的重要优势之一。

2.2.3　储：挖掘潜力、合理配置

未来以风光电为主的新型电力系统亟须解决风光电的波动性难题，需要配置大量调蓄和储能资源。当前电力系统中主要储能方式包括化学电池、蓄冷/蓄热、抽水储能、压缩空气、飞轮、氢等，这些储能方式对应不同的时间尺度，可用于解决不同体量/时间尺度下的能量调蓄问题。电池、储能等储能/调节方式成本较高（电池约 1 元/Wh，压缩空气、飞轮、氢等储能方式成本通常更高），与可大面积推广应用的光伏（成本约 2 元/Wp，考虑系统综合建设后的成本也通常不超过 5 元/Wp）相比，这些储能手段目前成本较高，是构建未来以风光电为主的低碳电力系统面临的重要难题。

依靠现有储能电池等方式实现能源/零碳电力系统的调蓄，需要投入极大的成本，这就需要经济合理、可负担的调蓄方式。可探索的路径包括：一方面降低储能成本、提高储能技术，对于电池等储能技术的研究一直是热门领域；另一方面则是寻求降低对储能容量

的需求，寻求替代的方式，寻求减少投入的路径，这就使得建筑侧成为重要调蓄资源具有重要意义。储能可不再局限于传统的化学电池、压缩空气、氢等方式，而是从建筑整体、建筑内部可利用、可调度的资源来重新认识建筑领域的储能手段和相应的储存能力。从建筑侧来看，建筑内可利用的具有储能能力的设备设施都可以作为光储直柔系统中可利用的储能资源，这也就需要重新认识、刻画建筑中可利用的储能方式及其可发挥的作用。

建筑中可利用的储能资源如图2.2-2所示。其中建筑本体围护结构可发挥一定的冷热量储存作用，与暖通空调系统特征相关联后可作为重要的建筑储能资源；水蓄冷、冰蓄冷等蓄冷方式是暖通空调系统中常见的可实现电力移峰填谷的技术手段，在很多建筑中已得到应用。针对围护结构及空调系统具有多少储能潜力的研究已有不少探索，Chen等人[7]对商业建筑预冷策略的测试表明，两种预冷策略在正常用电高峰时段均可实现80%~100%的负荷转移，且无舒适性方面的投诉；Aduda等人[8]的研究结果表明，在不影响室内空气质量的情况下，送风机在需求高峰时段降低一半的风量最大可持续120min；Mubbashir等人[9]的研究结果表明，建筑热惯性可与储能系统相结合，来降低用电高峰时段的供热或供冷需求。林琳[10]针对航站楼空调系统所具有的储能潜力进行了探索，指出在航站楼围护结构、多区域实际空调环境控制参数差异等因素作用下，通过空调系统的预冷提前开启、尖峰错峰运行等方式可以实现小时级的储能效果，实现在保证合理热环境需求、不增加任何额外投入下的柔性用能。与建筑功能需求相适应，各类用能设备可作为储能系统的重要设备，例如空调系统中的热泵等是满足热量/冷量需求的重要措施，亦可以成为发挥空调系统储能作用的重要手段，地源热泵等空调方式实质上是实现了季节性的能量转移。

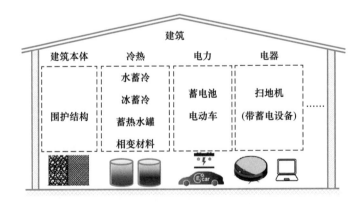

图 2.2-2　建筑中可利用的储能资源

除了上述暖通空调领域常见的可利用储能资源外，建筑中可发挥储能作用的至少还包括电动汽车和各类电器设备。已经初步开展的建筑周边汽车使用行为研究表明，电动汽车与建筑之间具有密切联系和高度同步使用性[11]，电动汽车可视为一种移动的蓄电池，将其作为一种重要的蓄电池资源，可发挥对建筑能源系统进行有效调蓄的重要作用，电动汽车也将有望成为实现交通—建筑—电力协同互动（如V2G/V2B）的重要载体。目前交通、电力领域研究者都已认识到电动汽车作为重要储能资源的潜力[12]，当从建筑角度认识电动汽车时，以典型建筑为功能场景，需要进一步刻画其周边可利用的电动汽车电池资源，这些电池可发挥多大的能量调蓄作用，需要开展进一步深入研究。建筑中的电器设备，有的自身带有蓄电池，集合整个建筑中电器设备自身的蓄电池资源，也是一种可观的**储能资源**，但如何有效利用这些分散的蓄电池、到底能发挥多大的储存潜力，尚需进一步探索。

这样，从某种程度上来看，建筑整体可视为一种具有能量储存和释放能力的电池，从而使其更好地成为整个能源系统中的可调蓄环节。在充分挖掘建筑自身具有的储能潜力的基础上，需合理配置光储直柔建筑中所需的化学电池储能容量，既要保证发挥有效的调蓄能力、满足建筑需求，又要保证适量、避免过多的蓄电池容量，增加系统成本。从可利用的储能资源重新认识建筑中的各类用电负载、电器设备，对其资源深入挖掘、充分认识其潜力后，有望大幅降低对光储直柔建筑所需单独配置的储能电池容量需求，更好地发挥建筑自身具有的能量调蓄功能，促进建筑由单纯负载向具有调蓄功能负载的转变。

2.2.4　直：分层变换、适应波动

建筑低压直流配电系统，除了直流配电系统自身的优势，其发展契机得益于供给侧与需求侧的发展变化。一方面，光伏等可再生能源输出为直流电，直流配电系统可以更好地发挥建筑光伏利用的优势；另一方面，建筑机电设备中越来越多的高效设备直流化或利用直流驱动（如 LED 照明为直流、直流驱动的 EC 风机、直流变频离心式冷水机组等高效产品）。传统交流配电网络中需将交流转换为直流来满足高效机电设备的需求，而直流配电系统有望省去交直流变换环节，系统更简单，与用电设备的高效发展需求更匹配。

电压等级、安全保护、设计选型及相应的软硬件产品等是构建直流配电系统的重要基础，一直以来对直流系统中电压等级选取等问题尚未在建筑用电领域形成统一规定，仅对电压等级、确定原则等进行了探讨[13]。目前，《民用建筑直流配电设计标准》T/CABEE 030—2022[14]已正式实施，为建筑低压直流配电系统的设计、运行等提供了重要基础。该标准建议电压等级不多于三级，推荐采用 DC 750V、DC 375V 和 DC 48V，并可根据设备接入功率需求选取适宜的电压等级。在明确电压等级、系统中各类负荷/负载组成的基础上，光储直柔系统中的各类负载、光伏、储能等通过有效的 DC/DC 变换器接入建筑直流配电系统，并最终通过直流母线与外部交流电网之间通过 AC/DC 变换器连接，根据各类负载电器、用能/供能/储能设备所需的电压等级来实现分层分类变换，满足各自需求，如图 2.2-3 所示。

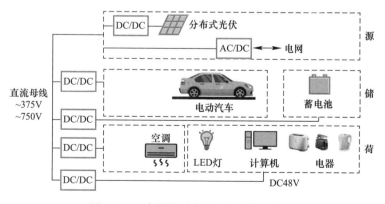

图 2.2-3　建筑低压直流配电系统示意图

允许直流母线电压在一定范围内变化是光储直柔系统的重要特征，例如《民用建筑直流配电设计标准》T/CABEE 030—2022[14]中规定：当直流母线电压处于90％～105％额定电压范围时，设备应能按其技术指标和功能正常工作；直流母线电压超出90％～105％额定电压范围，且仍处在80％～107％额定电压范围时，设备可降频运行，不应出现损坏。这一特征既会在实现系统柔性用能、有效响应调节功率变化时作为有效的控制手段，也对直流配电系统中元器件的有效应对、保证正常工作提出了基本要求。直流电器设备需能适应这种直流母线电压的变化，并在电压变化时保证正常工作，甚至能够响应电压波动变化并调节自身用电功率，为系统实现柔性调节作出贡献。

各类直流电器设备、直流配电设备等均需适应上述母线电压变化特征，并在此基础上寻求高效运行、满足系统调节响应需求的应对措施和控制策略。目前比较成熟的直流电器除了LED照明、便携式电子设备外，冰箱、洗衣机、空调等具有旋转电机的电器也正逐步采用效率更高、调节性能更好的无刷直流电机或永磁同步电机，大型冷水机组的直流化也取得了一定突破。未来仍需要针对建筑内的各类机电设备开发适应光储直柔系统需求的直流化产品，例如使用直流电的电脑、电视、手机等电子设备也需要在其适配器等环节作出相应调整来适应直流配电系统，从而构建完整的建筑直流电器生态。

同时，建筑内各类直流配电设备（如DC/DC变换器、AC/DC变换器）和各类保护设备（如直流断路器、剩余电流检测、绝缘监测、保护装置等）也需要构建与光储直柔建筑相配套的产品体系。其中，各类电力电子变换器可实现不同电压的转换或交直流转换，是光储直柔系统中不同层级、不同类型电器间实现连接必不可少的设备。当前已有一些单独开发的变换器元器件，但多是针对特定系统、特定设备独立开发，产品的标准化、通用化尚待提高。从所实现的功能来看，各类变换器均是实现直直流变换或交直流变换，功能特点区分度高，完全有可能实现底层硬件的有效分类（如传输的功率等级、隔离型/非隔离型、单向变换/双向变换等），再通过内部策略（如光伏调节策略、蓄电池策略、电器策略等）[15-17]或软件层面的区别，就能将不同类型的变换器功能进行有效区分，这就有可能实现"底层硬件标准化＋上层软件多元化"的发展路径，构建更加完善、适宜大规模推广应用的通用变换器体系。

2.2.5 柔：充分调动、积极响应

建筑柔性理念及如何实现柔性用能是当前国内外的研究热点，国际能源署IEA EBC Annex 67（2014—2020年）项目对建筑柔性进行了初步探索[18]：建筑柔性是在满足正常使用的条件下，通过各类技术使建筑对外界能源的需求量具有弹性，以应对大量可再生能源供给带来的不确定性。柔性用能是光储直柔系统的最终目标，期望将建筑从原来电力系统内的刚性用电负载变为灵活的柔性负载。要实现建筑柔性用能，一方面需要将建筑融入整个电网或电力系统中，进一步理解电网侧需要建筑用能实现什么样的效果；另一方面则是在建筑内部能够对电网要求的柔性用能进行有效响应，通过调度建筑内部的系统、设备等来尽量满足电网侧的调节需求，如图2.2-4所示。

从电力系统发展趋势来看，我国未来将建成以风光电为主体、其他能源为有效补充或调节手段的低碳电力系统，这一目标的实现需要"源、储、网、荷"多方位的协调配合。风光电的特点是波动大，电网供给侧的变化使得其需要可供调节、应对波动的有效手段。

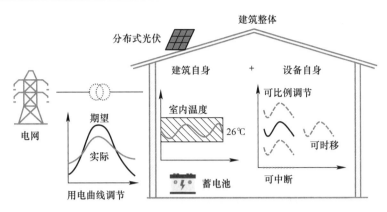

图 2.2-4　建筑柔性用电及实现与电网友好互动

若负载侧能够适应未来电力供给侧变化的特点，则可有效降低对电网侧储能、调蓄能力等手段的要求，这也是建筑可主动争取成为未来低碳电力系统中柔性负载的重要意义。

对于电网来说，建筑柔性用能为其提供了一个可供调节、可利用的灵活负载，但通常单个建筑的规模体量较小，难以与电网的大规模电力调度、系统调节直接联系。因而在实际中往往需要将多个建筑集合作为一种负荷聚集体来参与电网调度，才有可能实现有效的调节，这也就使得负荷聚集商及其与电网之间的互动模式变得十分重要。在未来建筑与电网互动时，电网可将调度响应指令下发给负荷聚集商，由负荷聚集商根据电网的调度指令进行负荷响应，并将负荷响应指标分解、下发给所聚集的建筑，各建筑再经由这种调度指标来各自响应。负荷聚集可由多类不同功能、不同体量的建筑等组成，并可根据建筑的功能和柔性调节能力在电力调度中优化其响应指标。

如果电网采用了分时电价，光储直柔系统可起到"削峰填谷"的作用，优化其电力需求曲线（即一天内的 P^*），使电费成本最小化。光储直柔系统也可作为虚拟电厂的重要组成部分，根据电力调度系统发送的指令功率 P^* 进行实时控制。例如未来当一栋 1 万 m^2 的办公楼周围停留 100 辆电动汽车时，即使不考虑建筑光伏和其他柔性负载，该建筑也可通过 V2G/V2B 技术为电网提供 0～2MW 的电力调节能力。

光储直柔系统的经济收益可进一步通过与电网的友好互动来提升，通过建筑自身用能的调节实现负荷侧的响应，能够为电网的调节做出一定贡献，并从对电网调节的贡献中获得经济收益。这一收益的达成尚需在电网调度调节层面进一步认识到建筑可作为其柔性负载、建筑集合而成的负荷聚集商具有实现响应调度指令的能力，还需要进一步的政策支持。目前一些省份（如江苏、浙江、上海、广东等）已经出台了需求侧响应的补偿政策，如广东省规定用户侧储能、电动汽车、充电桩等具备负荷调节能力的资源可参与电力需求响应且响应能力不低于 1MW，需求响应时长不低于 1h，削峰响应补偿价格为 0～4500 元/MWh，填谷响应价格为 0～120 元/MWh。

对于光储直柔建筑自身来说，要实现与电网友好互动、柔性用能，需要根据电网或负荷聚集商给出的指令用电功率 P^* 进行自我调节。如何有效响应电网的调度指令仍需要合理的系统运行策略和控制方法，这一策略或方法是发挥建筑调度能力、实现柔性调节的关键。从前述建筑中可利用的储能手段可以看出，系统中包含不同类型的负载、不同负载可调度的能力范围有所差别，在柔性调度要求下，如何有效响应、系统内各类负载如何调度都是需要明确回答的问题。光储直柔系统以变化的直流母线电压作为重要控制信号，通过母线电压的变化来发现整个系统处于多电还是少电状态，而系统中的负载、储能等可基于此电压信号进行响应，响应的层级需根据调节目标、负载重要性、建筑能源系统结构等做出判断。这也与传统经由集中管理系统统一控制调节的模式有显著区别，有助于降低系统复杂度、实现更好的自主控制调节。

光储直柔是面向建筑能源系统转型和"双碳"目标提出的新型建筑能源利用途径。要利用好这一新型系统，需要对建筑自身用电需求"荷"的特征进行充分认识，需要与建筑侧分布式光伏"源"的关系开展深入探究，以此作为光储直柔系统构建的重要基础，使得光储直柔建筑在实际应用中能够更加"有的放矢"。本章后续两节分别介绍建筑"荷"的特征和"源—荷"匹配关系的基本认识。

2.3 "荷"——建筑用电特征

2.3.1 建筑用电特征的刻画

建筑中包含多种多样的用电设备，用来满足建筑运行功能需求。各类用电设备可根据功能划分为基本的照明设备、冷热调节设备、功能性生产生活用电设备及运行保障设备等（图2.3-1），不同类型建筑中包含的用电设备种类、容量等存在很大差异，反映到建筑用能的特点上也使得不同类型单体建筑体现出不同的用能需求和特点。

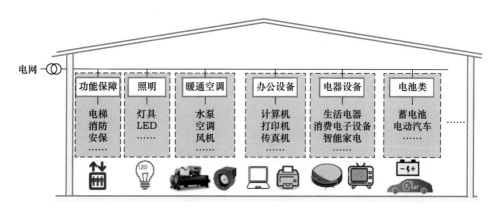

图 2.3-1　建筑常见用电负载及具有的"荷"的特征

满足"荷"的需求是建筑能源系统的基本任务，也是保障建筑功能需求的根本。图 2.3-2 给出了对建筑具有的"荷"的特征进行描述的方法，可用于指导建筑配电系统的设计、运行。现有设计方法中，多通过指标法、估算法等在设计阶段确定建筑配电系统的容量需求，例如《民用建筑电气设计标准》GB 51348—2019[19]中根据对供电可靠性的要求及中断供电所造成的损失或影响程度确定了三级负荷的分类方法，《城市电力规划规范》GB/T 50293—2014、《全国民用建筑工程设计技术措施节能专篇（2007）　电气》等给出了常见功能建筑的电负荷设计指标、需用系数等参考值。基于这些设计负荷，可以确定建筑配电系统的容量、变压器配置等关键指标；也可以利用建筑能耗模拟分析方法，通过模拟分析软件计算获取建筑全年运行能耗、逐时能耗等，作为建筑能源系统设计时的参考数据。

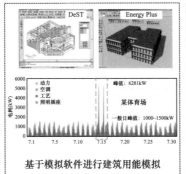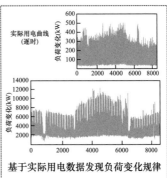

建筑类型	电负荷指标 (W/m²)	空调用电占比
二类居住	60	0.3
服务设施	60	0.3
商业设施	100	0.4
商务设施	60	0.4
娱乐康体	50	0.3
加油加气站	30	0.3
文化设施	50	0.3
教育科研	40	0.3
中小学	40	0.3
体育	50	0.3
医疗卫生	55	0.4
社会福利设施	50	0.3

《城市电力规划规范》GB/T 50293—2014
基于设计指标确定配电容量　　**基于模拟软件进行建筑用能模拟**　　**基于实际用电数据发现负荷变化规律**

图 2.3-2　建筑用电负荷的常见分析方法

风光电有显著的波动性，这就使得建筑等用户侧的用能需求变化特征也成为影响未来能源系统供需关系的重要因素，需要对实际建筑能耗的逐时变化规律等更细颗粒度的特征进行深入挖掘：建筑用能不仅要看总量（单位为 kWh），还要看逐时用能功率（单位为 kW）。当前可通过多种渠道、多种方法来获取建筑用能的变化特征，除了建筑能耗模拟之外，很多建筑中的能源计量管理系统越来越智能，可获得的建筑逐时能耗数据等也越来越丰富，为进一步认识建筑能耗的变化特征提供了重要数据基础。

2.3.2　建筑用能曲线的影响因素

对建筑等用户侧"荷"的特征刻画，需要在关注用能总量的基础上进一步关注其实时功率特征和建筑用电负载的逐时功率需求。建筑用电需求受建筑功能、气候、使用作息等因素影响，例如不同功能建筑具有不同的末端用能负载，其建筑用能特征和变化规律自然不同；相同功能的建筑在不同气候区也呈现出不同的能耗情况。对于一栋具有明确功能的建筑，其运行能耗的波动特征，一方面主要受到使用作息、人员行为的影响，如照明能耗、办公设备能耗；另一方面主要受到气候的影响，如暖通空调系统能耗。这样，建筑用能规律可以用"基础能耗＋变动能耗"的方式进行刻画（图 2.3-3），其中基础能耗由建筑功能、基本用能需求、使用作息等决定，变动能耗则通常受室外气候影响，通过基础能耗、变动能耗叠加即可对建筑逐时用能规律进行刻画、描述。

建筑逐时用电特征的描述或刻画，有助于认识其逐时用电功率需求，更好地响应未来风光电这类可再生电力的波动特点。以影响建筑逐时用能规律的关键因素为基础，结合实际建筑的逐时用能数据，可以对其用电负荷特征进行描述。结合当前人工智能等计算机、数学方法的飞速进步，可以基于实际建筑的大量逐时用能数据、逐时能耗关键影响因素等进行建筑用电负荷特征的挖掘，对建筑用能"荷"的特征进行很好地预测，掌握建筑逐时用能的特征。

建筑用电需求"荷" Q_i 的特征可以用下式描述：

$$Q_i = f(室内外气候环境参数，建筑功能，使用作息 ……)$$

这样，对单体建筑的用能规律即可进行有效描述、刻画，揭示其具有的"荷"的特征

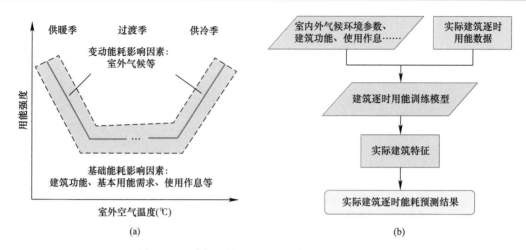

图 2.3-3 建筑用能主要影响因素及实际用能预测

(a) 建筑能耗变化的主要影响因素; (b) 基于实际用能数据的建筑逐时能耗预测

曲线。随着电动汽车的推广应用，电动汽车充电桩很多情况下也会接入建筑配电系统中，成为建筑整体用电的一部分。由单体建筑到建筑加上周围的电动汽车等负载，又是一种用电特征曲线；由单体建筑到不同功能建筑叠加后的区域建筑，用电特征曲线进一步发生变化。这些单体建筑、建筑与周围电动汽车、建筑群等具有的"荷"变化曲线，反映了需求侧的基本特征，可为零碳能源系统的构建提供重要基础。

从实现柔性用能目标来看，建筑各部分能源需求如何有效与柔性用能目标相结合，即建筑用能需求如何变化、如何更好地响应供给侧，是实现能源系统供需匹配需要回答的重要问题。"荷"侧的特征有何变化规律、建筑各部分的负荷需求能否更好地适应未来供给侧的变化特点等，仍是需要进一步深入研究的问题。

2.3.3 建筑用能规律与用能需求

建筑是重要的电力系统终端用户，建筑中包含如图 2.3-1 所示的照明、暖通空调、电器设备等多种类型的用电负载，用来满足建筑中的人员使用、系统运行保障等功能需求。不同类型建筑的用电功率、容量等需求不同，在建筑配电系统设计中通常根据建筑功能、具有的用电分级负荷类型及同时使用系数等确定其配电系统所需容量、功率设计指标。而在实际运行中，建筑用电负荷特征受建筑功能类型、使用特点、气候特征等多种因素影响，不同类型建筑会呈现出不同的用电特征和变化规律。

面向促进新型电力系统建设的需求，建筑等用户侧要想成为友好用户、柔性负载，需要关注的不单单是电量（单位为 kWh）的问题，更重要的是实时功率（单位为 kW），需要对建筑的逐时用电特征等规律进行深入分析。当前，对建筑用电负荷特征的研究已可利用很多实际建筑的用电数据来挖掘其用电规律，例如图 2.3-4 给出了几类典型建筑的逐时用电特征，从典型周的用电特征来看，建筑用电需求既受到使用作息的影响（如日间与夜间、工作日与周末存在显著差异），又受到室外气候的影响（不同季节的用电差异显著）。对于一栋既有或新建建筑，当期望使其成为电力系统的柔性用户或可调节负载时，预测其逐时用电特征就变得极为重要。对于一栋新建建筑，根据建筑功能类型、使用作息及所处气候区等基本信息，可以基于大量建筑的已有逐时用电数据来初步预测其未来的用电规律，如其逐时能耗可包含由建筑作息、使用功能决定的基础能耗（如照明、办公设备能耗）和由室外气候影响的变动能耗（暖通空调系统能耗）两部分；对于既有建筑，则可根据其已有的逐时用电特征和后续使用情况、室外气候等提前预测其逐时用电需求。这样就可得到建筑的逐时用电特征，根据建筑逐时用电特征更好地了解其用电特征与风光电等波动性电源间的匹配关系，以及如何在满足其用电需求的基础上进行建筑逐时用电功率的柔性调节。

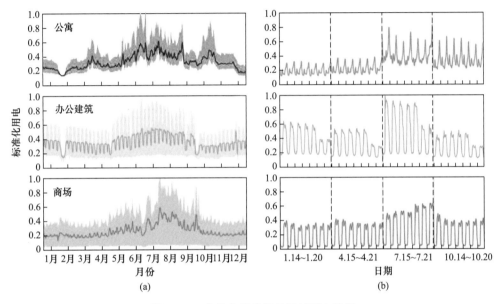

图 2.3-4　几类典型建筑的逐时用电特征

（a）全年逐日（峰值、谷值、平均值）；（b）典型周

　　建筑是峰谷差最显著的一类用电负载，也是导致电网逐时负荷峰谷差异显著的最主要原因，例如夏季建筑空调负荷是电力系统峰值的重要成因，降低空调导致的电力负荷峰值对于电网安全平稳运行有着重要作用，空调系统中的水蓄冷/冰蓄冷等技术即是辅助实现电力削峰的重要手段。图 2.3-5 给出了多栋公共建筑逐时用电负荷的延时曲线，可以看出

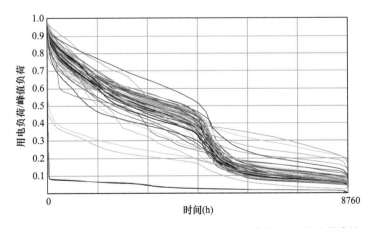

图 2.3-5　典型公共建筑的用负荷特征——延时曲线（50 栋公共建筑）

这些建筑的全年逐时用电负荷多数情况下处于较低水平，仅很少时刻达到或接近峰值负荷，这与区域、城市电网的负荷变化情况类似：一年中通常仅有几个或数个小时达到峰值负荷，用电负荷/峰值负荷在 0.9 以上的时间也小于 10%，即便达到峰值负荷时建筑也一般不会达到其设计的配电容量上限。这也表明，在多数时刻建筑配电系统运行在部分负荷工况，建筑配电系统的容量仍有较大的运行空间，说明建筑侧在实际运行中有较大的配电容量富余。因而，如何使得建筑用电负荷更加平稳或者更好地适应电力系统对友好用户的需求，如何更好地利用建筑配电系统设计容量、提高建筑配电系统或台区变压器的利用效果，是需要深入研究的问题。

2.4 建筑自身"源"与"荷"的关系

2.4.1 建筑产能曲线刻画：受太阳辐射等影响

可再生能源是构建未来零碳能源系统的重要基础，建筑场景下充分利用建筑自身或建筑周围可供利用的可再生能源，有助于扩大可再生能源利用场景；建筑自身是重要的能源用户，建筑充分利用自身可再生能源有助于实现可再生能源的自我消纳、提高就地利用效果。建筑中可利用的可再生能源，除了生物质能（如生物质炉具）、地热能（如中深层热泵）外，最常见、最适宜推广的仍是以光伏为代表的太阳能利用技术。随着光伏发电效率不断提高、光伏组件成本快速下降，建筑领域应用分布式光伏已具有较好的经济性。而光伏单位面积发电能力有限、需要较大敷设面积的特点，也使得充分利用建筑表面作为光伏利用场景、发展建筑光伏一体化成为实现建筑可再生能源利用、降低建筑碳排放的重要抓手。

光伏利用的相关基础研究、技术产品等已较为成熟，如何与建筑更好地结合、促进建筑光伏一体化等方面仍需要不断探索适宜的技术方案。建筑光伏发电效果与所在地的外部太阳辐射条件、敷设的建筑表面、光伏板敷设方式等因素相关（图 2.4-1）。中国气象局发布的《2021 年中国风能太阳能资源年景公报》表明，我国西部大部分地区、东部部分地区的年最佳斜面总辐照量超过 $1400kWh/m^2$，对光伏利用提供了很好的条件。对于一栋建筑来说，应当根据所在地的气候条件确定光伏板的合理敷设方式，通常情况下顶面敷设可

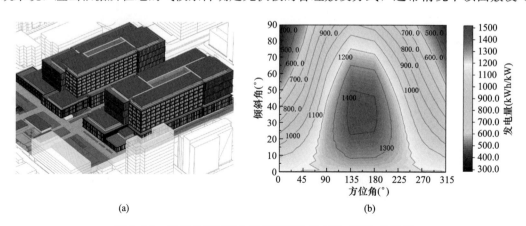

(a)   (b)

图 2.4-1 建筑自身可再生能源利用及具有的"源"的特征

（a）建筑顶面安装光伏板示意图；（b）光伏板年发电量计算结果（北京）

比立面敷设获得更大的全年发电量。结合建筑所在地气候、建筑结构形式、建筑可利用的表面情况等，应尽可能发挥建筑作为能源生产者的重要作用，光伏与建筑结合应做到"应装尽装、应铺尽铺"。

建筑中光伏板安装敷设倾角的选择，既要考虑光伏发电量的影响，也应当考虑光伏发电与建筑用电之间的关系，促进光伏发电与建筑用电之间的匹配、更好地消纳光伏发电。例如，以达到光伏最大发电量选取安装倾角时，尽管可达到最大光伏发电量，但可能由于其冬夏光伏发电量差异大而导致建筑对光伏发电的自身消纳不理想；反而以平铺或较小的倾角安装时，冬夏光伏发电量差异相对较小，可实现更好的光伏发电消纳效果。

这样，建筑作为"源" G_i 的特征即产能曲线可以用建筑光伏利用的特征来表征：

$$G_i = f(太阳辐照度，光伏板效率，安装倾角，\cdots\cdots)$$

2.4.2　建筑"源"与建筑"荷"之间的匹配性刻画

分布式光伏发电与建筑用电除了曲线形状的不匹配性外，还存在规模的不匹配性，即年发电总量与年用电总量可能存在差异。采用一年内光伏的自消纳率与自保障率进一步刻画光伏发电与建筑用电的匹配关系。图 2.4-2（a）给出了自消纳率和自保障率计算示意图，自消纳率为光伏发电中被建筑消纳的部分占光伏发电总量的百分比，而自保障率为光伏发电被建筑消纳的部分占建筑总用电的百分比。自消纳率、自保障率和光伏发电与建筑用电比的计算式如下式所示：

$$SC = \frac{E_{\text{p·d}} + E_{\text{p·b·d}}}{E_{\text{pv}}} \times 100\% \tag{2.4-1}$$

$$SS = \frac{E_{\text{p·d}} + E_{\text{p·b·d}}}{E_{\text{de}}} \times 100\% \tag{2.4-2}$$

$$P_{\text{RE}} = \frac{E_{\text{pv}}}{E_{\text{de}}} = \frac{SS}{SC} \tag{2.4-3}$$

式中　SC、SS 和 P_{RE}——分别为自消纳率、自保障率和光伏发电与建筑用电比（简称发电用电比）；

$E_{\text{p·d}}$——被负荷直接利用的光伏发电量，kWh；

$E_{\text{p·b·d}}$——被储存到电池等储能装置中并被负荷利用的光伏发电量，kWh；

E_{pv}——光伏发电总量，kWh；

E_{de}——建筑用电总量，kWh。

一般而言，一方面光伏容量较小的系统往往能够实现较高的自消纳率，然而此时光伏系统在保障负荷方面的贡献较小；另一方面，光伏容量过大的系统可以带来较高的自保障率，但光伏发电的大部分无法被自身消纳，过剩发电会对电网造成冲击或者导致弃光行为。因此，单独考虑自消纳率或者自保障率不足以全面反映光伏发电与负荷之间的匹配程度，一般需要同时考虑这两个技术性评价指标。因此构建了自消纳率—自保障率构成的二维图，如图 2.4-2（b）所示，横坐标为自消纳率 SC，纵坐标为自保障率 SS，点与原点连线的斜率即为 SS 和 SC 的比值，根据式（2.4-1）和式（2.4-2）可知，其即为光伏发电总量与建筑用电总量的比值，记为 P_{RE}。$P_{\text{RE}} = 1$ 时［图 2.4-2（b）中对角线状态点］，光伏发电量等于建筑用电量，为净零能耗建筑；$P_{\text{RE}} \in [0, 1)$ 时［图 2.4-2（b）右下角区域状态点］，光伏发电量小于建筑用电量，为净消纳型建筑；$P_{RE} \in (1, \infty)$ 时［图 2.4-2（b）左上角区域状态点］，光伏发电量大于建筑用电量，为净输出型建筑。在增加储能或采用需求侧响应策略时，如果忽略造成的损耗，P_{RE} 的变化较小，因此状态点将沿着与原点的连线向右上角移动。

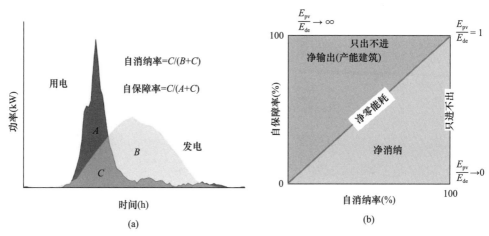

图 2.4-2　光伏发电与建筑用电的匹配关系

（a）自消纳率和自保障率计算示意图；（b）自消纳率—自保障率二维图

但是以上分类只考虑了光伏发电与建筑用电年总量间的关系，关注逐时的光伏发电与建筑用电关系时，横坐标为 100% 表明任何时刻光伏发电都能被建筑消纳，建筑从电网单向取电，对应了"只进不出"型建筑；纵坐标为 100% 表明任何时刻光伏发电都能保障建筑用电，光伏向电网单向输出电力，对应了"只出不进"型建筑；横纵坐标均为 100% 表明光伏发电可以保障全部用电的同时也能被全部消纳，对应了"不进不出"型建筑。

可以用该二维图刻画同一气候区不同类型建筑［图 2.4-3（a）］以及不同气候区商业建筑［图 2.4-3（b）］的发电与用电的匹配关系。对于商业和办公建筑，发电用电比小于 1/4 时基本可以实现只进不出，而公寓类建筑以夜间用电为主，其发电用电比接近 1/4 时，自消纳率也小于 85%。光伏发电与建筑用电不匹配系数以日不匹配成分为主。

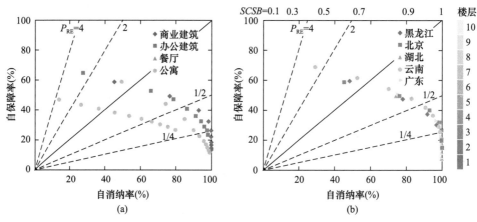

图 2.4-3　典型建筑不同楼层下的发电与用电的匹配关系

（a）北京不同类型建筑；（b）不同气候区商业建筑

2.4.3　建筑产能的利用：输出型与消纳型

建筑侧有望成为重要的分布式光伏资源，建筑光伏利用有望成为未来整个低碳电力系统的重要组成。建筑光伏能够发挥多大的作用、建筑产能"源"的特征与建筑用能"荷"的特征之间的关系如何，是需要进一步思考的问题。

当前建筑光伏推广利用中的一大困难是如何实现光伏发电的有效上网。由于光伏发电的实时波动性显著，建筑光伏发电上网很多情况下会对电网调控、稳定性等带来冲击。特别是未来建筑光伏得到广泛应用后，数量众多的建筑各自成为一个独立变化的发电节点，将对电网的调控带来不可估量的难度。建筑光伏"源"的特征具有显著波动性，而建筑作为用户，其"荷"的特征也具有显著波动性，建筑产能能否得到更好地利用、能否依靠建筑发挥其充分利用自身可再生能源的效果，是值得关注的问题。这就不仅需要关注建筑光伏可提供的总电量，还应当关注其逐时变化特征、关注建筑光伏发电与建筑自身用电之间的逐时匹配关系。为了减少建筑光伏发电对电网调控的影响、提高建筑对自身可再生能源的利用效率，在很多情景下可从消纳效果上对建筑光伏利用方式进行有效区分，从而降低对建筑自身能源系统与外部电网间双向能量交互的需求，既能实现建筑自身可再生能源利用，又不需要对电网提出更高的调控要求，也有助于构建电网友好型建筑。

基于光伏发电与建筑用电之间的匹配关系，结合储能或者建筑柔性调节，可以对建筑的光伏消纳模式进行分类。对于不少建筑，其在没有储能的情况下自消纳率、自保障率一般均低于100%，属于与电网双向互动的"有进有出"模式。增加储能或柔性调节后，并不改变建筑的发电用电比，光伏消纳状态点将沿着正比例函数线移动（图2.4-4），可以使建筑与电网实现单向交互或者成为孤岛型建筑。

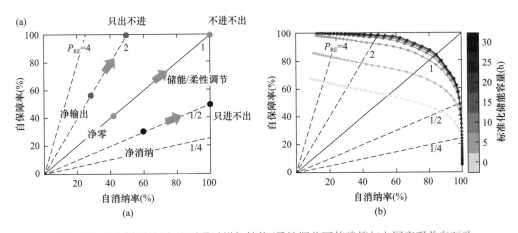

图 2.4-4　不同发电用电比下通过增加储能/柔性调节可使建筑与电网实现单向互动
(a) 示意图；(b) 商业建筑案例

以典型建筑的用电特征[11]和建筑光伏发电能力为例，建筑自身光伏发电和用电之间的逐时不匹配关系如图2.4-5所示。初步结果表明：对于常见的商业建筑，6层以上的办公建筑、3层以上的商场，自身可利用的光伏发电通常显著小于建筑用电需求，这些建筑均应以实现光伏发电自消纳、尽可能不上网为原则，在充分利用自身光伏资源并实现较高光伏自消纳率的基础上，避免与电网间的双向交互。可将其归类为自消纳型建筑，这也涵盖了大多数的商业建筑场景。对于自消纳型建筑，从总量上看，建筑光伏发电量通常仅能满足建筑总用电量的20％左右；从功率关系来看，建筑光伏发电功率在某些时刻可能超过建筑用电功率，此时存在一定比例的弃光现象；从全年逐时功率的匹配关系来看，自消纳型建筑的光伏发电绝大多数时段可被建筑自消纳，一年中很小比例的时间段存在弃光现象。这样就可以实现比较好的建筑自身光伏利用、自消纳，建筑用电不足部分再由外网供给，从而避免建筑光伏发电向外电网输电，降低整个电力系统中的发电节点数量和调控难度。以能耗强度大、楼层多的城市建筑为代表，即便当发电用电比小于1时，增加储能也可以让其成为"只进不出"型建筑，这就为光储直柔系统应用提供了有利基础。

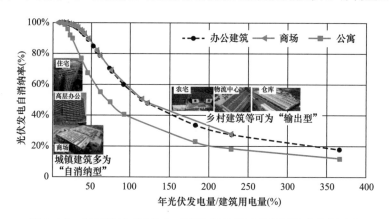

图 2.4-5 根据建筑"源"与"荷"的特征对其利用模式进行区分

对于低层建筑，当充分利用建筑自身面积资源安装光伏时，从总量上看光伏发电量可显著高于建筑用电需求（前者可达后者的2倍甚至更高）；从功率上看光伏发电功率在很多情况下也远高于建筑用电功率，但由于光伏发电与建筑用电在时间上的不匹配，使得部分建筑用电时段无法利用光伏发电满足。对于这类建筑，应当以作为重要电力生产者、向电网单向输电为目标，称为光伏输出型建筑。增加储能可以使这些建筑向"只出不进"型建筑转变，成为向外界稳定输出电力的分布式电源。这样，光伏输出型建筑还应当通过有效的电力储存方式来解决自身光伏发电与用电在时间上的不匹配问题，通过一定的储电方式来应对无光伏发电时的自身用电需求；光伏发电时间段内，这类建筑可作为有效的分布式可再生电源，使得电网可以充分利用建筑作为光伏电力的生产者。例如，3层以下的农村建筑，用电需求通常较小，而可利用的建筑表面积相对较大，有利于光伏的充分利用，这就使得其在有效解决自身能源需求的基础上将多余电力上网，成为未来重要的分布式光伏电力生产者。

因而，在充分利用建筑表面等敷设光伏的基础上，建筑"源"与"荷"之间的关系是决定建筑在能源系统中角色的重要因素。将建筑划分为自消纳型和光伏输出型，可以有效区分其作为"源"、能源生产者的定位和作用，前者自消纳光伏发电、自产自用，不足部分从外网取电，整体上仍是电网的用电负载；后者在满足自身需求后，外输电力，成为电网中的能源生产节点。这样，既能使得建筑充分利用自身可再生能源，又使得建筑与电网间的互动关系变得简单，两类建筑分别从电网取电和向电网输电，有助于降低未来电力系统的调控复杂度。

本章参考文献

[1] LIU X C, LIU X H, JIANG Y, et al. Photovoltaics and Energy Storage Integrated Flexible Direct Current Distribution Systems of Buildings: Definition, Technology Review, and Application [J]. CSEE Journal of Power and Energy Systems, 2023, 9 (3): 829-845.

[2] GHOSH A. Potential of building integrated and attached/applied photovoltaic (BIPV/BAPV) for adaptive less energy-hungry building's skin: A comprehensive review [J]. Journal of Cleaner Production, 2020, 276 (2): 123343.

[3] 王光辉, 唐新明, 张涛, 等. 全国建筑物遥感监测与分布式光伏建设潜力分析 [J]. 中国工程科学, 2021, 23 (6): 92-100.

[4] 姚春妮, 马欣伶, 罗夕. 碳达峰目标下太阳能光电建筑应用发展规模预测研究 [J]. 建设科技, 2021, (11): 33-35.

[5] 陈立波, 郝斌. 碳中和背景下农村光储直柔系统建设分析——以陕西省榆林市吴堡县农村为例 [J]. 建设科技, 2021, (7): 86-89.

[6] CHEN Q, KUANG Z, LIU X, et al. Energy storage to solve the diurnal, weekly, and seasonal mismatch and achieve zero-carbon electricity consumption in buildings [J]. Applied energy, 2022, 312 (4): 118744.

[7] PENG X, HAVES P, PIETTE M A, et al. Peak demand reduction from precooling with zone temperature reset in an office building [R]. California: Lawrence Berkeley National Laboratory, 2004.

[8] ADUDA K, LABEODAN T, ZEILER W, et al. Demand side flexibility: potentials and building performance implications [J]. Sustainable cities and society, 2016, 22 (4): 146-163.

[9] MUBBASHI R A, JUHA J, RAI S, et al. Combining the demand response of direct electric space heating and partial thermal storage using LP optimization [J]. Electric power systems research, 2014, 106 (1): 160-167.

[10] 林琳. 航站楼多区域旅客流与供冷需求特征研究 [D]. 北京: 清华大学, 2022.

[11] 付椿. 建筑光伏直连式电动汽车智能充电系统性能研究 [D]. 北京: 清华大学, 2022.

[12] 欧阳明高. 推动电动汽车车网互动 (V2G) 储能技术发展 [EB/OL]. (2022-03-08) [2022-03-26]. https://www.tsinghua.edu.cn/info/2815/91992.htm.

[13] 李雨桐, 郝斌, 董亦潇, 等. 民用建筑低压直流配用电系统关键技术认识与思考 [J]. 建设科技, 2020, (6): 32-36.

[14] 中国建筑节能协会. 民用建筑直流配电设计标准: T/CABEE 030—2022 [S]. 北京: 中国建筑工业出版社, 2022.

[15] GIRI F, ABOULOLIFA A, LACHKAR I, et al. Formal framework for nonlinear control of PWM AC/DC boost rectifiers—controller design and average performance analysis [J]. IEEE transactions on control systems technology, 2010, 18 (2): 323-335.

[16] ELTAWIL M A, ZHAO Z. MPPT techniques for photovoltaic applications [J]. Renewable and sustainable energy reviews, 2013, 25: 793-813.

[17] JIN C, WANG P, XIAO J, et al. Implementation of hierarchical control in DC microgrids [J]. IEEE transactions on industrial electronics, 2014, 61 (8): 4032-4042.

[18] JENSEN S Ø, MARSZAL-POMIANOWSKA A, LOLLINI R, et al. IEA EBC Annex 67 energy flexible buildings [J]. Energy and buildings, 2017, 155 (11): 25-34.

[19] 中华人民共和国住房和城乡建设部. 民用建筑电气设计标准: GB 51348—2019 [S]. 北京: 中国建筑工业出版社, 2020.

第3章 建筑低压直流配电系统

3.1 建筑低压直流配电系统的结构

3.1.1 建筑低压直流配电系统的组成

一个典型的建筑低压直流配电系统（简称直流系统）由电源和电源变换器、直流母线和配电回路、配电控制和保护装置，以及用电设备等组成，如图 3.1-1 所示。

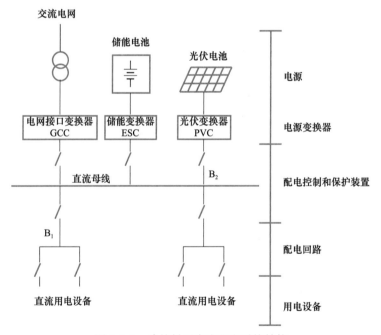

图 3.1-1 建筑低压直流配电系统结构

1. 电源和电源变换器

电源为直流系统提供电能，同时为了实现电压变换、功率控制和保护等功能，电源一般都需要配置电源变换器。

交流电网在很多情况下是最容易获取也是最可靠的电源，以交流电网作为电源，需要电网接口变换器（GCC），它的核心是能够实现交直流变换的 AC/DC 电路。

光伏和储能电池虽然是直流，但其电压变化较大，而且光伏发电还要进行最大功率跟踪控制，储能电池也要对充放电功率进行控制，这就需要用到光伏变换器（PVC）和储能变换器（ESC），由于光伏和储能电池都是直流，因此这两类变换器的核心都是 DC/DC 电路。

2. 直流母线和配电回路

直流母线是直流系统主要的电能输送回路，配电回路作为直流母线的分支，连接各配电区域和设备。

最简单的单母线系统只有一条直流母线，所有设备和配电回路都连接在同一直流母线上，系统运行在相同的直流电压下，设备通过同一条直流母线进行电能的输送，如图 3.1-2（a）所示。

如果直流系统包含多个直流电压，就必须采用不同的直流母线。另外，为了适应多个配电区域或不同类型用电设备的供电要求，也会出现多个直流母线的情况。多直流母线系统有级联、手拉手和并行等形式，如图 3.1-2（b）～（d）所示。

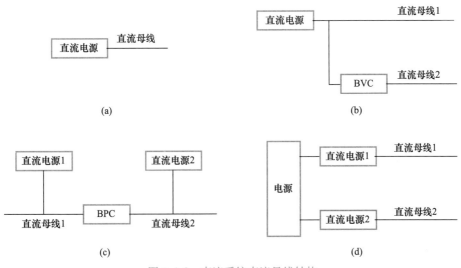

图 3.1-2　直流系统直流母线结构
（a）单母线式；（b）级联式；（c）手拉手式；（d）并行式

根据是否包含电源，配电回路可以分为无源回路和有源回路。

无源回路没有电源，稳态情况下由直流母线单向向用电设备供电，当上级直流母线或配电回路发生短路时，不会输出短路稳态电流，对直流系统短路保护特性影响较小。

有源回路包含电源，它的控制和保护相对比较复杂，主要表现在三个方面：

首先，有源回路中的电源可以向直流母线输出电能（比如光伏发电装置），或与直流母线进行双向电能交换（比如储能装置），有些电源还参与直流系统电压控制，运行状态多变。

其次，当直流母线发生短路时，有源回路中的电源可能向直流母线持续注入短路电流，显著影响直流系统短路故障和保护特性，同时有源配电回路的保护也需要考虑双向故障电流可能带来的问题。

最后，即使断开与外部直流母线的连接，有源回路中的电源仍可以继续工作，可能长时间存在危险电压，需要采取必要的措施避免对人身和设备造成危害。

3. 配电控制和保护装置

为了保证用电安全，防止故障造成设备和线路损坏，直流系统需要配置保护装置，常见的有剩余电流保护、绝缘监测、电弧保护和过流保护等。另外,变换器在直流系统中的作用不仅是设备端负责电能变换的装置,还可以承担直流系统很多的控制保护功能。

建筑低压直流配电系统包含多种电源(分布式光伏发电装置和储能装置等)和不同类型的用电设备,除了基本的控制和保护功能外,一般还配置能量管理装置(Energy Management System,EMS),通过对电源和用电设备的协调调度,达到降低用电成本、提高光伏消纳能力和改善需求响应性能等目的。

3.1.2 交流和直流对比

交流电压的大小和极性周期性变化,直流电压的大小和极性不变,电力系统既可以用交流也可以用直流传输电能。

传统电力系统主要采用交流,如图 3.1-3 (a) 所示。电源侧以火电厂和水电厂等同步发电机为主,采用交流输电(升压变压器、交流输电网和降压变压器)或直流输电(AC/DC 变换器、直流输电网和 DC/AC 变换器)进行电能大容量远距离传输,用户侧采用交流配电,电力用户接入交流电网。交流系统中的用户相对独立,比如图 3.1-3 (a) 中的用户 A 和用户 B,只有通过外部交流电网才能进行电能交换,灵活性和自主性受到很大限制。

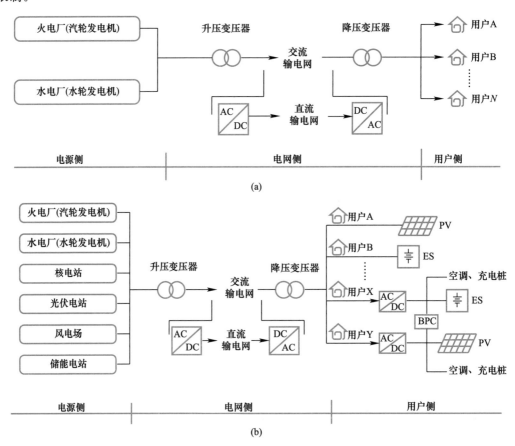

图 3.1-3 交流和直流系统
(a) 交流输电和交流配电系统;(b) 交流输电和直流配电系统

　　直流系统只有电压的变化，没有频率和相位的变化，稳态情况下只有有功功率，功率流向和大小取决于电压差和线路电阻，系统依靠直流电压形成功率调节关系，控制原理比交流系统简单。图 3.1-3（b）中的用户 X 和用户 Y 采用低压直流配电，它们具备一定的产能（光伏发电）、储能和能量管理能力，成为电力系统中一个个相对独立的"小直流微网"，不仅可以根据自身需求合理规划能源配置和使用方式，或通过参与电网调节的方式改善电网运行性能（比如提高新能源消纳能力），而且它们不必依靠外部交流电网，直接通过直流功率变换器（BPC）就能进行电能交换。

　　直流系统中线路电阻、电流方向和大小不同，各点电压的大小、变化幅度甚至变化趋势都不一样，依靠变换器建立和控制电压，受外部电网的影响更小，并缺少像交流系统电压频率那样全网统一的变量，这使得直流系统更适用于功率、供电距离和范围都不太大的场合，比如规模和容量相对较小、分散但数量庞大的建筑就非常适合采用低压直流配电系统。

　　本章讨论的建筑低压直流配电系统属于用户侧范畴，电压等级较低（不超过直流1500V），容量较小（几十千瓦到几兆瓦），供电距离较小（几百米），应用场景与交流单相 220V 和三相 380V 低压交流配电相似，但两者在电源、控制和保护等方面都存在很大的差异。

　　1. 交流设备、准直流设备和直流设备

　　现有建筑配电以交流为主，建筑场景中常见设备似乎都应该是交流设备，但仔细分析可以发现，根据供电电压和设备功能对电压的要求，人们熟悉的"交流设备"其实有两种形式，它们的电气结构如图 3.1-4（a）和（b）所示。

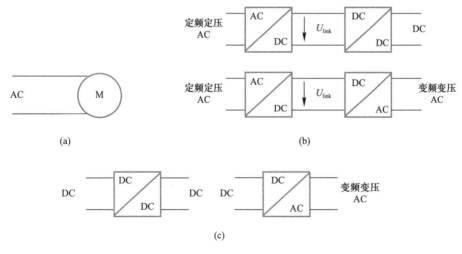

图 3.1-4　交流设备、准直流设备和直流设备
（a）交流设备；（b）准直流设备；（c）直流设备

　　图 3.1-4（a）所示是"真正"的交流设备，它直接采用固定频率和大小的交流电压，内部不对交流电压进行变换处理。交流设备用交流供电，比如电热水器、白炽灯、电风扇和定频空调等，由于不能（或不需要）对交流电压进行控制，功能一般比较简单。

　　有些设备虽然采用交流供电，但它们需要的其实是直流电压（比如手机充电器、LED

驱动电源和电动汽车充电桩等），或频率和电压可控可变的交流电压（变频变压需要用到DC/AC电路，DC/AC电路采用直流电压，比如变频器、变频空调和变频风扇等），采用交流供电时，要先将交流变换为直流，内部包含一个直流环节，如图3.1-4（b）中的U_{link}。因此，这些设备是"准直流设备"，有些资料也称为"本质直流设备"。

如果将准直流设备内部的交直流变换（AC/DC）环节取消，直接采用直流供电，准直流设备就变成了"真正"的直流设备，如图3.1-4（c）所示。

虽然直流设备目前还比较少，但从设备电气结构的角度看，很多交流设备或准直流设备都具备直流化的潜力和市场前景：有些交流设备可以交直流两用，比如热水器；很多传统交流设备发展呈现直流化的趋势，比如无线吸尘器、智能吹风机和变频空调等；准直流设备大多可以改造成直流设备，比如LED驱动电源、电动汽车充电桩等，而且采用直流供电可以减少交直流变换环节，不论是电气结构、效率还是成本，相比交流设备和交流供电都要更有优势。下面结合电动汽车充电桩和变频空调做一些说明。

（1）电动汽车充电桩

电动汽车动力电池为直流，所有电动汽车充电桩最终都需要输出直流电压，并根据动力电池状态实时控制充电电流（功率）。为了确保安全，充电桩一般包含隔离型DC/DC，如图3.1-5所示。

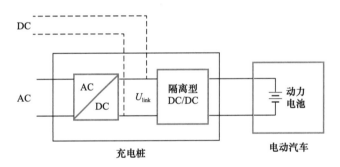

图3.1-5　充电桩电气结构

采用交流供电的充电桩需要采取两级变换结构，先用AC/DC电路将交流输入转换为直流（U_{link}），再利用隔离型DC/DC电路进行电气隔离并控制充电电流，从功能和结构的角度分析属于准直流设备。

如果采用直流供电直接连接到U_{link}，充电桩只需要一级隔离型DC/DC电路就可以完成电压变换、充电电流控制和电气隔离三个方面的任务，结构更简单（省掉AC/DC电路，有助于小型化和降低成本），同时损耗也更低。

（2）变频空调

空调的核心是压缩机，采用交流电机驱动的压缩机控制有定频和变频两种方式。

定频交流电机运行时直接连接在交流电网上，交流电机工作所需的旋转磁场频率取决于交流电网频率，电机转速基本保持不变，属于交流设备，适合采用交流供电，如图3.1-6（a）所示。

电力电子技术可以实现交流电机变频控制。变频器采用DC/AC电路将直流变换为交流，同时对交流的频率和幅值进行控制，使交流电机的转速、转矩和功率按照要求灵活变化。采用变频技术的变频空调可以对温度进行准确控制，舒适度和工作效率更高。

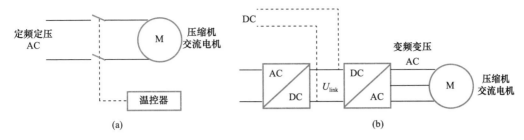

图 3.1-6　定频和变频空调结构
(a) 定频空调；(b) 变频空调

虽然变频空调的压缩机仍使用交流电机，但 DC/AC 电路是控制压缩机的必要环节，与变频空调功能紧密联系且不可分割。由于 DC/AC 电路需要直流供电，采用交流供电的变频空调需要利用 AC/DC 电路先将交流转换为直流 U_{link}，因此属于准直流设备，如图 3.1-6 (b) 所示。

如果取消变频空调的 AC/DC 电路，同时采用直流供电，可以变成结构更简单、成本更低而工作效率更高的"直流变频空调"。

2. 电压以及控制保护特性

直流系统的电压形式和电源结构与传统交流系统有很大的差异，同时绝大多数电源和用电设备都必须使用电力电子变换器实现相应的功能，受电力电子变换器工作原理影响，直流系统的控制保护特性与传统交流系统存在很大差异。

（1）交流系统

同步发电机和变压器是交流系统最重要的两个环节，它依靠同步发电机的自然特性稳定电压和频率，并利用变压器实现升压或降压。所有接入交流配电系统的同步发电机保持相同频率运行，各发电机之间的电压相位差异决定了输出功率的大小和方向，电压相位超前的发电机输出更多的功率，而电压相位滞后的发电机输出的功率较少，甚至会处于消耗电能的负载状态。

同步发电机是机电转换装置，它的机械特性和机电暂态响应速度相对较慢，同步发电机转子的转动惯量和阻尼在维持交流系统稳定性方面具有非常积极的作用。这使交流系统内多个同步发电机能够协调运行，共同应对随时出现的各种暂态功率扰动，加上同步发电机和变压器能够承受很大的电压和电流冲击，允许较长时间过载运行，使得交流系统在面对各种扰动时具有很强的稳定控制能力。

（2）直流系统

变换器的普遍使用使得直流系统呈现出电力电子化的特点，与交流系统相比，其惯性、阻尼、裕度和耐量都要低很多。

与同步发电机的机电暂态特性不同，电力电子电路的电磁暂态控制响应速度要快很多（可以达到微秒级），同时又缺少类似同步发电机转子的惯性和阻尼作用，电力电子电路之间的耦合关系非常紧密，容易受到各种扰动的影响，谐振风险也更大，对稳定控制的要求更高。

变换器的核心是电力电子电路和功率半导体器件，它们的容量比同步发电机和变压器要小得多（大的变换器不过几十兆瓦，而一台水力发电机的容量可达 1000MW），耐受电压和电流冲击的能力也比较差。因此，变换器电压、电流和功率的裕度都比较小（电压和电流超额范围一般为额定值的 1.2～1.5 倍），这使得直流系统更容易受到暂态电压变化和功率扰动等因素的影响，同时过电压和过流可能造成的破坏也更严重。

为避免功率半导体器件因为电压和过流损坏，变换器对过流和过电压保护速度的要求非常高，过流保护最快可以达到微秒级。断路器等保护装置的动作时间最快也只能到毫秒级，不仅无法满足半导体器件和变换器快速保护的要求，在与变换器进行保护配合时也会遇到问题。

需要说明的是，因为风力和光伏等新能源发电都需要依靠电力电子变换器才能接入交流电网，随着新能源发电装机容量占比越来越高，交流系统也呈现电力电子化的趋势，所面临的很多问题与直流系统相似。

3. 直流电容

交流系统整体呈现感性，包括电机以及变压器的激磁电感和漏感等。交流系统中也有电容，主要是交流滤波电容，以及准直流设备内部的直流电容，如图 3.1-7（a）所示。交流滤波电容一般比较小，而准直流设备 AC/DC 电路中二极管的单向导电作用，使得正常情况下直流电容不会向交流系统反向放电，因此交流系统在实际中较少考虑电容的影响。

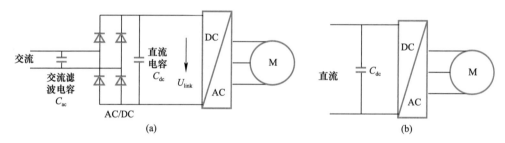

图 3.1-7　设备内部的电容

（a）准直流设备；（b）直流设备

直流系统中直流设备内部的电力电子电路都需要配置电容，这些电容连接在直流母线上，如图 3.1-7（b）中的 C_{dc}。直流系统的电压等级较低，配电回路一般采用电缆方式且敷设距离较短，线路的阻感比（线路电阻与感抗之比）较大，受直流电容影响，直流系统整体呈现容性。当发生短路时，所有设备中的电容同时向故障点放电，会形成幅值很大的短路冲击电流，同时短路引起的电压跌落的影响也更加严重。

3.1.3　直流系统电压等级、接地和主接线形式

1. 电压等级

电压等级是直流系统最重要的参数，只有先确定电压等级，才能开展电流计算、导线选型、保护配置和设备设计等工作。

直流系统电压等级的选择需要考虑多种因素，包括供电能力、用电安全、电气设备和元件等，其中以供电能力和用电安全最为关键。

（1）供电能力

电压等级直接决定了直流系统的供电能力。对于一定的功率传输需求，电压越高电流越小，可以用截面积更小的导线（成本更低），在更小的线路电压降和损耗下传输更远的

距离，效率更高，供电能力也更强。

基于这个简单的底层原理，很多电气系统的电压等级都有逐渐提高的趋势。在城市轨道交通供电领域，750V 基本被 1.5kV 取代，电动汽车动力电池电压从 200V 提高到 800V 甚至更高，光伏发电系统电压从 500V 提高到 1kV，大型光伏发电系统现在普遍采用 1.5kV，2kV 光伏发电技术也已经完成实证应用，即使是电子产品采用的 Type C 接口，在需要大功率输出（比如手机快充）时，电压也会从 5V 提高到 20V，最高电压达到 48V 的 Type C 电源产品也已出现。

负荷距指在一定的线路电压降下最大传输功率与最远传输距离的乘积，用来对供电能力进行量化分析：

$$M_{pl} = P_m \times L_m = \frac{\lambda(1-\lambda)SU_n^2}{2\rho} \tag{3.1-1}$$

式中　M_{pl}——负荷距，W·m；

　　　P_m——最大传输功率，W；

　　　L_m——最远传输距离，m；

　　　U_n——直流额定电压，V；

　　　λ——线路电压降占直流额定电压的百分比，%；

　　　S——导线截面积，mm^2；

　　　ρ——导线电阻率，$\Omega \cdot mm^2/m$。

虽然加大导线截面积可以降低线路电压降和损耗，但导线成本也会增加。相比之下，提高电压对增加负荷距的效果更加明显，经济效益也更好。

（2）用电安全

直流系统需要采取一系列措施来保证用电安全，而几乎所有措施在实施时都需要考虑电压等级的影响，电压等级越高，触电危险性越大，对电击防护的要求也越高。

考虑建筑场景的条件和使用要求，为了尽量避免触电造成严重后果（比如心室纤维性颤动可能导致死亡），必须适当限制直流系统电压。表 3.1-1 是心室纤维性颤动对应的直流接触电压阈值（摘自《电流对人和家畜的效应　第 5 部分：生理效应的接触电压阈值》GB/T 13870.5—2016），其与接触面积、接触部位和皮肤状态等因素有关，可以为建筑低压直流配电系统电压等级选择提供参考。

直流接触电压阈值（单位：V）　　　　　　　　　　　　　　表 3.1-1

心室纤维性颤动电流阈值（mA）	水湿润			干燥		
	大接触面积	中等接触面积	小接触面积	大接触面积	中等接触面积	小接触面积
350（手到手）	264	353	470	264	264	470
140（双手到双脚）	75	143	223	87	143	223
200（一只手到臀部）	85	127	203	85	127	203

供电能力和用电安全对电压等级的要求在根本上是矛盾的，直流电压等级的选择需要在两者之间寻找"平衡"：在满足基本用电安全要求的前提下尽量提高供电能力。

由于安全需求的特殊性，对用电安全性与供电能力（本质是经济效益）直接进行量化对比有时比较困难。交流系统电压等级选择同样会遇到供电能力和用电安全的矛盾，虽然各个国家的电压等级不尽相同，但经过百余年的发展，围绕用电安全已经形成了相对完善的技术规范，涉及工程、产品和使用等各个环节，经过全面实践检验并获得了广泛的认可，可为直流系统用电安全性评估和电压等级选择提供参考。

《电流对人和家畜的效应 第5部分：生理效应的接触电压阈值》GB/T 13870.5—2016 也给出了心室纤维性颤动对应的交流接触电压阈值，如表 3.1-2 所示。我国建筑低压交流配电系统普遍采用单相220V，大多数家用电器也都采用220V（电流一般不超过32A，最大功率约为7kVA）。对比表 3.1-1 与表 3.1-2 可知，对于相同的触电情形（接触面积、接触部位和皮肤状态），触电危险与交流220V相似的直流电压的范围是353～470V。因此，原来适用交流220V供电的区域，如果采用直流供电，电压等级宜为353～470V。

交流接触电压阈值（单位：V）　　　　　表 3.1-2

心室纤维性颤动电流阈值（mA）	水湿润			干燥		
	大接触面积	中等接触面积	小接触面积	大接触面积	中等接触面积	小接触面积
100（手到手）	98	165	260	99	99	260
40（双手到双脚）	24	71	149	33	82	160
57（一只手到臀部）	31	65	100	34	65	100

中国建筑节能协会团体标准《民用建筑直流配电设计标准》T/CABEE 030—2022 推荐的直流电压等级为48V、375V和750V。建筑低压直流配电系统设计可以按照"高压高效、低压安全"的原则，采取分区供电方式：安全性要求较高的场所，采用48V，追求更好的用电安全；大功率供电采用750V，强调经济高效，通过将其限制在特定区域、设置防护遮栏以及自动切断电源等保护措施，确保电击防护性能；一般场所，兼顾安全性和供电能力要求，采用375V。

2. 接地形式

接地形式是指配电系统带电部位和电气设备外露可导电部位如何接地以及与保护线之间的连接关系。

电气设备外露可导电部位，指正常时对地电压为0，故障时可能带一定的电压，同时容易被人触及的导电部位，比如洗衣机、微波炉和充电桩的外壳等。

保护线（PE线）是为防止触电，将电气设备外露可导电部位、用电场所可导电部位（导线支架、散热器和水管等）、等电位联结和接地极连接在一起的导线。

接地形式一般用两个字母表示：

第一个字母表示电源与系统接地极的关系，T 代表电源有一点与系统接地极直接连接，I 代表电源不接地或通过高阻抗与系统接地极连接。

第二个字母表示电气设备外露可导电部位与系统接地极的关系，T 代表电气装置外露可导电部位通过保护线与一个和电源接地极电气上无关的接地极接地，N 代表电气装置外露可导电部位通过保护线与电源（系统）接地极连接。

建筑低压配电系统有 IT、TN 和 TT 三种典型的接地形式，如图 3.1-8 所示。

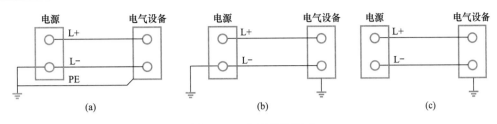

图 3.1-8　典型接地形式

(a) TN 接地；(b) TT 接地；(c) IT 接地

绝大多数建筑场景中，人体与大地处于同一电位，将电气设备外露可导电部位进行保护接地是非常重要的电击防护措施。接地形式直接影响配电系统带电部位和设备外露可导电部位与人体的电位关系，不同接地形式的接地故障特性和保护方法有明显的差异，是配电系统电击防护设计的重要内容。

3. 主接线形式

主接线形式决定了配电系统电源电压和极性（交流系统还有相位）的关系。

交流系统的主接线形式主要有单相（两线）、三相三线和三相四线三种，直流系统则有单极和双极之分，如图 3.1-9 所示。

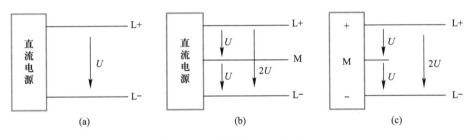

图 3.1-9　直流系统主接线形式

(a) 单极；(b) 真双极；(c) 伪双极

单极直流系统只有一个电源，直流电压也只有一个极性（正极 L＋和负极 L－），只能提供一种直流电压（U），系统结构以及控制和保护都比较简单。

双极直流系统有两个电源，相对于中性极 M 有正负两种电压极性，L＋与 M 之间的电压为 U，而 L－与 M 之间的电压为 $-U$，电源可以引出 L＋、L－和 M 三根线（称为真双极），也可以只引出 L＋和 L－两根线（称为伪双极）。

真双极直流系统 L＋和 L－与 M 之间的电压为 U，而 L＋和 L－之间的电压为 $2U$，设备可以根据需要灵活选择，比如功率较大的设备从 L＋和 L－取电，安全性要求较高或功率较小的设备则采用 U，这是真双极直流系统的优点，效果与三相四线交流系统可以提供相电压（AC 220V）和线电压（AC 380V）类似。

伪双极直流系统不引出 M 极，因此只能提供 $2U$ 一种电压，但如果在电源侧将 M 极接地，L＋和 L－对地电压降低了一半（U），可以显著降低线路绝缘要求，比较适合高压直流系统。

4. 接地和主接线的关系

直流系统接地和接线形式的选择还要考虑两者之间的关系，这一点对 IT 接地系统尤

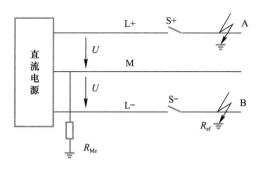

图 3.1-10　IT 接地真双极直流系统

为明显。下面结合图 3.1-10 所示的 IT 接地真双极直流系统做两点说明。

（1）断路器分断能力

正常情况下，断路器 S＋ 和 S－ 分别断开正极和负极回路，断路器只需要承受单极电压（U）。

如果正负极先后发生接地故障，如图 3.1-10 中的 A 和 B，此时断开 S＋ 或 S－，因为不可能保证 S＋ 或 S－ 同时动作，先断开的断路器将承受正负极间电压（$2U$）。因此，IT 接地设计必须考虑两点故障的情况，按照正负极间电压要求断路器的电压分断能力。

（2）对地电压和触电危险

如果 IT 接地与地完全绝缘，对地电压没有意义。实际应用中 IT 接地常采用高阻接地方式，将一极通过大电阻接地，比如像图 3.1-10 那样，将 M 极通过大电阻 R_{Me} 接地，正常情况下，M 极对地电压 $U_{Me}=0$，正负极对地电压分别为 U 和 $-U$。

假设负极 B 点发生了接地故障，接地故障电阻为 R_{ef}，M 极对地电压因此变为 $U_{Me}=\dfrac{R_{Me}U}{R_{ef}+R_{Me}}$。如果接地故障电阻 R_{ef} 较小，U_{Me} 会显著升高，在小电阻接地故障的情况下（$R_{ef} \ll R_{Me}$），U_{Me} 会接近 U，而负极对地电压则上升到 0V 附近，正极电压相应地升高至 $2U$，触电危险显著上升。

同理，如果正极 A 点发生了接地故障，正极和负极对地电压可能分别变为 0 和 $-2U$，如果人手触碰到负极，不仅电压很高，而且触电产生的接触电流是从手流向脚，与方向向上的电流相比，这种向下流过心脏的电流对人的伤害更大。

3.1.4　直流系统电压质量

理想直流系统的电压应该只有直流分量，除非人为调节，直流电压始终恒定，在任何工作状态和负载条件下都应该保持"绝对"稳定。实际直流系统的电压会因为各种原因偏离"理想电压"，电压质量表示电压偏离的程度。

描述实际电压与理想电压之间偏差的大小、形式和持续时间等需要用不同的技术参数，并且根据电压偏差的机理和特点将电压质量进行分类。需要说明的是，这些技术参数大部分也可以用来描述直流电流质量，两者统称为直流电能质量。

根据电压变化快慢和持续时间长短可以分为三种形态：瞬态（instantaneous state）、暂态（transient state）和稳态（stable state）。

瞬态电压变化速度非常快，持续时间少于 10ms，之后电压迅速恢复到稳态电压，由于时间很短，有些时候甚至"察觉不到"。降低系统和设备对瞬态电压变化的敏感性，有助于提高供电可靠性。

暂态电压变化的持续时间一般在 10ms～10s 之间，变化结束后进入稳态，暂态过程对直流系统的影响比较明显，也是直流系统设计和控制的重点。

直流系统电压其实随时都在调整和变化，所谓稳态只是一个相对概念，从运行控制和故障保护的角度看，当电压变化幅度很小（比如小于额定电压的 1%），时间超过 10s 就可以看作是稳态。

定义电压的三种变化形态不仅是为了方便描述，它往往也代表引起电压变化的原因。比如，瞬态变化很多时候是由故障、电流冲击、系统或设备状态切换引起；暂态过程与系统调节和变换器控制密切相关；稳态电压变化幅度很小，主要受线路电阻、传感器误差以及功率分配等静态因素影响。

直流系统耦合性较强，引起电压变化的各种因素相互关联，不同变化形态交织混叠，且各因素之间并没有严格的界限，在时间交界区域常表现出过渡特性。

1. 稳态电压偏差

稳态情况下，直流系统电压实际平均值与电压参考值之间的差异称为稳态电压偏差。稳态电压偏差习惯用百分比来表示：

$$\gamma_{vs} = \frac{U_a - U_n}{U_n} \times 100\%$$
(3.1-2)

式中　γ_{vs}——直流稳态电压偏差，%；

U_n——直流电压参考值，一般选择电压额定值，V；

U_a——实际稳态电压平均值，V。

直流稳态电压偏差除了与传感器误差和线路压降有关，同时也会受变换器控制保护特性的影响。比如，变换器采用恒定电压控制，输出直流电压一般不会随电流变化，稳态电压偏差也基本不变；如果变换器采用电流—电压下垂控制，输出直流电压会随电流变化，稳态电压偏差也会随之改变。

2. 暂态电压变化

直流系统一直处于调整状态，电压实际上随时都在变化，电压变化过程中与稳态值之间的偏差称为电压暂态偏差。幅度较小或持续时间较短的电压暂态偏差对系统和设备工作影响不大，而如果电压暂态偏差过大、变化速度过快或持续时间超过允许的限值，就有可能引起设备和系统异常。

3. 冲击型电压瞬变

冲击型电压瞬变指持续时间少于 10ms 的非周期（或以单极性变化为主）变化过程。可能引起冲击型电压瞬变的常见原因包括短路、短时功率失衡和工作状态切换等。直流系统电压随时都在变化，幅度较小的电压变化影响很小，因此在实际中往往主要关注那些变化幅度较大（比如达到额定值的 5% 以上）的冲击型电压瞬变。

4. 电压纹波

直流系统的电压以直流分量为主，除此之外还有一些周期性的交流分量，这就是纹波，如图 3.1-11 所示。

纹波会对设备的正常工作产生影响（比如灯会因此出现闪烁），产生附加损耗（纹波电流不输送有功功率，但是会在线路和元件上产生损耗），严重时还可能引起直流系统出现谐振。纹波是直流系统十分常见的电能质量现

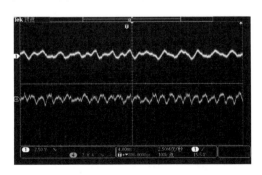

图 3.1-11　直流系统电压和电流纹波

象,也是变换器和直流系统标准、产品设计和测试关注的重要内容。

衡量纹波大小一般采用纹波因数,并习惯用百分比表示:

$$K_{rpp} = \frac{X_{rpp}}{2X_a} \times 100\% \tag{3.1-3}$$

式中 K_{rpp}——电量(电压或电流)的纹波因数,%;

$\quad X_a$——电量平均值;

$\quad X_{rpp}$——电量交流分量的峰谷差值。

5. 直流系统电压带

根据电压偏差和持续时间,直流系统的电压可以划分为 7 个电压带,如图 3.1-12所示。

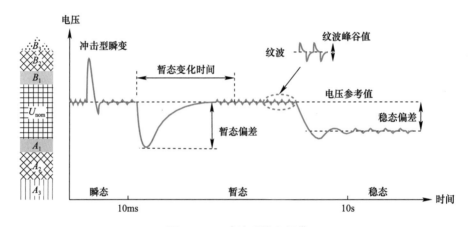

图 3.1-12 直流系统电压带

(1) U_{nom}:正常电压带

直流电压在稳态偏差允许范围内,直流系统和设备正常工作,能实现所有功能。稳态情况下(持续时间≥10s),直流系统电压应处于 U_{nom}。

《民用建筑直流配电设计标准》T/CABEE 030—2022 规定,民用建筑直流配电系统稳态电压应在 85%~105%额定电压范围内。这意味着 U_{nom} 对应的稳态电压偏差允许在-15%~5%之间。

(2) A_1 和 B_1:暂态电压变化带

暂态变化过程(时间介于 10ms~10s 之间)直流系统电压允许达到的最大范围,是稳态偏差和暂态偏差叠加的结果。在这个电压范围,直流系统和设备的部分功能可能会受到影响,但一般能保持运行,待电压回到 U_{nom} 能够快速恢复正常工作。

《民用建筑直流配电设计标准》T/CABEE 030—2022 规定,民用建筑直流配电系统暂态电压变化应在 80%~107%额定电压范围,且持续时间不应超过 10s。A_1 的下限和 B_1 的上限分别为额定电压的 80%和 107%。

(3) A_2 和 B_2:高限和低限电压带

电压过高会造成设备损坏,电压过低设备则无法工作,在高限和低限电压带,直流系统和设备根据情况决定是否需要采取保护措施以及采取何种保护措施。高限和低限电压带是暂态电压带与电压中断和危险高电压带之间的"缓冲",对直流系统控制保护非常重要。

配置有效措施抑制电压进一步恶化，适当扩大这两个电压带的范围，或在这两个电压带尽量维持一些基本功能，有助于提高直流系统的供电可靠性。

（4）A_3：电压中断和停电

绝大多数设备在这个电压带都将停止工作，对供电质量要求较高的直流系统可以设计"低电压穿越"功能，让一些电源在非常低的直流电压下仍可以维持一定的电流输出，从而可以在条件具备的情况下快速恢复直流电压。

（5）B_3：危险高电压带

电压超过直流系统允许的安全上限，常见的包括雷击以及接通和断开电路引起的浪涌电压，高电压极易造成设备损坏，必须采取额外的保护措施，比如浪涌保护器（Surge Protection Device，SPD）或自动断电等。

3.2　变换器

变换器是直流系统最重要的设备，也是直流系统与交流系统最显著的区别，掌握直流系统控制、保护和运行特性，必须了解变换器的工作原理。

3.2.1　常用变换器

根据《建筑光储直柔系统变换器通用技术要求》T/CABEE 063—2024 的术语定义，变换器是指由电力电子电路和必要的辅助部件，以及不能进行物理拆分（除非妨碍变换器的运行）的其他部件共同组成，具备电能变换、控制和保护功能的电气装置。

变换器的核心是具备电能变换和控制功能的电力电子电路，同时还要根据功能要求配置一些电气控制和保护部件，包括控制面板、断路器和熔断器等，如图 3.2-1 所示。

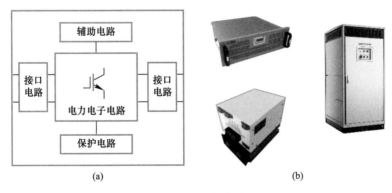

图 3.2-1　变换器
（a）变换器结构；（b）变换器外观

根据功率端口之间是否具备基本绝缘隔离，变换器可分为非隔离型变换器和隔离型变换器。隔离型变换器的安全性更高，电压变换的变比和范围设计更灵活，但非隔离型变换器在效率、体积和成本等方面有明显优势。

根据变换器的电能流向，有单向变换器和双向变换器两种类型。单向变换器的电能只能由输入端口流向输出端口，比如光伏变换器。双向变换器的电能可以在两个端口间双向流动，它的输入和输出端口也不是固定的，而是由电能流向决定。以储能变换器为例，充电时电能从直流母线输入，经过储能变换器进入储能电池，直流母线侧为输入端口，电池侧为输出端口；放电时电能通过储能变换器反向流回直流母线，电池侧变成输入端口，直流母线侧是输出端口。

变换器还可以根据电力电子电路区分，包括将交流变换为直流的 AC/DC 变换器、将直流变换为交流的 DC/AC 变换器，以及用于直流变换和控制的 DC/DC 变换器；也可以根据功能区分，包括电网接口变换器、光伏变换器和储能变换器等。

1. 电网接口变换器

电网接口变换器（Grid-Connected Converter，GCC）指连接在交流电网和直流系统之间，具备单向或双向 AC/DC 变换控制功能的变换器。GCC 的核心是 AC/DC 电路，可以采用单级非隔离、双级高频隔离和单级工频隔离三种形式，如图 3.2-2 所示。

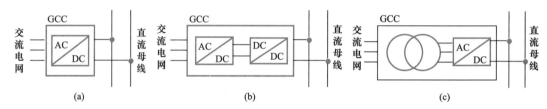

图 3.2-2　常见电网接口变换器结构
（a）单级非隔离；（b）双级高频隔离；（c）单级工频隔离

GCC 内部除了 AC/DC 电路之外，还有一些非常重要的辅助电路，如图 3.2-3 所示。

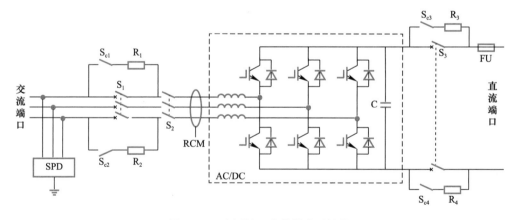

图 3.2-3　电网接口变换器典型结构

开关 S_1 和 S_3 为 GCC 提供保护，需要检修或出现过流故障时 S_1 和 S_3 断开，可以将 GCC 从交流电网或直流系统中可靠切除，这样既能防止 GCC 受外部影响损坏，还能避免 GCC 影响交流电网和直流系统运行。

在检查到交流电网异常或处于孤岛状态时，GCC 采取防孤岛保护，主动断开 S_2，可靠避免直流电压可能对交流电网带来的触电危险。

当直流端口电压因短路故障等原因跌落低于交流线电压峰值时，非隔离单级 AC/DC

将失去电流控制能力，交流电网通过 AC/DC 电路中的二极管流向直流系统的电流很大，容易造成 GCC 损坏，为此 GCC 在直流端口配置了熔断器 FU。

$S_{c1} \sim S_{c4}$ 和 $R_1 \sim R_4$ 是用来给直流电容 C 充电的电路，在将 GCC 接入交流电网或直流系统之前，它们对电容进行预充电，可以有效抑制 S_1 和 S_2 闭合带来的接通冲击电流。

浪涌保护器 SPD 提供危险高电压保护、剩余电流检测（RCM），通过检测剩余电流变化实现电击保护。

2. 储能变换器

储能变换器（Energy Storage Converter，ESC）指连接在储能电池和直流系统之间，能对储能电池进行充电和放电控制的变换器。ESC 有两个功率端口，电池端口连接储能电池，直流端口则用来接入直流系统，如图 3.2-4 所示。

根据储能电池容量以及安全和保护要求，ESC 可以选择非隔离型 DC/DC 电路或隔离型 DC/DC 电路。

隔离型 ESC 的电池端口和直流端口之间利用高频隔离变压器实现基本绝缘，在短路等故障情况下可以将储能电池可靠切除，显著提高储能电池和直流系统的安全性能。但是，隔

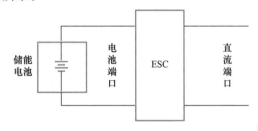

图 3.2-4　ESC 电气结构

离型 DC/DC 电路的成本和损耗相对要高一些，因此更适合小型储能装置，比如户用储能。

非隔离型 DC/DC 电路结构相对简单，在成本和效率等方面具有更大的优势。ESC 如果采用 Buck（降压）或 Boost（升压）电路，需要考虑储能电池电压变化范围与直流系统电压的适配关系。

以磷酸铁锂电池为例，单个电芯的标称电压为 3.2V，充放电过程中电芯电压在 $2.8 \sim 3.6V$ 之间变化，N 节电芯串联形成的电池组的电压变化范围为 $N \times (2.8 \sim 3.6V)$。

如果 ESC 采用图 3.2-6 所示的 Buck 电路接入电压为 U_{dc} 的直流系统，ESC 电池端口（电池组）的电压必须始终高于 U_{dc}，也就是 $N \times 2.8V > U_{dc}$，这就要求电池串联数 $N > U_{dc}/2.8V$，而当电池充满时，电池组的最高电压为 $U_{dc} \times 3.6V/2.8V = 1.29U_{dc}$，可能达到危险高电压带，不仅使 ESC 的设计要求提高，而且一旦 ESC 出现故障，储能电池的高电压有可能会直接被引入到直流系统，造成严重破坏。

ESC 也可以采用图 3.2-7 所示的 Boost 电路。通过类似计算可知，Boost 电路要求电池串联数量 $N < U_{dc}/3.6V$，电池组最低电压低于 $U_{dc} \times 2.8V/3.6V = 0.78U_{dc}$，从安全的角度看比较合理，但由于电池电压低，电流显著增加，对效率和成本又会带来不利的影响。

图 3.2-8（c）所示的四开关电路可以有效解决电池电压变化范围与直流系统电压适配的问题，但电路结构相对要复杂一些。

ESC 采用电流控制模式控制储能电池的充放电功率，可以参与直流系统的功率调节和能量调度，比如需量管理和光伏消纳等；在直流系统离网状态下，ESC 采用电压控制模式，可以用来稳定直流电压。

储能电池在过充和短路等情况下存在热失控危险。为保证安全，ESC 还应具备一些保护功能，包括电池端口短路保护（直流熔断器或断路器），以及根据电池管理系统（Bat-

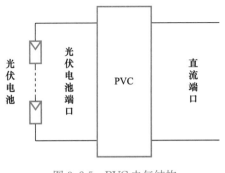

图 3.2-5　PVC 电气结构

tery Management System，BMS）提供的电池状态和报警信息限制充放电功率等。

3. 光伏变换器

光伏变换器（Photovoltaic Converter，PVC）指连接在光伏电池和直流系统之间，能对光伏电池进行最大功率点跟踪控制的变换器。PVC 有两个功率端口，光伏电池连接到光伏电池端口，直流端口则用来接入直流系统，电能从光伏电池端口单向流向直流端口，如图 3.2-5 所示。

为提高效率，PVC 一般采用非隔离型 DC/DC 电路。由于光伏电池电压变化范围较大，也要考虑与 ESC 类似的电压匹配问题，并根据要求选择 Buck 或 Boost 电路。

4. 直流电压变换器和直流功率变换器

图 3.1-2 所示级联和手拉手两种结构的多直流母线系统，不同直流母线之间存在电压或电流关系，这时就需要用到直流电压变换器（DC Bus Voltage Converter，BVC）或直流功率变换器（DC Bus Power Converter，BPC）。

级联结构式中，BVC 依靠上级直流母线为下级直流母线建立电压，BVC 的功率由下级直流母线的工作状态决定；手拉手系统中，各段直流母线独立控制电压，BPC 连接在两段直流母线之间，根据系统能量管理要求调节两段直流母线之间的功率。

BVC 和 BPC 两侧端口都是直流，因此核心都是 DC/DC 电路。如果 BVC 和 BPC 两个直流端口的电压等级不同，或者出于阻隔故障扩散和提高保护可靠性的考虑，BVC 和 BPC 应该采用隔离型 DC/DC 电路。

3.2.2　电力电子技术原理

变换器的核心是电力电子电路，它采用电力电子技术实现电能的高效变换（交流变直流、直流变交流，或直流变直流）和高性能控制。

1. 电力电子电路

电力电子电路是由功率半导体器件构成，用来实现特定电能变换和控制功能的电路，直流系统中主要有 DC/DC 电路（直流/直流变换）和 AC/DC 电路（交流/直流变换）。需要说明的是，由于很多 AC/DC 变换器具备双向变换和控制功能，因此除非特别说明，本章提到的 AC/DC 变换器并不强调功率方向，既可以代表交流到直流的 AC/DC 变换，也代表直流到交流的 DC/AC 变换。

（1）DC/DC 电路

图 3.2-6 是一个能够进行降压变换的 DC/DC 电路（Buck 电路），用来将输入电压变换为输出电压为用电设备供电，其工作波形如图 3.2-6（b）所示。

功率半导体器件 TS 工作在开关状态，要么导通，要么截止，一般采用脉冲宽度调制（Pulse Width Modulation，PWM）控制方式，也就是开关频率 f_s 和开关周期 $T_s = 1/f_s$ 固定，通过改变 TS 的导通时间 T_{on} 达到控制目的。定义占空比 $\alpha = T_{on}/T_s$。

TS 的开关动作将直流电压 U_i 变换为一连串的电压脉冲 u_d，电感 L 用来平抑 TS 开关动作带来的电流变化，直流电容 C 则对输出电压 u_o 进行滤波，L 和 C 共同作用达到减少

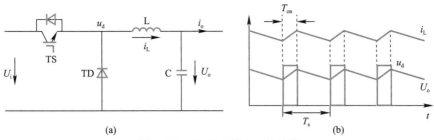

图 3.2-6　Buck 电路和工作波形

(a) Buck 电路；(b) 工作波形

电压和电流纹波的目的。在 TS 关断时，二极管 TD 为电感 L 的电流提供续流通路（如果没有 TD，当 S 试图快速关断电流时，L 的感应电势会造成 TS 过压击穿损坏）。

当电路处于稳定状态时，输出电压的平均值为：

$$U_o = \alpha U_i$$

DC/DC 电路通过调整占空比可以改变输出电压，由于 α 只能在 0～1 之间变化，使得 $U_o \leqslant U_i$（$\alpha = 1$，$U_o = U_i$，相当于 TS 直通，电路将失去控制功能，这个状态只在特殊情况下出现），因此图 3.2-6 是一种降压 DC/DC 电路（也称为 Buck 电路）。

图 3.2-7 是另一种被称为 Boost 的 DC/DC 电路。功率半导体开关器件 TS 同样采用 PWM 控制方式，开关频率为 f_s，占空比为 α。稳态情况下输出电压的平均值为：

$$U_o = \frac{1}{1-\alpha} U_i$$

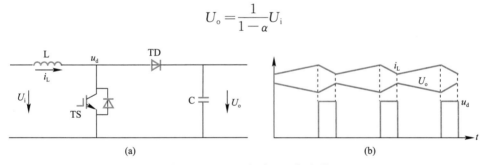

图 3.2-7　Boost 电路和工作波形

(a) Boost 电路；(b) 工作波形

由于 $0 \leqslant \alpha < 1$，因此有 $U_o \geqslant U_i$，图 3.2-7 中的 Boost 电路只能用来进行升压变换。

当 $\alpha = 0$ 时，TS 始终截止，TS 和电路都没有工作，二极管 TD 会自然导通输出电流，从而使输出电压上升至 U_i，而一旦 U_o 因短路等原因低于 U_i，电流就会一直上升，电路处于对电流失去控制的状态。在分析直流系统过流保护功能时，Boost 也被称为失控型变换器。

正常情况下，图 3.2-6 和图 3.2-7 中的电流（功率）只能单向从输入端口（U_i）流向输出端口（U_o），属于单向 DC/DC 电路，可以用在类似光伏发电等单向变换器中，如果需要对双向功率（电流）进行控制，就要采用双向 DC/DC 电路。

将图 3.2-6 和图 3.2-7 中的二极管换成全控型器件，就可以得到双向 DC/DC 电路，如图 3.2-8 (a) 和 (b) 所示。通过控制功率半导体器件 TS_1 和 TS_2 开通和关断时间的比例，可以灵活地改变电流（功率）的流向，从 U_A 流向 U_B 或反过来从 U_B 流向 U_A，但两个直流端口的电压升降关系不能改变，对于图 3.2-8 (a)，要求 $U_A \geqslant U_B$，而对于图 3.2-8 (b)，则要求 $U_A \leqslant U_B$。

前文介绍的几种 DC/DC 电路对直流端口电压有一定的限制，只能实现升压或降压变换。图 3.2-8（c）所示的四开关电路，虽然功率半导体器件的数量多了一倍，但能实现升压或降压变换（U_A 和 U_B 没有高低限制），功率还能双向流动，只要电路本身没有损坏，两侧短路故障引起的电压跌落就不会引起电流失控，这是四开关 DC/DC 电路的显著优点。

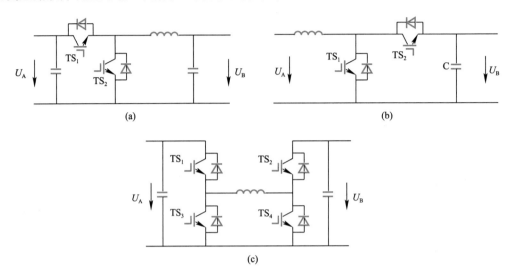

图 3.2-8　非隔离型双向 DC/DC 电路

（a）双向 Buck 电路；（b）双向 Boost 电路；（c）四开关电路

（2）AC/DC 电路

AC/DC 电路在建筑低压直流配电系统中最常见的应用是将交流电网作为电源向直流系统供电。图 3.2-9 所示是一个三相 AC/DC 电路，采用全控型功率半导体器件，并以 PWM 方式进行开关控制，因此也被称为 PWM 变换器，由于电流能够双向流动，交流侧电流的相位相对电压可以在 $0 \sim 2\pi$ 四个象限范围内控制，也称为四象限变换器。

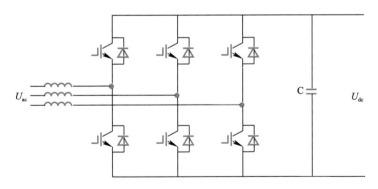

图 3.2-9　三相 AC/DC 电路

AC/DC 电路常见的控制功能有并网状态下稳定直流电压、控制有功功率或交流侧无功功率（电流），以及离网状态下输出稳定的交流电压等，双向 AC/DC 电路可以运行在电源状态（功率从交流流向直流，直流系统从电网取电）或负载状态（功率从直流流向交流，直流系统向电网送电）。

图 3.2-9 所示的 AC/DC 电路要求直流电压高于交流线电压峰值（$U_{dc}>\sqrt{2}U_{ac}$），否则电路中的二极管会自然导通，电路将失去对电压和电流的控制作用（与前文介绍的 Boost 电路输出电压必须高于输入电压相似）。AC/DC 电路这种"升压"特性不仅限制了直流电压调节范围，还会对直流系统的短路特性产生显著影响（短路时直流系统电压可能大幅度下降，一旦低于交流线电压峰值，AC/DC 电路失控，交流电网会向故障点注入更大的短路电流）。

（3）隔离型 DC/DC 电路

前文介绍的 DC/DC 电路和 AC/DC 电路的功率端口之间没有基本绝缘，属于非隔离型电力电子电路，它们在结构、控制和成本方面有一定的优势，但缺少电气隔离也会带来一些问题。

图 3.2-10 所示是一个隔离型 DC/DC 电路，它利用变压器 TM 提供电气隔离，为了减小变压器的体积和质量，电路工作频率很高，可达几十至几百 kHz，小功率设备（比如手机充电器）甚至超过 1MHz，远高于工频（50Hz/60Hz），因此也被称为高频变压器隔离型 DC/DC 电路。

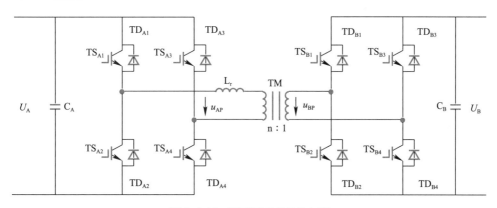

图 3.2-10　隔离型 DC/DC 电路

借助高频变压器，隔离型 DC/DC 电路可以达到三个目的：

首先，通过调整变压器变比 n，可以自由适配两侧电压，工作电压范围的设计非常灵活。

其次，变压器的电气绝缘可以提高电击防护性能，还能针对不同电压等级和用电安全要求在直流系统中分割出不同的防护分区，比如输入端口是危险性较高的 DC 750V，而输出是比较安全的 DC 48V。

最后，只有占空比、频率和时序"正确"的驱动信号才能让电路正常工作并持续输出电压和电流，如果出现功率半导体器件失效（击穿短路或烧损断路等）或控制电路异常（驱动信号丢失或时序错误），虽然可能造成电路损坏，但变压器也无法正常工作，不会产生持续的电流，因此可以将故障限制在一侧，避免对另一侧产生影响，起到阻隔故障的作用，从故障保护的角度看具有很高的可靠性。

隔离型 DC/DC 电路有很多优点，但其结构和控制比非隔离型略微复杂一些，损耗也更大。在实际应用中选择隔离型或非隔离型 DC/DC 电路，需要结合具体要求综合考虑。

2. 电力电子电路控制

电流控制和电压控制是电力电子电路两种最基本的控制模式，下面结合图 3.2-6 所示的 Buck 电路介绍电力电子电路的控制原理。

（1）电流控制模式

电流控制模式（Current Control Mode，CCM）以直流端口电流作为控制对象，以稳定直流端口电流为控制目标，典型控制框图如图 3.2-11 所示。电流控制模式只关注电流，直流电压则由外电路决定。

图 3.2-11　电流控制模式框图

控制电路检测 Buck 电路输出电流 i_o，当 i_o 的平均值小于指令 I_{ref} 时，调节器增大 TS 的占空比 α，PWM 发生器根据 α 以及频率和时序要求产生驱动信号，控制电力电子电路中 TS 开通或关断，电感电流 i_L 随着 TS 占空比的增加而升高，由于 i_L 和 i_o 的平均值相等，i_L 升高意味着 i_o 增大，直至达到 I_{ref}。反之，如果 i_o 的平均值大于指令 I_{ref}，调节器会减小 TS 的占空比，i_L 随之下降，使 i_o 减小到 I_{ref}。

还有一种以直流端口功率作为对象的控制模式也非常常见，如图 3.2-12 所示。控制器根据检测到的直流电压，可以将功率指令换算成电流指令，$I_{ref} = \dfrac{P_{ref}}{U_o}$，再采用与图 3.2-11 类似的控制方式就能实现功率控制功能。由于功率通过控制电流的方式间接实现，因此也常被纳入电流控制模式范畴。

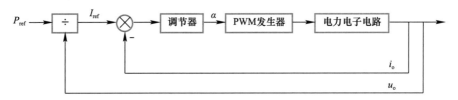

图 3.2-12　功率控制模式

（2）电压控制模式

电压控制模式（Voltage Control Mode，VCM）以直流端口电压作为控制对象，以稳定端口电压为控制目标。

直流系统中的电力电子电路一般都有用于滤波和暂态功率吸收的直流电容，受电容储能作用的影响，电压控制的响应速度相比电流更慢，因此 VCM 常被设计成双闭环形式，外环为电压控制环，内环为电流控制环，如图 3.2-13 所示。

控制器检测输出电压 u_o，根据 u_o 与电压指令 U_{ref} 之间的差值，电压控制环的调节器计算电感电流指令 i_{ref}：当 $u_o < U_{ref}$ 时，增大 i_{ref}；当 $u_o > U_{ref}$ 时，减小 i_{ref}。电流控制环的工作原理与电流控制模式相同，内外两个控制环配合共同实现控制输出电压的目的。

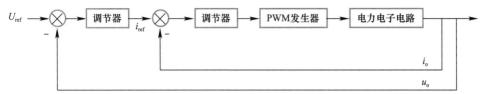

图 3.2-13 电压控制模式框图

（3）复合控制

前文介绍的两种基本控制模式将电压、电流或功率稳定在指令值，电力电子电路对外特性分别表现为恒定电压（Constant Voltage，CV）或电压源（Voltage Source）、恒定电流（Constant Current，CC）或电流源（Current Source），以及恒定功率（Constant Power，CP），如图 3.2-14 所示。在此基础上，电力电子电路还可以根据直流系统要求，复合限流和限压等控制功能。

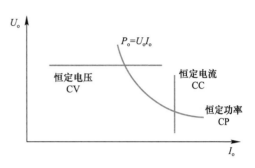

图 3.2-14 电力电子电路控制特性

图 3.2-15（a）是在电压控制的基础上增加限流功能，常见的有转折限流（CVCC）和自动限流（ACL）。图 3.2-15（b）则是在电流控制的基础上增加限压功能，可以采取转折限压（CCCV）或自动限压（AVL）。

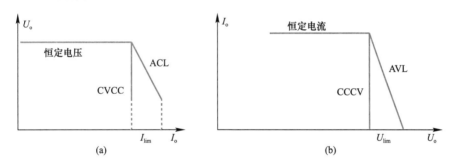

图 3.2-15 限流和限压特性
（a）电压控制的限流特性；（b）电流控制的限压特性

3. 稳定性

即使在稳态下，直流系统的电压、电流也随时会受到各种扰动的影响而偏离设定值，变换器实时跟踪电压和电流变化，通过调节电力电子电路工作状态，使电压、电流恢复到设定值。

分析电力电子电路对扰动的响应性能可以采用小信号模型。直流系统可以等效为 VCM 和 CCM 级联的结构，其中 VCM 负责建立电压，用电压源串联阻抗来等效，CCM 控制电流或功率，表示为电流源并联阻抗，如图 3.2-16 所示。

假设 VCM 和 CCM 自身都是稳定的，直流系统电流因某种原因出现扰动 i_r，i_r 经过 Z_A 会带来电压扰动 u_r，而 u_r 又会在 Z_B 上产生扰动电流，u_r 同时受 Z_A 和 Z_B 影响，$u_r = \dfrac{Z_A}{Z_B} i_r$。

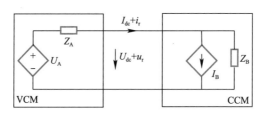

图 3.2-16　直流系统小信号模型

u_r 表现为叠加在直流电压 U_{dc} 上的暂态变化，其大小与 $\dfrac{Z_A}{Z_B}$ 密切相关，$\dfrac{Z_A}{Z_B}$ 称为级联系统的阻抗比。如果 $|Z_A| \ll |Z_B|$（VCM 串联输出阻抗远小于 CCM 并联输入阻抗），阻抗比很小，u_r 受 i_r 的影响小，意味着该系统具有较高的稳定性。Z_A 增大或 Z_B 减小都会使阻抗比增大，u_r 更容易受 i_r 的影响。由于 Z_A 和 Z_B 都和频率有关，在某些频段会出现阻抗比显著增大的现象，导致在这些频段出现较为明显的振荡型纹波，严重时还会发生谐振，威胁系统的稳定性。

直流系统的稳定性不仅与各个设备相关，设备之间还会相互影响，而且变换器的等效阻抗还会随工作状态变化，稳定性控制不仅要对设备提出要求，更要从系统的角度进行分析并采取有效的措施。考虑到建筑配电系统的接入开放性、设备多样化以及管理分散等特点，稳定性控制是建筑直流技术研究、变换器开发和系统设计的难点和重点。

3.2.3　直流系统运行方式

与传统交流系统相比，直流系统的运行方式更加灵活多样，这主要得益于电力电子变换器和分布式电源。了解直流系统的运行方式对于理解直流系统的控制、保护和能量调度十分重要。

1. 并网和离网

在并网状态下，直流系统通过电网接口变换器接入外部电网（绝大部分情况为交流），外部电网通过电网接口变换器向直流系统供电，在条件允许的情况下，直流系统也可以向外部电网输出电能。

直流系统内部如果配置分布式电源（比如光伏发电装置）和储能装置，直流系统与外部电网连接点 PCC 处的开关 S 断开后，可以脱离外部电网继续运行，这种离网状态也被形象地称为"孤岛"（图 3.2-17）。

根据离网运行期间维持供电的电压不同，有直流离网和交流离网两种情况：与外部交流电网断开后，依靠分布式电源和储能装置建立稳定的交流电压，维持本地交流用电设备运行，称为交流离网，供电范围如图 3.2-17 中虚线框 A 所示；与外部交流电网断开后，依靠分布式电源和储能装置建立稳定的直流电压，维持本地直流系统内部的用电设备运行，称为直流离网，供电范围如图 3.2-17 中虚线框 B 所示。

外部电网、本地分布式电源、储能装置和用电设备之间存在较为复杂的功率互动关系，需要根据具体要求采取不同的控制策略，直流系统需要具备能量管理功能。

2. 变换器的运行状态

根据变换器与直流系统之间的电能流向，变换器可以区分出电源和负载两种状态，如图 3.2-18 所示。

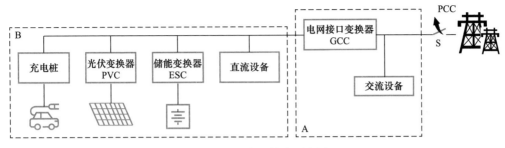

图 3.2-17　离网状态示意图

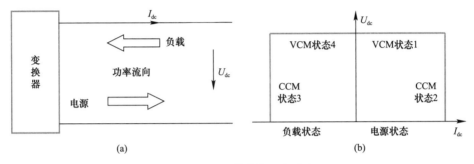

图 3.2-18　变换器的运行状态

（a）变换器直流端电压和电流；（b）变换器工作区

负载状态：变换器从直流系统输入电能，从直流系统的角度看，变换器在消耗功率。

电源状态：变换器向直流系统输出电能，作为电源满足直流系统负载的功率需求。

最简单的直流系统只有一个电源，电能从电源单向流向负载，可以描述为"采用电压控制模式的单向电源处于电源状态"，电源的输入和输出端口非常清晰且符合习惯。

分布式电源和储能装置的应用深刻改变了直流系统的特性，不仅有多个电源（交流电网、光伏发电和储能装置等），而且电源之间电能输送方向多样，比如交流电网、光伏发电和储能装置共同为负载供电；交流电网和光伏发电为负载供电，同时为储能装置充电；光伏发电和储能装置放电为负载供电，多余的电能回馈交流电网等，变换器的运行状态可能随时发生改变。

双向变换器可以有四种运行状态：

运行状态 1：变换器采用 VCM 模式稳定直流端口电压，变换器直流端口输出电能，对直流系统表现为电压源输出电能（电源状态）。

运行状态 2 和 3：变换器采用 CCM 模式，变换器直流端口对直流系统表现为电流源输出电能（电源状态）或电流源输入电能（负载状态）。

运行状态 4：变换器采用 VCM 模式稳定直流母线电压，变换器直流端口输入电能，对直流系统表现为电压源消耗电能（负载状态）。

运行状态 1～3 的特性与交流系统中的电源（变压器）、负载（用电设备）和分布式电源（如光伏发电）相似，很好理解。运行状态 4 "VCM 处于负载状态"与习惯相悖，但其实是系统电压与功率关系的自然体现。

大部分情况下只有电源才会采用 VCM 模式，用来建立和稳定直流电压，VCM 电源的功率则"被动"地由直流系统的状态决定：如果 VCM 电源以外的部分整体呈负载状态

（消耗电能），VCM 电源就会处于向外提供电能的电源状态；反之，如果 VCM 电源以外的部分整体呈电源状态，它们输出的电能就"只能"由 VCM 电源吸收，VCM 电源就会处于负载状态。

3. 电压控制方式

直流系统稳定运行和能量管理都是通过控制电压、功率或电流来实现的。

电压稳定和功率平衡是直流系统最基本的要求，从电压和功率控制的角度看，直流系统包括电源和负载两类设备，电源又可以分为电压源和电流源。电压源负责建立和稳定电压，电流源参与功率调度，与负载用电共同形成了直流系统最基本的控制关系。

直流系统中必须至少有一个电源运行在电压控制模式（VCM），承担控制直流电压的任务。电流源以电流或功率作为控制对象，为直流系统提供功率（比如光伏发电装置）或参与功率调节（比如储能装置），承担保证系统功率平衡和实现能量管理的任务。

直流系统有以下几种电压控制方式：

（1）单电压源控制

系统只有一个电源且还是电压源（或者电流源的功率占比较小，对电压源的控制没有影响），单一电压源负责控制电压，而电压源的功率则取决于负载，控制原理以及电源和负载之间的协调配合关系都比较简单，如图 3.2-19（a）所示。

充电器与手机组成的简单系统就是单电压源控制，传统交流系统由配电变压器供电，也属于单电压源控制方式。

（2）多电源集中控制

如果直流系统包含多个电源（电压源和电流源），就需要解决电源之间电压控制、环流抑制和功率分配等问题。

集中控制方式通过检测和分析系统整体运行状态并向电源统一发出控制指令，达到协调多电源"同步"运行的目的，如图 3.2-19（b）所示。

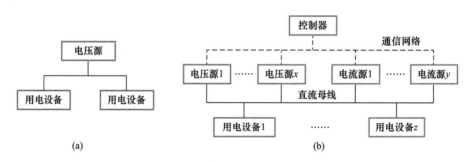

图 3.2-19　直流系统电压控制方式
（a）单电压源控制；（b）多电源集中控制

集中控制的效果依赖于全局检测和控制的准确性和及时性，要求对所有设备特性和系统运行状态全面、准确了解，因此更适宜统一规划设计以及运行方式相对固定的情况。

虽然理论上集中控制可以实现很好的效果，但在实施灵活性和便捷性方面存在明显不足。建筑配电系统具有开放性的特点，面对不同类型的设备，建立一个集中控制系统且面对各种复杂的实际运行情况，困难可想而知。

（3）多电源分布控制

分布控制不依赖集中控制器，由各个设备按照预设策略对系统状态变化自主响应，以分散协同的方式共同实现系统的控制目标。分布控制不依赖全局检测和统一控制，实施更加灵活，在建筑配电领域有很好的应用前景。

4. 保护方式

直流系统保护涉及故障状态检测、故障识别、保护动作和联动、故障恢复以及故障状态显示等，可以分为集中和分散两种方式。

与传统交流系统相比，直流系统高度电力电子化，"源、网、荷、储"设备类型更丰富，故障特性更加复杂，分散保护在"保护四性"（快速性、选择性、可靠性和灵敏性）方面存在一定的局限。下面结合图 3.2-20 所示的短路故障保护做一些简单分析。

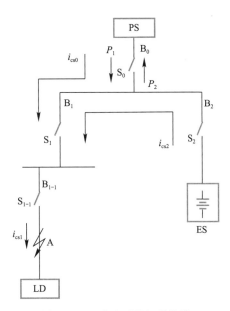

图 3.2-20　直流系统短路故障

（1）分散保护

分散保护依靠配电回路或设备配置的保护装置进行状态监测和故障判断，发现异常后保护装置独立采取保护措施。

分散保护的原理、结构和操作都比较简单，对局部简单故障的保护也十分有效，建筑低压交流配电系统主要采用这种方式，这也是建筑低压直流配电系统的基础。

图 3.2-20 中的直流系统有 PS 和 ES 两个电源，ES 是储能装置。当 A 点发生短路时，PS 和 ES 会同时向短路点注入短路电流 i_{cs0} 和 i_{cs2}，A 点总的短路电流 $i_{cs1} = i_{cs0} + i_{cs2}$，$i_{cs0}$ 主要取决于 PS，i_{cs2} 与 ES 有关。断路器 S_{1-1} 可以对 i_{cs1} 提供保护，但如果 i_{cs2} 也超过了保护阈值，回路 B_2 中的断路器 S_2 同时动作，本来没有故障的回路 B_2 也被切除，就会造成选择性保护失效。

（2）集中保护

集中保护收集系统不同位置的电压、电流，通过对系统内多点状态的综合分析，辨识故障并按照预设的策略指挥系统中的各个设备采取相应的保护措施。

仍以图 3.2-20 的短路故障为例，集中保护利用传感器检测各个回路电流，通过对 B_0、B_1、B_2 和 B_{1-1} 回路电流大小和方向变化的分析，可以对故障位置做出准确判断并做出正确的决策，控制断路器 S_{1-1} 断开就可以将故障点 A 所在回路切除，尽量缩小短路故障的影响范围。

集中保护在选择性方面具有显著优势，能够应对复杂故障，但需要建立一套可靠的监控系统将传感器和开关等设备纳入其中，结构和工作原理较为复杂，并不完全适合建筑场景的应用要求。

为了兼顾保护选择性和实施简便等方面的要求，建筑低压直流配电系统可以考虑采用集中与分散相结合的两层保护架构：直流母线以及重要的电源和配电回路采取集中保护，普通配电回路和电源采用分散保护方式。

5. 能量管理方式

当系统内包含多个电源或储能装置时，为了满足系统优化要求（比如用电费用最低、光伏最大化消纳等），就需要决定在不同时间和条件下各个电源、储能装置甚至用电设备应该如何运行，这项功能就是能量管理。

（1）集中式能量管理

传统的能量管理一般采用集中方式，通过集中收集系统状态，结合建筑和用户要求、分时电价和电网调度指令等信息计算出调度命令，统一指挥各个设备协调运行，达到预设目标。

建筑场景的一个显著特点是用电设备的位置和管理都非常分散，每个用电设备的功率都比较小（小的也就十几瓦，大的不过几千瓦到几十千瓦），但数量庞大，聚集起来的规模非常可观。集中能量管理面对这样的"多、散、小"设备，不仅实施起来非常麻烦，而且成本也比较高。

（2）功率主动响应

建筑光储直柔技术发展的一个重要方向就是让海量的建筑用电设备能够更便捷地参与到建筑能量管理中来，实现建筑与电网、用户侧负载与电源侧新能源的双向互动。在这一点上，低压直流技术具有独特的应用优势。

直流系统电压和功率的关系非常简洁：如果功率不足，电压就会下降，而如果功率过剩，电压则上升，只有功率平衡时电压才会保持稳定。

基于直流系统这种自然特性，可以建立一种功率调度指令传递机制：如果直流电压下降，代表直流系统功率不足，电源根据这个指令可以结合自身状态尽量多输出功率，而用电设备则适当少用功率（比如空调降功率运行，充电桩减小充电功率）；反之，如果电压上升，代表直流系统功率富余，电源输出功率可以适当降低，用电设备（主要是具备储能或者可时移或可中断功能的用电设备，比如电热水器、充电桩等）则尽量多用功率（如果可能）。

直流系统通过调整直流电压就可以向所有设备传递功率需求信息，降低了对通信的依赖，建立一种"设备根据直流母线电压变化，通过调整工作状态改变自身用电功率，对直流系统功率调整需求主动做出响应"的机制，称为"功率主动响应"（Active Power Response，APR）。

直流系统利用电压将分散的设备整合起来，设备只要能检测电压就能实现 APR 功能，通过跟踪电压变化主动参与功率调节。与依赖通信的集中式能量管理相比，APR 实施简便，更适合建筑中分散设备的特点，因此也被认为是光储直柔一个重要的技术特征。

3.3 建筑低压直流配电系统保护

3.3.1 电击防护

1. 电击防护简介

电击就是通常所说的"触电"，指人因接触带电体引起生理反应或受到生理损伤的过程，防止电击对人的伤害，确保用电安全，是配电系统设计需要解决的首要问题。

直流系统电击防护包括基本防护、故障防护和附加防护，其基本原理、措施和要求与交流系统相似。

基本防护指无故障条件下的电击防护，主要用于防止人接触到危险的带电体，常见的措施包括基本绝缘、带电区域设置遮栏或带电装置配置外壳等，以及将带电体的电压、稳态接触电流和能量限制在安全范围以内等。

对于仅在干燥场所正常使用的设备，如果身体不可能大面积接触带电部分，那么不超过 DC 60V（对于交流是 25V）的低电压就可以满足基本防护的要求，只要电源的安全水平等同于安全特低电压（SELV）或保护特低电压（PELV）就无须采取额外的防护措施。

基本防护最高允许直流电压高于交流电压，且能达到 60V 的水平，可以满足小范围小功率供电要求。《民用建筑直流配电设计标准》T/CABEE 030—2022 推荐的建筑低压直流配电系统电压等级包含 DC 48V，DC 48V 可以显著提升用电安全，在高安全场景具有很好的应用价值。

故障防护是指系统存在单一故障条件下（比如基本绝缘被破坏，或遮栏和外壳受到损坏等）的电击防护措施，包括附加绝缘（基本绝缘之外的绝缘）、保护等电位联结（建筑内设置等电位联结、设备金属外壳保护接地等）和自动切断电源等。

附加防护是在基本防护和/或故障防护之外的电击防护措施，最常见的是在发生触电时利用剩余电流保护电器（Residual Current Device，RCD）提供保护。直流系统的 RCD 在剩余电流检测方法和保护阈值方面与交流有较大的差异。

2. 分布式电源对电击防护的影响

分布式电源是建筑直流配电系统重要的应用需求，直流系统电击防护必须考虑分布式电源接入带来的影响。

包括分布式电源的直流系统有多个电源，断开其中一个电源（比如交流电网），其他电源可能还在工作（比如储能电池和光伏电池），直流系统甚至还可以依靠这些电源继续离网运行，仍具有触电危险。类似问题在包括分布式电源的交流系统中同样存在。

以图 3.1-1 所示的直流系统为例，它包含 3 个有源回路，分别接入交流电网和电网接口变换器（GCC）、储能电池和储能变换器（ESC），以及光伏电池和光伏变换器（PVC）。交流电网停电时，如果 ESC 和 PVC 继续工作，不仅直流母线有触电危险，而且还能通过 GCC 使交流电网带电，此时对系统进行检修就可能造成触电事故。为此，交流系统要求 GCC 必须具备防孤岛功能，能快速检测出交流孤岛状态，并利用图 3.2-3 中的 S_2 主动将 GCC 从交流电网中断开。出于同样的考虑，直流系统在进行检修前，也要确保所有分布式电源停止工作。

交流电网停电后，通过集中控制器指挥 ESC 和 PVC 停止工作，可以让直流电压降到安全限值范围。如果 ESC 和 PVC 采用的是非隔离型结构，储能电池、光伏电池分别通过变换器与直流系统连接在一起，仅仅是变换器停止工作并不能满足基本防护的要求，如果再考虑变换器本身可能出现故障（功率半导体器件击穿等），触电危险与工作状态没有区别。即使变换器采用隔离型结构，考虑一些特殊情况（比如变换器未接收到停止工作的指令），仍存在一定的安全风险。

为确保安全，分布式电源内部或有源回路必须设置机械式开关，在进行检修前确保所有分布式电源或有源回路从系统中完全断开。切断分布式电源或有源回路有手动控制、集中控制和自动控制三种方式。在具有更完善可靠的技术和产品之前，实际应用中直流系统还可以采取一些辅助措施降低分布式电源带来的触电风险，比如危险电压视觉指示、设置

"一键放电"功能等。

3. 建筑低压直流配电系统电击防护方案实例

直流系统电击防护需要统筹考虑交流电网接地形式、GCC 和 BVC 等变换器结构形式、用电场所特点和要求，以及设备功率和安装使用环境等因素确定配置方案，下面结合图 3.3-1 所示的实例进行讲解。

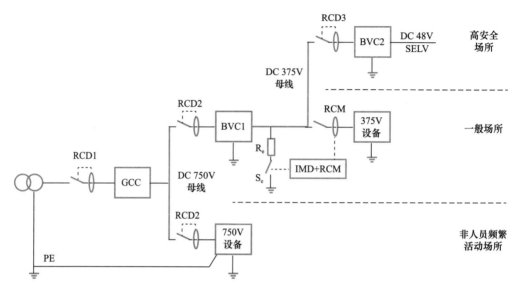

图 3.3-1　建筑低压直流配电系统电击防护方案实例

图 3.3-1 所示的建筑低压直流配电系统采用分区供电方式，用电场所被分为三类，分别采用不同的电压等级：

功率较大的设备更强调效率（比如充电桩、光伏发电和储能装置），可以采用更高等级直流电压（DC 750V）；

一般场所人活动较为频繁（包括办公室、商场和厨房等），对安全的要求较高，设备功率不大（比如热水器、空调等），适合采用相对较低的直流电压（DC 375V）；

卧室和教室等场所设备功率较小，采用 DC 48V 提高本质安全性能。

直流系统包含三种电压等级，采用级联式结构，由 GCC 得到 DC 750V，DC 750V 通过 BVC1 建立 DC 375V 直流母线，DC 48V 则由 BVC2 产生，三个电压等级的触电危险和电击防护要求各不相同，因此 BVC1 和 BVC2 都采用隔离型；为了提高光伏发电和储能效率，ESC 和 PVC 都采用非隔离型并接入 DC 750V。

（1）DC 750V

我国建筑场景中的 0.4kV 交流配电网一般采用 TN 接地，配电变压器中性点 N 直接接地，GCC 采用非隔离型，直流系统的正极和负极不接地，整个系统属于非隔离型交直流混合系统。

由于 DC 750V 触电危险较高，不宜布置在人员频繁活动场所，而且供电场所应配置用电安全标识。

DC 750V 的设备应具备防止直接接触功能，带电部分应置于防护等级至少为 IPXXB 或 IP2X 的外护物之内或遮栏之后，且外护物或遮栏只有在切断电源、使用钥匙或工具的情况下才能移动或打开。另外，Ⅰ类设备外露可导电部位必须采取保护导体（PE）接地，同时还要考虑保护接地失效风险。正常工作时保护导体电流应不大于表 3.1-1 规定的限值，否则必须采用固定连接方式，同时根据现行国家标准《电击防护　装置和设备的通用部分》GB/T 17045 的要求采取加强型保护导体连接等措施，比如图 3.3-1 中 750V 设备的重复接地，当一个保护接地失效时另一个还能发挥作用。

Ⅰ类设备保护导体电流限值　　　　　　　　　　表 3.3-1

额定直流电流	交流分量限值（1kHz 及以下总有效值）	直流分量限值
>0~2A	1mA	3mA
>2~20A	0.5mA/A	1.5mA/A
>20A	10mA	30mA

GCC 交流侧的剩余电流保护装置（图 3.3-1 中的 RCD1）可以为交流和直流触电提供保护，如果系统中共模电压引起的交流泄漏电流比较大，可能干扰 RCD1 的正常工作，此时可以在直流回路设置直流剩余电流保护装置（DC-RCD），如图 3.3-1 中的 RCD2。虽然直流侧触电和接地故障的剩余电流以直流为主，但考虑 GCC 损坏等情况下工频交流电压可能串入直流系统，RCD2 应同时具备交流剩余电流检测和保护的功能。

（2）DC 375V

DC 375V 系统采用 IT 接地形式，Ⅰ类 DC 375V 直流设备外露可导电部位通过保护导体（PE）接地。

采用 IT 接地形式的 DC 375V 系统按规定应配置绝缘监测装置（Insulation Monitoring Device，IMD），在系统出现接地故障时及时报警。

如果 DC 375V 系统比较复杂，对供电可靠性和接地故障保护选择性要求较高，可以利用 IMD 和剩余电流监测装置（Residual Current Monitor，RCM）配合实现接地故障定位。下面结合图 3.3-1 做一些说明。

当 IMD 发现系统出现接地故障时，将开关 S_e 闭合，使 DC 375V 的一极通过 R_e 接地，由于 R_e 较大，并不会显著增加系统的触电危险，但 R_e 的接入为接地故障电流提供了回路，产生的剩余电流被 RCM 检测到，就可以确定故障回路位置。

还有一种确定 IT 接地故障位置的方法，就是当 IMD 检测到系统存在接地故障时，利用开关把直流系统的一极直接接地，将 IT 接地转变为 TT 接地。接地故障电流（表现为剩余电流的形式）显著增大，可以触发剩余电流保护装置（如图 3.3-1 中的 RCD3）动作并将故障回路切除。

（3）DC 48V

DC 48V 系统电压较低，具有较高的安全性。为了充分发挥安全优势，DC 48V 系统须按照现行国家标准《电击防护　装置和设备的通用部分》GB/T 17045 的要求采取安全特低电压（Safety Extra-Low Voltage，SELV）防护措施：对 SELV 系统与除 SELV 和 PELV 以外的所有回路进行保护分隔，同时对 SELV 系统与其他 SELV、PELV 系统和地进行简单分隔，并且不允许将外露可导电部分有意连接到保护导体或接地导体。

3.3.2 过流保护

1. 过流现象

过流指电流超过系统或设备的额定电流或承受能力，是直流系统常见的一种现象。过流会引起系统和设备异常，严重时会造成设备损坏，也是电气火灾的重要起因。

过流最直接的后果是造成导线、开关、连接器等电气元件损耗和温升增大。由于损耗功率和能量与电流的平方和时间成正比，电气设备的过流承受能力呈现反时限特性：过流幅值越大，允许持续的时间越短。

功率半导体器件工作过程中产生的损耗大致与电流成正比，过流造成功率半导体器件损耗和温升增加、器件特性恶化甚至失效，在关断过程中还会产生更大的关断过电压（电压超限会造成功率半导体器件击穿损坏），对变换器的安全带来严重威胁。

直流系统过流的几个常见原因可以结合图 3.3-2 进行说明。

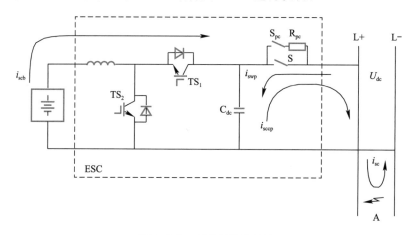

图 3.3-2　直流系统的过流

（1）电气故障

因为绝缘老化、搭接、错误接线、元件损坏和击穿等原因，不同电位的带电导体之间或带电导体与地之间，通过较小的阻抗发生电气连接，从而产生较大电流，如图 3.3-2 中 i_{sc}。电气故障引起的过流电流幅值往往比较大，不仅非常容易造成电气元件和设备损坏，还会带来电压暂降甚至中断等电能质量问题。

变换器内部的电力电子电路也会发生电气故障。图 3.3-2 中 ESC 的功率半导体器件 TS_1 和 TS_2 在正常情况下交替导通和关断，不会同时导通。如果控制信号出现差错，造成器件在不该导通时导通，或是在该关断时没有关断，就会出现 TS_1 和 TS_2 同时导通的情况，直流电压被功率半导体器件短路（常称为贯穿短路），会产生很大的短路电流。

（2）电容冲击电流

直流电容是变换器必不可少的元件，它除了吸收纹波电流外，还能为系统提供暂态功能补偿，平抑功率扰动引起的暂态电压偏差，对提高系统电压质量和稳定性具有关键性的作用。另外，直流电容也会产生一些不利的影响，比如短路冲击电流和接通冲击电流，以及电容存储能量可能带来的触电危险等。

直流电容直接连接在直流母线上，没有二极管阻隔，如图 3.3-2 中的 C_{dc}。由于直流系统的线路电阻和电感都比较小，当直流系统发生短路时，所有设备中的直流电容同时向短路点放电，形成的短路冲击电流 i_{sccp} 的上升率和幅值都比较大。

除了短路冲击电流，在设备接通的过程中直流电容还会产生接通冲击电流。图 3.3-2 中开关 S 断开，设备停止运行时，C_{dc} 完全放电，电压为 0V。在闭合开关 S，将设备接入到直流母线的过程中，直流电压 U_{dc} 对 C_{dc} 充电会形成接通冲击电流 i_{swp}，容易引起电源过流保护动作，对直流系统的正常运行造成威胁。

直流电容充放电电流主要在直流系统线路上流通，并不经过功率半导体器件，同时电容充放电形成的冲击电流虽然幅值较高，但受电容容量的限制，持续时间往往比较短（一般在毫秒级甚至更小），因此对设备的破坏力有限。

利用电容冲击电流的这个特点，直流系统过流保护可以设置一定的延迟动作时间，适当降低过流保护的"灵敏性"，减小电容冲击电流对正常工作的干扰。

限制接通冲击电流最简单有效的方法是增加预充电电路，如图 3.3-2 中的 S_{pc} 和 R_{pc}。在接通设备之前先闭合 S_{pc}，利用 R_{pc} 对电容充电并限制充电电流，待 C_{dc} 的电压上升到与 U_{dc} 接近时再闭合 S（同时将 S_{pc} 断开），就可以有效降低接通冲击电流的幅值。

（3）功率控制失衡

建筑低压直流配电系统必须考虑多电源接入并共同为负载供电的问题，多电源系统容易因功率控制失衡引起过流，当电源响应速度存在较大差异时，问题更加突出。

多个电源按照预定的策略分担负载功率，当其中一些电源因自身故障突然退出运行或最大允许功率快速下降的时候（比如电池储能装置在检测到电池温度超过限值时会自动降功率运行），其他电源的电流会因此增大，如果超过限值就会造成过流。

2. 可控型和失控型变换器

除了线路和短路点阻抗，影响直流系统短路电流最重要的因素是电源和电源变换器。

电源变换器的过流保护功能主要取决于电力电子电路拓扑和控制保护功能。根据电流控制范围是否有限制，变换器可以分为可控型和失控型两大类，下面结合 Buck 和 Boost 电路进行分析。

图 3.3-3 所示的直流系统中有两个电源 PS1 和 PS2，电源变换器分别采用 Buck 和 Boost 电路。当直流系统发生短路等电气故障时，PS1 和 PS2 都会通过变换器向故障点注入电流，变换器检测到过流后会先采取控制手段抑制电流增加，而如果电流进一步增大，会采取关断功率半导体器件的方法防止变换器损坏。

对于 Buck 变换器，即使直流电压下降到 0V，它也可以控制电流，而且只要将功率半导体器件 TS 关断，电源 PS1 流向直流系统的

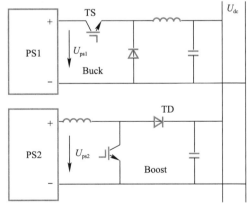

图 3.3-3　可控型和失控型变换器

电流通路就可以被完全切断，Buck 变换器因此被称为可控型。图 3.2-8（c）所示的四开关 DC/DC 电路、图 3.2-10 所示的隔离型 DC/DC 电路，以及包含隔离型 DC/DC 电路的各种组合型变换器都属于可控型。

当直流系统电压因短路等原因低于 PS2 的电压，Boost 电路中的二极管 TD 会自然导通，完全失去对电流的控制能力，更无法将电流关断。从短路保护性能的角度看，像 Boost 变换器这样在某些直流电压范围无法控制电流的变换器属于失控型。当直流电压低于交流电网线电压峰值时，图 3.2-9 中的 AC/DC 电路也会因二极管导通而无法再对电流实施有效控制，因此也是失控型。

3. 短路电流计算

短路（正常运行期间，电位不同的部位之间发生阻抗可忽略的情况）是最严重的一种电气故障，极易造成系统和设备损坏，甚至还会引起电气火灾等事故，对直流系统的安全稳定运行带来巨大的威胁。

直流系统发生短路故障时，所有接入直流系统的电源和直流电容都可能向短路点注入电流，如图 3.3-4（a）所示。短路电流可以分为短路冲击电流、短路暂态电流和短路稳态电流三个阶段，如图 3.3-4（b）所示。

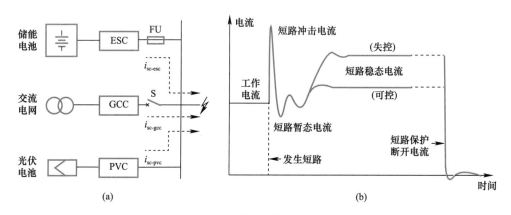

图 3.3-4　直流系统短路电流
（a）短路电流分布；（b）短路电流的时间特性

短路发生后最先出现的是短路冲击电流，它主要是由直流电容放电引起的。由于短路冲击电流受线路阻抗的影响非常大，一般结合实验或经验进行估算。由于短路冲击电流的能量和破坏力有限，在进行直流系统和设备过流保护设计时，更多关注如何避免短路冲击电流引起保护动作从而影响供电可靠性的问题。

由于短路暂态电流持续时间很短（毫秒级），对直流系统短路电流计算和保护设计的影响都比较小，从直流系统过流保护的角度，更关注短路稳态电流，它取决于电源特性（交流电网、储能装置）和电源变换器类型（可控型或失控型）。

（1）交流电网

直流系统通过电网接口变换器 GCC 接入交流电网，直流系统短路时交流电网通过配电变压器和 GCC 向短路点注入短路电流 i_{sc-gcc}，影响短路稳态电流的主要是 GCC 类型和配电变压器短路阻抗。

对于可控型 GCC，它能在整个直流电压范围内对电流进行控制，短路电流基本由 GCC 控制保护特性决定。

当电流超过 GCC 限流值时，原来工作在 VCM 模式的 GCC 迅速切换为限流控制模式，GCC 的限流控制策略决定了短路暂态电流特性（转折限流或自动限流等，详见本书第 3.2.2 节）。GCC 转为限流控制后，输出电流被限制在限流值，直至短路故障消除或 GCC 因保护而停止工作。GCC 的限流值可以被看作是交流电网通过可控型 GCC 能够输出的最大短路稳态电流。

对于失控型 GCC，如果直流系统短路引起直流电压跌落但仍在 GCC 的正常工作范围（直流电压高于交流线电压峰值），GCC 能够对电流进行有效控制，暂态和稳态短路电路电流与可控型 GCC 相似。

如果短路引起的电压跌落较大，使得直流电压低于交流线电压峰值，失控型 GCC 会进入失控状态，短路稳态电流主要受短路电流回路阻抗限制。

忽略短路点阻抗、线路阻抗和 GCC 内部阻抗（包括交流滤波电感、二极管压降等，相对都比较小），失控型 GCC 的短路稳态电流幅值 $I_{\text{sc-gcc}}$ 可以用下式估算：

$$I_{\text{sc-gcc}} = \frac{\sqrt{2}\,S_{\text{T}}}{\sqrt{3}\,u_{\text{k}}U_{\text{ac}}} = \frac{I_{\text{ac}}}{u_{\text{k}}} \tag{3.3-1}$$

式中　U_{ac}——变压器额定电压，线电压有效值，V；

　　　I_{ac}——变压器额定电流，A；

　　　S_{T}——变压器额定容量，VA；

　　　u_{k}——变压器短路电压比，%。

配电变压器的 u_{k} 一般小于 10%，失控型 GCC 产生的短路稳态电流远超过 GCC 的额定电流，不仅严重威胁直流系统的安全，而且极易造成 GCC 内部功率半导体器件损坏。为强化短路保护性能，失控型 GCC 必须配置额外的短路保护措施，比如图 3.3-4（a）中 GCC 所在配电回路的断路器 S，或是像图 3.2-3 那样在 GCC 内部配置用于短路保护的断路器或熔断器。

（2）储能装置

储能装置由储能电池和储能变换器（ESC）组成，ESC 常用的电力电子电路有 Boost、Buck、四开关和隔离型四种，其中 Boost 电路为失控型，其余为可控型。可控型 ESC 的短路稳态电流特性与可控型 GCC 相似。

如果短路故障比较严重，使得直流电压低于储能电池电压，失控型 ESC 将失去电流控制能力，储能装置的短路稳态电流 $I_{\text{sc-esc}}$ 主要取决于储能电池的电压 U_{es} 和内阻 R_{es}，可以用下式来估算：

$$I_{\text{sc-esc}} = \frac{U_{\text{es}}}{R_{\text{es}}} \tag{3.3-2}$$

以 280Ah 磷酸铁锂电池为例，电芯标称电压和电压范围分别为 3.2V 和 2.8~3.6V，内阻≤0.2mΩ。一个由 200 节 280Ah 电芯串联形成电池组标称容量为 179.2kWh，工作电压范围为 560~720V，0.5P 工作制（额定功率为 89.6kW）对应的最大工作电流为 160A，电池组通过 Boost 型 ESC 接入 DC 750V 直流系统。

直流系统发生短路时，在最极端的情况下（直流电压降为 0V），储能装置输出的最大短路稳态电流为 $\frac{U_{\text{es}}}{R_{\text{es}}} = \frac{200 \times 3.6\text{V}}{200 \times 0.2\text{m}\Omega} = 18\text{kA}$，是最大工作电流的 100 多倍，这么大的短路电流不仅会对直流系统造成很大的破坏，储能电池甚至会发生热失控，造成火灾等严重后果。

可控型 ESC 可以有效控制电流，其短路电流特性与可控型 GCC 类似。由于储能电池在短路状态下存在较大的安全风险，对于非隔离可控型 ESC（Buck 和四开关型），还要考虑 ESC 本身故障的可能，比如功率半导体器件因过压击穿或过流烧损造成电池端口与直流端口直通，此时仍会出现像失控型 ESC 那样无法对短路电流进行控制的情况。

为降低直流系统短路故障带来的安全风险，《建筑光储直柔系统变换器通用技术要求》T/CABEE 063—2024 规定，ESC 与储能电池连接的功率端口应具备短路保护功能，而如果短路保护装置不能分断储能电池预期最大短路电流，必须在 ESC 外部安装一个可以分断该预期最大短路电流的保护装置，比如像图 3.3-4（a）中的熔断器 FU。

（3）光伏发电装置

光伏发电装置由光伏电池和光伏变换器（PVC）组成。为减少损耗，PVC 一般采用非隔离型 DC/DC 电路。当直流系统发生短路时，采用 Buck 电路的 PVC 和光伏发电装置的短路保护和短路电流特性属于可控型，与可控型 GCC 相似；而 Boost 电路属于失控型，短路稳态电流 $I_{sc\text{-}pvc}$ 取决于光伏电池。

正常情况下光伏电池工作在最大功率点，电流和电压分别为 I_{mp} 和 U_{mp}。当光伏电池电压因短路等原因低于 U_{mp} 时，光伏电池呈现近似恒流特性，如果外电路电阻和电压为 0（相当于直接短路），光伏发电装置能够输出的最大电流就是光伏电池的短路电流，其大小主要取决于光伏电池类型、光伏电池面积（容量）和太阳辐射强度。

同样采用失控型变换器的情况下，光伏发电装置的短路稳态电流与交流电网和储能装置相比要小很多，即使 PVC 失控甚至损坏直通，短路稳态电流也不大（与正常工作电流相当），对直流系统的危害也相对较小。也是由于这个原因，PVC 的设计主要考虑效率，对短路保护一般没有特别的要求。

光伏发电装置的短路稳态电流与正常电流相比差异不大，因此很难依靠断路器和熔断器等开关电器提供保护，需要通过监测直流电压跌落等方法辨识短路故障，并采用主动控制开关断开等方式进行保护。

4. 过流保护

功率半导体器件承受过流的能力比较差，过流会造成电力电子电路工作异常甚至损坏。另外，直流系统承担着供电的任务，过流保护需要兼顾供电可靠性和变换器两方面的要求。

断路器和熔断器等传统保护电器的技术原理、产品和应用经验都比较成熟，是直流系统过流保护设计的基础。而变换器具备很多检测和控制功能，又是"重点保护对象"，如何充分发挥变换器的技术性能优势，让变换器更多地参与和承担系统保护功能，实现变换器和保护电器的配合，是直流系统过流保护技术研究的一个重要方向。

（1）变换器的过流保护特性

变换器具有较强的控制能力，可以实现更复杂的保护功能。针对发生概率和严重程度不同的过流故障，变换器过流保护可以分为过载能力、短时过流承受能力和瞬时保护三种形式，如图 3.3-5 所示，图中的 I_n 代表变换器的额定电流，过流范围和动作时间只作为参考，用来定性介绍变换器过流保护特性参数的大致范围。

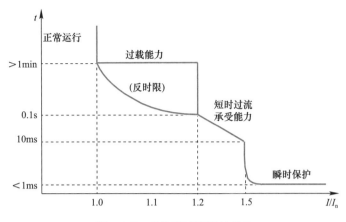

图 3.3-5 变换器过流保护特性

过载指没有电气故障的系统中发生的过流，一般不严重（比如额定值的 110%～120%），为提高直流系统的稳定性，要求变换器具备一定的过载能力，能在过载情况下工作一段时间（几分钟到几十分钟）甚至长时间工作。由于损耗引起的温升与时间有关，有些变换器的过载能力呈反时限特性，电流越大，允许的时间越短。

为了提高运行可靠性，变换器应具备一定的短时过流承受能力，过流不超过限值时仍能继续运行很短时间，而如果过流时间超过限值，或电流达到可能威胁功率半导体器件安全的阈值时，变换器的过流瞬时保护立即动作（速度最快可以达到微秒级），通过封锁功率半导体器件等方法快速关断电流，避免变换器损坏。

一个功能完备的变换器应具备一定的过载能力，可以为直流系统工况调节和功率调度提供充足的裕量，短时过流承受能力的过流阈值比瞬时保护小，但允许持续时间稍微长一些，用来应对短路冲击电流，而过流瞬时保护是变换器应对系统短路等严重故障的最后手段。

（2）过流保护配合

断路器等传统保护电器原理简单，耐受过流过压能力强，工作稳定可靠，但动作速度慢；变换器基于电力电子原理，响应速度快，保护功能和阈值设置灵活，但过流过压承受能力比较差，可靠性偏低。与交流系统相比，直流系统过流和短路故障特性更加复杂，电流变化速度快，变换器对暂态电压变化更加敏感。保护电器和变换器都存在一定的局限，如果两者配合，能够更好地满足直流系统和短路保护的要求。下面结合短路故障穿越介绍直流系统保护配合的基本原理。

图 3.3-6（a）所示的直流系统由电源变换器 PSC、配电回路 A 和 B，以及配电开关（断路器）S_A 和 S_B 组成，正常情况下直流系统电压 $u_{dc} = U_0$，回路 A 的电流 $i_A = I_0$。

假设 t_0 时刻配电回路 A 发生短路故障，PSC 输出的短路电流 i_{sc} 快速增大。如果 PSC 是可控型并且只有瞬时保护，一旦 i_{sc} 超 PSC 的过流保护阈值，PSC 采取停止输出电流的方式进行保护，短路电流会在几十到几百微秒内完全消失，直流电压则迅速跌落至 0V。采取这种保护策略，可以最大限度保证 PSC 的安全。

但是，与变换器过流瞬时保护相比，断路器的保护动作速度则要慢很多（毫秒级），此时断路器 S_A 还没有来得及动作，因此除非采取人工等方式排除配电回路 A 的短路故障

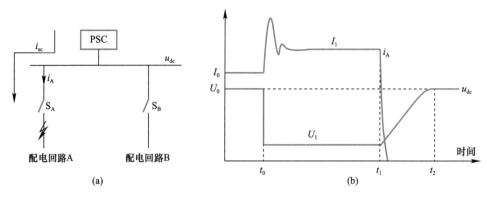

图 3.3-6　短路故障穿越
（a）直流系统短路故障；（b）短路故障穿越

并将配电回路 A 断开，否则只要 PSC 试图重新建立电压就会再次发生过流，直流系统将无法自行恢复正常运行。

引起这个问题的关键在于断路器和变换器过流保护速度的差异。如果在保证安全的前提下将 PSC 的过流保护动作速度"有意"放慢，在发生短路后 PSC 继续维持一段时间的输出电流，图 3.3-6（b）中的 I_1 就有可能利用这个短路电流使断路器 S_A 脱扣，S_A 从 t_1 时刻开始分断故障电流，u_{dc} 随即开始上升，直至 t_2 时刻恢复正常运行。

变换器在直流系统发生短路后仍继续工作并"穿越"短路故障状态，这种功能称为短路故障穿越（Short Circuit Ride Through，SCRT）。由于短路故障发生后直流系统电压可能快速大幅度下降，如图 3.3-6 中的 U_1，因此只有可控型变换器才真正具备短路故障穿越功能。

3.3.3　电压异常保护

直流电压稳定保持在正常范围是直流系统正常工作的前提。《民用建筑直流配电设计标准》T/CABEE 030—2022 对直流系统电压质量做出了要求，如表 3.3-2 所示。

直流系统电压质量要求　　　　　　　　　　　　　　　　　表 3.3-2

序号	指标	要求
1	稳态电压	应在 85%～105% 额定电压范围内
2	暂态电压	应在 80%～107% 额定电压范围，且持续时间不应超过 10s
3	直流系统电压纹波	纹波因数（峰峰值系数）<1.5%，有效值系数<1.0%
4	电源设备电压纹波	纹波因数（峰峰值系数）<1.0%，有效值系数<0.5%

与此同时，《民用建筑直流配电设计标准》T/CABEE 030—2022 对直流系统和设备的电压异常耐受能力也提出了要求，如表 3.3-3 所示。

直流系统和设备电压异常耐受能力要求　　　　　　　　　　表 3.3-3

序号	指标	要求
1	直流系统对电压异常的耐受能力	（1）当直流母线电压处于 70%～80% 额定电压范围，且持续时间不超过 10s 时，应保持运行； （2）当直流电压处于 20%～70% 额定电压范围，且持续时间不超过 10ms 时，宜保持连续运行

续表

序号	指标	要求
2	设备对电压异常的耐受能力	(1) 当直流电压处于 90%～105%额定电压范围时，应能按其技术指标和功能正常工作； (2) 当直流电压超出 90%～105%额定电压范围，且仍处于 80%～107%额定电压范围时，可降额运行，不应出现损坏； (3) 当直流电压超出 80%～107%额定电压范围，且持续时间不超过 10ms 时，直流电压恢复到 90%～105%额定电压范围后，设备宜自动恢复正常运行

在直流电压超出允许范围和设备耐受能力的情况下，为防止设备损坏，或出现系统功能异常和故障等情况，需要采取电压异常保护措施。

1. 过电压和欠电压保护

过电压容易使设备内部的元件击穿损坏，而欠电压可能造成过流或功能异常。常用的过电压和欠电压保护措施包括封锁功率半导体器件、断开设备与直流系统的电气连接、降额运行和限制部分功能等。

2. 电压异常限功率保护

暂态电压变化是直流系统十分常见的电压质量现象，"源、网、荷、储"功率协调控制过程中比较容易出现短时功率失衡而导致电压超限。暂态电压变化与功率变化密切相关。除了被动保护，在保证安全的前提下，设备可以采取电压异常限功率保护的方法，主动平衡直流系统功率，帮助电压尽快恢复正常。

以电压暂升为例，当直流系统内电源功率富余而负载功率偏小时，功率失衡会造成电压暂升，如果此时电源能减小或停止向直流系统输出功率，可以减缓电压上升势头，不仅有助于避免电压超过上限而引发更大的问题，也能使电压尽快下降至正常范围。

《民用建筑直流配电设计标准》T/CABEE 030—2022 和《建筑光储直柔系统变换器通用技术要求》T/CABEE 063—2024 都对电压异常限功率保护做出了规定，在电压超过过电压保护阈值的情况下，要求运行在电源状态的设备应在 10ms 内停止向直流系统输出功率，而当电压低于欠电压保护阈值时，运行在负载状态的设备宜在 10ms 内停止从直流系统输入功率。

3. 暂态功率补偿

直流系统电压稳定要求电源和负载功率实时精准平衡，因此不可能完全依靠提高设备功率响应速度的方法抑制功率失衡引起的暂态电压偏差。

包含电力电子电路的设备的直流端口普遍使用直流电容，它们可以为直流系统功率变化提供暂态补偿：当电源功率超出负载功率时，多余的功率向直流电容充电，直流电容可以减缓直流电压上升速率；反之，当电源功率小于负载功率时，直流电容又可以释放部分储能，为直流系统提供额外的功率支撑，抑制直流电压下降速率和跌落幅度。

直流电容的存储能量与电压的平方成正比，由于直流电容直接连接在直流母线上，直流电容的充放电跟随直流电压变化，受直流系统电压范围限制，直流电容的功率补偿能力不能充分发挥，也不能主动控制。

图 3.3-7 所示的暂态功率主动补偿装置利用电容或电池作为储能元件，并用电力电子电路控制充放电功率，它的工作原理可以结合图 3.3-7 (b) 来说明：当直流电压 u_{dc} 跌落

时，电容通过补偿装置向直流系统放电，补充功率的不足；反之，当 u_{dc} 升高时，补偿装置将富余的功率向电容充电，同时恢复电容储能，为下一次补偿做好准备。

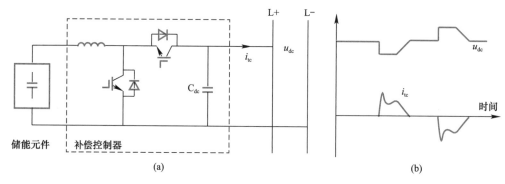

储能元件　补偿控制器

(a)　　　　　　　　　　　　　　(b)

图 3.3-7　暂态功率主动补偿装置
（a）工作原理；（b）电压电流示意图

暂态功率主动补偿装置只对电压的暂态变化做出响应，无须持续存储或释放能量，借助电力电子电路可以扩宽储能元件的运行电压范围，用更小的储能元件获得更大的补偿能力。

根据电压偏差幅值以及持续和响应时间，三类电压异常保护功能也有配合关系：

暂态功率补偿在减缓电压变化速率、抑制电压冲击瞬变，以及减小电压变化幅度和持续时间等方面具有非常重要的作用。设备内部直流电容的自然特性可以做到实时响应，虽然容量有限，却是应对电压变化的第一道防线。暂态功率主动补偿装置的响应速度一般在几毫秒到几十毫秒，可以根据要求灵活配置。绝大部分情况下，暂态功率补偿的容量有限，因此只适合对持续时间较短的功率变化进行补偿，为功率调节（电压异常限功率保护）争取时间。

电压异常限功率保护的响应速度和动作阈值介于暂态功率补偿以及过电压和欠电压保护之间。设备在检测到电压异常后主动限制功率，通过这种方式参与系统功率调节，可以有效避免小的、短时间的功率失衡演变成更大的、持续的电压质量问题。在"源载比"较低、多电源协调和柔性负载特征比较明显等情况下，电压异常限功率保护在维护直流系统电压质量和供电可靠性方面可以发挥重要作用。

当电压较长时间（一般 100ms 以上）超过允许范围，为了设备安全需要采取过电压或欠电压保护。不同性质和类型设备的过电压和欠电压动作阈值不尽相同，与供电可靠性关系比较密切的电源以及服务器等重要负载的工作电压范围往往会更大一些。

3.3.4　直流电弧防护

图 3.3-8　电弧放电现象

电弧是一种气体放电现象，实质上是由电子崩引发的自持放电过程，如图 3.3-8 所示。当两电极间的电压升高并超过空气介质的绝缘强度时，空气将会被电离并在电极间形成一条导电路径。在外加电场的作用下，自由电子加速并与气体分子碰撞，导致电子数量呈指数级增长，形成电弧通道。这一过程中，电子与离子的高速碰撞释放大量的热能和光能,使得电弧通道内的温度急剧升高,可达数千摄氏度,产生强烈的光辐射和热效应。

通常可以将供电线路中出现的电弧分为正常电弧与故障电弧两大类。正常电弧顾名思义就是在系统正常运行下出现的电弧,一般出现在插头插拔或断路器正常开断的过程中,持续时间有限,不会产生过多热量而破坏系统设备,因此不构成电气火灾的威胁。故障电弧则是由于系统内部出现绝缘失效、连接松动等故障而引发的电弧,发生的时间与位置具有随机性,难以提前预知,且电弧一旦发生,持续时间会更久,因此有很大的概率破坏周围的电路或电器元件,具有非常大的电气火灾隐患。

故障电弧根据系统中的发生位置主要分为串联故障电弧、并联故障电弧与接地故障电弧三类。

(1)串联故障电弧是由于线缆破损、连接松动等原因引起的,该电弧与负载处于串联状态。因此在电弧发生后,系统电流一般不会出现明显的幅值波动,甚至还会出现电流下降的现象。串联故障电弧释放的热量虽然不如并联故障电弧,但由于传统保护装置无法识别,电弧如果持续燃烧会造成热量累积,最终导致电气火灾事故的发生。因此串联故障电弧对于电气系统的安全威胁更大。

(2)并联故障电弧很多时候是由线缆间绝缘破损形成的并联回路引起的,具有电流幅值大、电弧能量高等特点,可以利用过流保护予以应对。

(3)接地故障电弧主要由于线缆破损与大地或接地线接触引起,其特征与接地故障(包括电击)相似。对于 TN 和 TT 接地系统,接地故障电弧会产生剩余电流;而在 IT 接地系统中,会引起对地绝缘电阻下降,可以通过监测剩余电流或绝缘电阻变化进行辨识。

直流电流无过零点,故障电弧发生后难以自行熄灭,相较于交流故障电弧,其潜在威胁更大。与此同时,直流故障电弧形态与正常运行时并无明显差异,系统内各种电力电子设备引入的宽频干扰噪声掩盖了故障电弧的有效特性,增大了直流故障电弧的检测难度,进一步加大了故障电弧的风险。

防治故障电弧的手段有很多,可以分为积极防护和消极防护两个方面。积极防护主要对可能产生电弧的风险点进行结构和材料的优化设计,限制电弧的产生,同时采用一些额外的保护元件并定期核查等。消极防护则是在电弧产生后限制电弧的负面影响。积极防护措施能减少故障电弧发生的概率,但并不能杜绝电弧的产生,电弧一旦产生,这些措施就无能为力。利用电弧产生时带来的物理现象或电量特征,通过相应的设备进行电弧检测,一旦检测到电弧就立即切断电路,使电弧快速熄灭,避免造成损失。常见的电弧检测方法包括电弧弧光信号检测、电弧弧声信号检测、电弧电磁信号检测,以及电弧电流时域和频域分析等。

第4章 建筑—车—电网（VBG）协同互动

建筑是重要的电力终端用户，"双碳"目标下将实现电力生产、消费、调蓄"三位一体"功能；汽车（特别是私家车）电动化是交通领域实现"双碳"目标的重要举措，也有望成为未来电力系统中可利用的重要调蓄资源。建筑与电动汽车是重要的电力终端用户且有高度同步使用特征，二者协同起来可实现优势互补，由此能与电力系统实现良好互动。如何实现建筑、车、电网之间的友好互动（VBG 或称 BVB），如何充分发挥建筑、车作为电力网灵活负载的资源潜力，如何有效调节和调度建筑、电动汽车与电力网实现能量交互，是当前亟须回答的重要问题。本章将对上述问题的相关研究进展进行分析，并对未来需开展的研究进行展望，以期为进一步深入研究、探索建筑—车—电网之间的协同互动提供参考。

4.1 建筑与车协同：行为与电气化驱动

从能源系统的终端用户构成来看，建筑、交通是除工业外的两大重要终端用能领域，也是实现"双碳"目标的关键部门。如何实现两大终端间的协同、如何使得终端用户与能源供给侧（如电网）之间友好互动，是亟待研究的重大课题。从建筑、交通面向碳中和的关键技术路径和发展趋势来看，建筑领域提出通过充分利用建筑表面光伏等可再生能源、建筑能源系统的全面电气化、提高系统效率并实现灵活调节等方式来实现建筑能源系统的低碳化目标；未来建筑将成为集电力生产、消费、调蓄为一体的复合体。交通领域也将电气化作为重要发展方向，汽车电动化一方面减少了对燃油等化石能源消耗、降低直接碳排放，同时也为实现电力系统清洁低碳提供了重要动力；氢燃料电池汽车目前主要应用在商用车领域，与私家车的电动化发展路径存在显著差别。因而，电气化是建筑、交通共同的低碳化技术发展方向，二者将成为重要的电力系统终端用户，在此基础上能否实现它们的有机融合、共同成为电力系统的友好用户？如何充分发挥这两大终端的协同作用来与供给侧（电力系统）友好互动？如何真正成为电力系统可利用、可调度的终端负载、促进新型电力系统的供需匹配？需要什么样的系统模式、关键技术或设备来实现上述目标？这些都是亟待回答的重要问题。

"双碳"目标下，车辆与建筑两大终端用能部门的耦合关系正在逐渐增强：在车行为方面，私人车辆80％以上的时间停留在建筑停车场，并进行充电；在用能方面，车辆充电桩通常与建筑配电系统相连，二者的负荷密不可分。建筑及车辆充电未来将是电力负荷的主要组成部分、最大随机波动因素，车辆"充电难"、低压配电网大规模扩容需求等问题的解决也被日益提上日程。

人是建筑和车辆共同的服务对象，人行为促使二者产生紧密的联系，并在电气化的推动下进一步变得密不可分。在人行为和电气化共同作用下，与建筑关联的车辆行为主要包含三个环节（图 4.1-1）：①出行行为，即车辆在城市或区域中不同建筑之间转移的过程；②停车行为，即车辆在建筑或园区中选择停车位置并持续停留的过程；③充电行为，即车辆在停留后与充电桩连接的过程，包括车主选择是否充电、以怎样的模式充电、是否参与车网互动等。本节将结合实际数据进行具体分析。

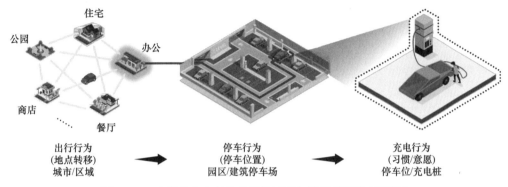

图 4.1-1　人行为和电气化共同作用下与建筑关联的车辆行为

4.1.1　出行及停车行为

从建筑、车的基本功能来看，都是用来满足人员等使用需求的重要载体：建筑可用于满足人员工作、居住、生活等多种活动需求；车作为重要的交通工具，满足人员的通勤、出行等需求。依靠车作为交通工具，人员完成在不同建筑间的转移，因而车和建筑之间也有密切的关联。某种程度上，车是一种移动的建筑，满足人们在出行过程中的基本需求。而车所停留的场合，包括各类停车场，又与建筑密切相关，既有建筑自身（例如建筑内地下停车场），也有很多建筑周围的停车场。尽管车在不同建筑附近停留的时间由其使用功能、使用习惯等决定，但这种车和建筑之间存在紧密关联的本质特征，决定了在"双碳"目标下可探索车与建筑之间实现能量交互、与电力系统实现协同互动的重大潜力。

"停车进楼"是人行为促使车辆与建筑天然耦合的最直观体现。已有大量调研数据显示，私家车大部分时间停留在建筑停车场，而仅有少部分时间行驶在路上。图 4.1-2 给出了三个典型国家及我国北京的私家车在工作日不同时段的停留地点分布[1]。首先，一天中

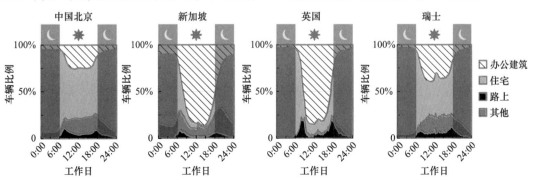

图 4.1-2　不同国家（城市）私家车辆典型出行停留行为：工作日停留地分布概率[1]

平均仅有 3%～6% 的车辆行驶在路上，而 94%～97% 的车辆停留在各类建筑停车场。其中，办公地和住宅地是两类最主要的停留地点，一天中平均的停留车辆占总量的 81%～93%。主要呈现的出行及停留特征为日间较多车辆前往办公地停留，而夜间较多车辆回到住宅地停留。车辆在这两个地点的停留行为通常为长时间停留，平均单次停留时间一般可达到 5h 以上。由于不同城市在功能区规划布局、建筑停车场设计、作息习惯等方面存在一定差异，因此住宅地和办公地停留车辆的比例存在差异。综上所述，住宅和办公建筑是私家车与建筑互动最重要的两类场景。

此外，车主计划前往的目的地和其实际的停车位置可能存在一定差异。一项对北方某城市 1.16 万辆车出行及停留行为的研究[2]指出，计划回家的车主中实际上只有 70.3% 将其车辆停在了住宅停车场，而计划去上班的车主实际上只有 26.2% 将其车辆停在了办公建筑停车场。造成以上现象的原因主要有两点：首先是目的地停车场停车位紧张导致车主不得不在别处停车，其次是目的地建筑具有多种功能，难以简单地定义其建筑功能类型。

4.1.2 充电行为

传统车辆主要使用汽油，其与以电力为主要供给的建筑很少有直接的能源关联。然而在车辆电气化率快速上升的背景下，"停车充电"是促使车辆与建筑进一步耦合的重要推动因素。电动汽车停留在建筑停车场并接入充电桩，即与建筑能源系统相连接，因此建筑与车辆两大终端用能部门的能耗也逐渐变得密不可分。随着城市充电基础设施的不断完善，越来越多的数据显示车辆充电行为与其停留地的建筑类型有着紧密的联系。图 4.1-3

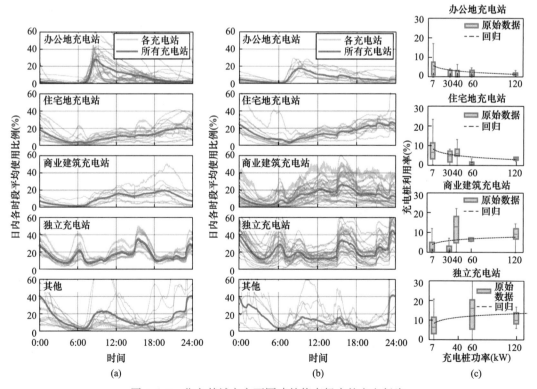

图 4.1-3 北方某城市市不同建筑停车场内的充电行为

(a) 不对外开放停车场典型日充电负荷；(b) 对外开放停车场典型日充电负荷；(c) 充电桩利用率与额定功率的关系

给出了北方某城市不同建筑停车场内 158 个充电站（共 2719 个充电桩）的全年充电行为数据，包括办公地充电站、住宅地充电站、商业建筑充电站、独立充电站（所在地无明显建筑特征，向社会所有车辆开放充电服务）等。办公地充电站的日负荷通常在早高峰通勤时间后出现显著的峰值，住宅地充电站的日负荷通常在日间不断增加并在傍晚或夜间达到峰值，独立充电站的日充电负荷曲线则与峰谷电价密切相关。对于向公众开放的充电站，其充电负荷曲线可以表示为所在建筑常驻车主充电负荷和独立充电站充电负荷的线性叠加。其中，建筑常驻车主的充电对总充电负荷曲线的影响占主导，占比为 72％～88％。此外，充电桩的利用率也与其所处建筑的类型密切相关。商业建筑充电站和独立充电站中充电桩的利用率随其额定功率的增加而增加，而工作地充电站和住宅地充电站则呈现相反趋势。

从本质来看，由于大多数电动汽车车主曾使用传统汽油车，他们的充电行为最初来源于加油行为[3]。汽油车车主通常是在油表显示数值较低时前往加油站，加油时间通常在 5min 以内。当车主换用电动汽车时，往往希望以加油一样快的速度来给电动汽车充电。以一辆常见的 50kWh 电动汽车为例，如果要在 5min 内将电池电量从 10％充至 90％，则需要超过 500kW 的超级快充桩才能实现，其瞬时充电功率约等于一栋 2 万 m² 大型公共建筑的峰值用电功率。如果不对充电行为进行有益引导，由加油行为演化而来的充电行为将会造成巨量的城市配电网增容及储能投资，由车辆充电产生的瞬时用电尖峰将会对城市电网造成巨大冲击。

为此，深入研究车主加油及充电行为的心理过程，有利于设计出合理的充电模式，从而引导充电行为。研究表明[4]，由特定事件触发的充电行为（例如一旦达到办公地即接入充电桩）是对电动汽车车主和电网均最有利的充电方式。一方面，当车主选定触发充电的事件并养成习惯后，几乎不需要再考虑在何时何地充电，可以缓解里程焦虑；另一方面，这样的充电行为可大大延长电动汽车接入电网的时间、增加充电行为的可预测性，为有序充电或车与电网互动提供了更多机会。已有研究针对办公地充电站的全年实地实验给出了从传统充电行为转变成上述充电行为的全过程[5]，证实了可通过在建筑停车场设计合理的充电模式来引导车主"即停即接、有序充电"，同时达到了增加电网友好性、缓解车主里程焦虑、减缓车辆电池性能衰减的目的。

4.2　建筑与车协同：功率及能量互补

4.2.1　建筑：拥有配电资源，但需求储能能力

建筑是电力系统中主要的终端用户之一，其中包含了照明、暖通空调、电器设备等多种类型的用电负载，以满足建筑中人员使用、系统运行等功能需求。以用能强度高、数量大的办公建筑和商业建筑为例，图 4.2-1 给出了我国多栋实际建筑的配电设计及实际运行情况。在建筑配电设计阶段，如图 4.2-1（a）所示，通常将其中不同类型设备的额定功率乘以各自的需要系数和同时使用系数（均在 0～1 之间），将其加总并考虑一定的设计余量，从而得到建筑配电设计容量，用于建筑—电网接口变压器的选型。出于建筑安全运行、未来可能的负荷增长等因素考虑，建筑配电设计容量往往比较富余。对于建筑实际运

行阶段，图 4.2-1（b）给出了多栋建筑连续三年中逐月峰值负荷与配电容量的百分比值。两类建筑的建筑运行峰值负荷率平均仅为 25.5% 和 28.7%，由此可知公共建筑的峰值负荷实际上远小于设计的配电容量。图 4.2-1（c）给出了多栋建筑在一年中逐时负荷与该年峰值负荷的百分比值。全年中，两类建筑平均仅有不足 2%~3% 的时间运行在接近或达到峰值负荷（大于等于峰值负荷的 90%），而多数时间均运行在部分负荷工况。由此可知，通常情况下公共建筑的运行负荷更是远小于设计的配电容量。综上可知，建筑配电系统具有较大的负荷承载能力，在建筑低负荷运行的大量时段可容纳电动汽车充电负荷。

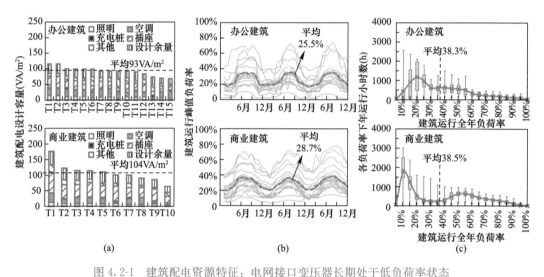

图 4.2-1　建筑配电资源特征：电网接口变压器长期处于低负荷率状态
（a）建筑配电设计容量；（b）建筑运行峰值负荷率；（c）建筑运行全年负荷率分布
注：建筑运行峰值负荷率=峰值负荷/配电容量×100%；建筑运行全年负荷率=逐时负荷/全年峰值负荷×100%。

　　虽然建筑具有富余的配电资源，但缺乏储能设备进行能量调节。一般建筑中的照明、空调、插座等主要用电负荷多为刚性负荷，通常不具备灵活调节能力。因此，在电价峰谷差不断增加、电网需求响应方案接连出台的背景下，建筑领域的热点问题之一就是如何在建筑中增加各类分布式储能环节，如空调系统蓄冷蓄热设备及建筑本体的热惯性利用、分布式蓄电池的安全设计与经济运行等。

4.2.2　车辆：拥有储能资源，但需求配电容量

　　未来电动汽车也将是电力系统的重要终端用电负载，其用能特征受到电动汽车自身性能、车辆使用需求、人员充电行为习惯等因素的影响。对于以通勤、日常生活为主的私家车，电动汽车的整体电量需求与建筑用电需求相比并不高。对未来建筑用电需求和交通用电需求的预测也表明，电动汽车的总用电需求要显著低于建筑的整体用电需求；从大致的测算数据来看，1 万 m² 的办公建筑单位面积电耗通常为 50~100kWh/m²；若对应的电动汽车数量为 100 辆、通勤＋日常生活的电动汽车年行驶里程为 1 万~2 万 km 时，折合到单位建筑面积对应的电动汽车电耗也仅在 10~20kWh/m²，要显著低于建筑自身用电需求。

　　以大型城市中数量占主导的私人乘用电动汽车为例，图 4.2-2 给出了车辆电池资源特

征及出行用能需求的统计数据。一方面，随着车载电池技术的不断发展、产能提升，统计数据显示 2023 年我国私人乘用电动汽车的平均电池容量为 45～50kWh，甚至已有多款车型电池容量超过了 100kWh[6]。当前的车载电池容量已足够满足城市车辆日常出行的需求。以北方某城市私人乘用电动汽车为例[7]，日平均用电量仅为约 7kWh。从使用特点来看，电动汽车日均使用电量通常仅为 10%～20%，当前一般仅需一周将电池充满一次即可满足日常出行需求，这就说明相对于一天内的正常行驶需求来看，其电池容量具有较大的富余。此外，电池技术的进步推动其循环寿命不断提升，使得一般情况下城市私人乘用电动汽车电池的循环寿命（3000 次循环）已远大于车辆通常使用年限（10～15 年）。综上可知，当前城市私人乘用电动汽车的电池资源较为富余。

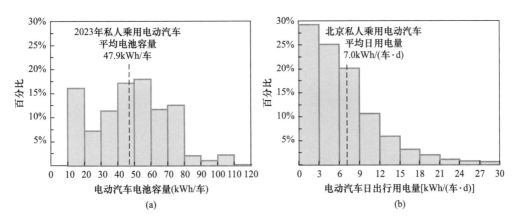

图 4.2-2　私人乘用电动汽车电池资源特征及出行用能需求

（a）电池容量；（b）日用电量

发展电动汽车，当前除了车辆自身、电池等的技术研究以外，还需要解决充电桩等充电基础设施的可及性，以保障用户的充电需求，避免电动汽车无序充电对电网造成巨大负荷冲击。研究表明，未来电动汽车若无序充电将使电网负荷增加 10%～20%[6]；若能有序充电，采用智能充电等手段，则有望缓解对电力网的冲击。图 4.2-3 给出了当前典型场景下

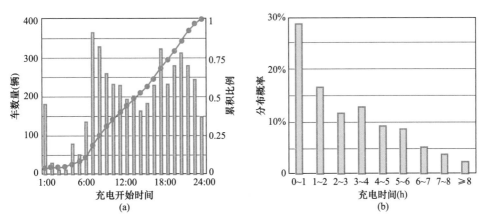

图 4.2-3　当前典型场景下某电动汽车充电站典型运行时间的充电需求[7]

（a）充电开始时间；（b）充电持续时间

某电动汽车充电站典型运行时间的充电需求[7]。从使用模式看，用户的充电行为习惯决定了其充电使用规律：从充电时间来看，不少用户选择在傍晚充电，增加了对傍晚电力系统高峰时的负荷需求；从充电的持续时间来看，部分快充模式下充电时间较短，不少充电桩的利用率偏低，充电时段外充电桩处于闲置状态。

这与建筑配电系统容量长期处于低负荷运行的状况类似：建筑配电系统、电动汽车充电桩等均设置了一定的额定需求功率，若这些负荷按照设计容量需求同时满负荷运行，就会对电力系统带来巨大的运行负荷。实际建筑配电系统、充电桩的运行结果表明，建筑内的负载几乎不可能处于同时满负荷运行状态，而充电桩的运行也很难会在全天全时段使用，这就是当前建筑配电系统、充电桩很长时间处于低负荷率运行或部分时段运行的实际状况。这种"部分时段、部分负荷"的实际运行需求，表明了车、建筑这类受到人员等使用者行为习惯决定的终端用电负载具有非常可观的可调节潜力。若能在满足终端使用功能需求的基础上，根据供给侧的特点对使用时段、用电负荷实现一定的调节（例如平移、增减或错峰），就能实现对供给侧电力系统的柔性响应，此时终端用电需求不再是纯刚性、须时时供需相等，而是具有了一定的可调节性、柔性用电，能够更好地适应未来可再生电力供给为主时的供给侧显著波动特点，为供给侧更好地利用可再生电力提供调节余地、缓冲空间，更好地促进整个电力系统的供需匹配。同时，车的蓄电池相对具有富余的电量（单位为 kWh），但需要一定的充电功率（单位为 kW）；而建筑通常具有较富余的配电容量（单位为 kW），但实现柔性用电时需要一定的储能容量（单位为 kWh），车和建筑之间具有很好的互补潜力。这也为将电动汽车通过充电桩接入建筑配电系统，与建筑用电系统互联互通，共同实现用电功率、用电时间的可调节、可柔性响应，车、建筑协同与电力系统互动提供了有利条件。

4.3　VBG 系统架构与实现方法

4.3.1　车网互动的研究进展

车网互动（Vehicle to Grid，V2G）是当前新兴的研究热点，旨在将电动汽车作为电网的有效调蓄资源来响应电网的供需调节，充分发挥电动汽车的蓄电池容量，参与到与电力系统的互动和调度中。信息化、数字化推动下，实现电动汽车与电网之间的友好互动成为新能源汽车、新型电力系统等领域的重要发展目标。

车网互动技术是构建新型电力系统的重要组成部分，相关政策也给予了大力支持，例如国家能源局、科学技术部印发的《"十四五"能源领域科技创新规划》指出，研究电动汽车与电网能量双向交互调控策略，构建电动汽车负荷聚合系统，实现电动汽车与电网融合发展。目前交通、电力领域已针对电动汽车的充电需求、如何将电动汽车作为重要储能资源参与到电力系统互动中等开展了探索性研究。

从宏观角度来看，电动汽车具有非常可观的蓄电池容量，未来 3 亿辆电动汽车具有的蓄电池总容量可在 200 亿 kWh 以上（按每辆车蓄电池容量约 65kWh 估算），考虑实际利用需求、电动汽车电量保障需求等因素后，估计可用于参与电力系统调节的蓄电池容量也可在 100 亿 kWh 以上[6]，有望成为解决电力系统中短周期能量调蓄的最有潜力选择。

从微观角度来看，电动汽车到底能发挥多大的调节能力、如何参与到与电力系统的互动中，还需要针对其充电需求、满足充电需求基础上实现互动的策略、接入电网的方式及互动响应调节手段等开展研究。很多研究评估了电动汽车的充电需求对电力系统容量的压力，由于现有电动汽车充电时间段多集中在晚上和白天用电高峰期，未来 3 亿辆电动汽车的充电负荷将使电网最高用电负荷增加约 20%[6]。

电动汽车未来到底快充还是慢充？当前为了满足部分电动汽车的快速充电需求，快充方式、换电方式得到一定发展，但快充会对电网配电容量要求过高。在适宜场景下慢充是既能符合电动汽车数量规模发展要求，又能解决其充电需求的最佳途径，例如私家车平时在家或者在单位慢充（单位建慢充桩的潜力还完全没有被挖掘出来）。未来随着充电桩等基础设施的规划布局进一步完善，可实现对电动汽车充电行为的引导、转变，例如在充电桩较少时，受制于充电桩数量影响使得部分电动汽车用户的充电行为多为一次充满、追求大功率快充等方式；而当充电桩数量足够多、电动汽车用户可在多种场景下进行充电时，用户的充电行为有望转变为可接受小功率、灵活充放，不再有"电量焦虑"等问题。

要想更好地发挥电动汽车蓄电池具有的等效储能能力，需要满足电动汽车的本身充电需求，更需要寻求电动汽车与电力系统形成良好互动的模式。从满足充电需求方面来看，电动汽车充电需要一定的功率、配电容量；从与电网互动方面来看，单独一辆车与电网互动的意义不大，目前有考虑将大规模车通过先进通信方式与电网连接来实现互动的方式，但面临实际大量车的使用特点、车自身电量需求千差万别等问题，也很难在实际中推进。这样就需要更好的车与电网互动方式来破解这种困境，既能解决车的充电需求，又能发挥电动汽车蓄电池的调蓄潜力，达到车真正成为新型电力系统中重要的调蓄资源并发挥调蓄作用的目标。

4.3.2　VBG 系统协同互动的优势

单独通过车或建筑与电网之间互动，难以实现较好的用户侧用能特征的互补、互动效果，也会受建筑或车自身用电需求与变化特征的约束，单个类别的用户与电网互动时可调节、可协调的余地也受限。建筑要想与电网友好互动，需要有一定的储能调蓄资源和柔性用电调节能力，单独投入蓄电池等储能会导致成本较高；电动汽车要实现与电网友好互动，则需要以满足充电功率需求为基础，保证一定的充电功率。因而，单独一种电力终端用户参与互动，很难实现较好的效果，而车、建筑两大终端用户联合起来，则有望发挥出"1+1>2"的协同效果（图 4.3-1）。

建筑与电动汽车协同起来与电力网实现良好互动，具有独特优势和广阔发展潜力。电动汽车与建筑用电需求之间可实现有效互补，建筑缺少蓄电能力，但有功率富余；电动汽车缺少功率，但有容量（电池）富余，二者可实现完美互补。从某种程度上来看，车是移动的建筑、电动汽车也是移动的蓄电池；"建筑+车"既是重要的电力系统终端用户，二者结合又可视为一种具有能量储存/释放能力的电池，且其储放能力可根据外部电力系统供给特点、自身光伏分布式电源特点等进行一定范围的调节，这就使得未来电力系统中的用户侧具有了重要的调节能力，能够促进用户侧在消纳自身分布式可再生能源、更好保障自身用电需求、促进未来新型电力系统的供需匹配等方面发挥更大作用。

（1）在消纳自身分布式光伏等可再生能源方面，一方面是建筑等用户要充分利用自身

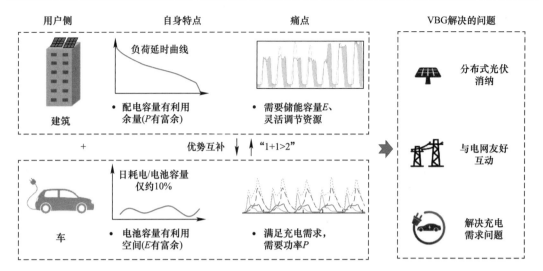

图 4.3-1　电动汽车与建筑之间实现优势互补、VBG 协同

表面资源发展分布式光伏等可再生能源，又需要建筑等用户侧实现更好的分布式可再生能源的自我消纳。另一方面，分布式光伏是低碳电力系统的重要组成，发展分布式光伏需要的是表面资源，建筑表面、室外停车场顶棚等有望成为重要的分布式光伏表面资源，同时又需要解决这些分布式可再生能源如何更好消纳的问题。

1）建筑在消纳自身分布式光伏时，很多情况下会出现某些时刻光伏发电需求超过建筑自身用电需求的情况，单独依靠建筑消纳掉自身的光伏会存在一定困难，而当建筑具有储能资源或储能能力时，就能更好地实现光伏就地利用和自消纳，这也是光储直柔建筑在消纳建筑自身分布式光伏方面具有的优势。

2）与电动汽车结合的光伏利用模式也得到了快速发展，出现了将光伏与电动汽车联合的方式，但光伏发电与电动汽车充电之间往往难以做到匹配，也就有了"光储充"等使用模式，利用分布式光伏满足电动汽车用电需求，但由于车辆使用行为、停留特点、充电行为等影响，电动汽车的充电需求与光伏发电之间难以良好匹配，就很难实现较高的光伏利用率或自消纳率，"光储充"模式下很难保证对光伏的充分消纳、利用，所需额外配置的蓄电池又增加了储能投资成本，该模式的整体技术经济性有待进一步提高：配置的储能装置容量过大时，系统经济性难以保证；储能装置容量过小，又会导致实际运行中可能存在对光伏利用不足、光伏消纳率受限等问题。

3）建筑与车联合起来，就能够更好地实现对分布式光伏等可再生能源的就地利用、更好消纳：车为建筑提供了可利用的蓄电池，建筑为车提供了充电功率保障，车、建筑共同作为消纳光伏等自身可再生能源的用能者、调蓄者，可显著减少系统需要的额外储能装置容量、投资，实现在消纳自身可再生能源上的协同。

（2）在更好保障自身电力需求方面，建筑与车联合后，二者可实现有效的电力交互，对更好地保障自身用电需求、解决电力可靠性保障问题等均有益。

1）二者联合有助于解决电动汽车充电的难题，把当前电动汽车充电对电网造成的冲击利用建筑作为有效的缓冲，充分利用建筑侧配电容量的富余来解决电动汽车充电的功率需求，可将电动汽车充电需求时刻与建筑配电容量闲置时刻有效结合来，实现电动汽车的有序充电并充分利用建筑配电容量，这一目标可通过具有功率调节性能的充电桩来实现。

2）二者联合后可将电动汽车蓄电池作为建筑电力系统的有效储能，在电力紧张时可向建筑放电、电力富余时可利用电动汽车充电消纳富余电力，这一目标需要具有双向充放电功能的充电桩来实现。从建筑电力保障的需求来看，建筑配电系统与电动汽车连通后，具有了更强的终端等效储能能力和柔性用电能力，也就增强了自身的用电保障性，这也有助于缓解未来新型电力系统中面临的终端需求保障难（主要指实时功率）的问题。

（3）在促进新型电力系统的供需匹配方面，建筑或电动汽车单独作为一种电力系统用户来看，其用电需求较难实现与电力系统供给侧的友好匹配，而建筑＋电动汽车的用电曲线，则有望实现更好地与电力系统间的交互需求。

1）从车、不同类型建筑的用电需求特征来看，电动汽车用电提供了一种额外的用电需求曲线，可以与不同建筑类型的自身用电需求有效结合，组合起来变成与外部电力系统交互的综合用电需求。单个建筑加上周围电动汽车或区域内建筑群与区域内电动汽车有效融合，都能成为一种新的用电需求，而这种用电需求又可在一定程度上实现柔性响应、灵活调节，有助于实现用户侧协同起来，帮助电力系统实现更好地调控。

2）在保证电动汽车充电需求的基础上，减小其对电网的功率冲击、降低增容压力，是促进电动汽车发展的重要保障；从建筑配电系统容量来看，绝大部分时刻建筑配电系统也具有很大的运行功率冗余，若能将建筑用电需求与电动汽车充电需求结合、将电动汽车充电桩接入建筑配电系统中或者将充电桩与原有的建筑配电系统设计统筹考虑，则有助于更好地满足电动汽车的充电需求、更好地利用建筑配电系统容量，有助于实现保障充电需求而不额外增容的目标。

3）在满足充电需求后更合理地调动、利用电动汽车蓄电池发挥柔性调节能力，则是期望电动汽车能够进一步发挥作用的更高层面要求。若能够对用户的充电使用习惯、充电功率等进行有效调节，则有望使电动汽车的充电功率需求能够更好地适应电力系统的需求，与建筑自身用电需求协同起来，既可以帮助实现对建筑周围分布式光伏的就地消纳，也有助于协同与外部电网之间互动。

4.3.3　VBG 系统架构与实现方法

图 4.3-2 示意了车辆与建筑协同发展模式下，电动汽车蓄电池储能潜力的影响因素。若将所有电动汽车蓄电池的总量作为 100％，首先，出于蓄电池安全考虑，其中 80％～90％的容量可被有效利用。其次，考虑车辆出行时无法接入能源系统，分析各类场景发现，若能在电动汽车停留时均保证其连接智能充电桩（即与电网相连），则能够发挥的储能潜力为蓄电池总容量的 40％～70％，可将其定义为满足"全时在网"时的最大储能潜力。在此基础上，不同的充电系统设计相当于不同程度利用了这一储能潜力。在理想情况下，充电桩功率无限大、可实现双向充放并采用最优控制策略，则可实现上述最大储能潜力。在充电系统条件的限制下，电动汽车发挥的实际可调度储能潜力，能够为分布式光伏消纳、集中风光电消纳等电网调节目标提供支撑。因此，当前发展"车辆与建筑协同"的难点是探索促进电动汽车在非行驶时"全时在网"的激励机制及实际效果，而其中的核心问题是激励车主在建筑停车场"即停即接"，以大幅增加车辆接入电网的时间。

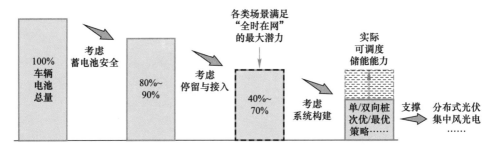

图 4.3-2 车辆与建筑协同发展模式下，电动汽车蓄电池储能潜力的影响因素

图 4.3-3 为建筑—车—电网之间实现协同互动（VBG 或称 BVB）系统架构示意（如利用"光储直柔"方式），其中建筑可充分利用自身表面资源敷设光伏、充分利用/消纳自身的可再生能源，建筑内的照明、暖通空调（HVAC）、其他用电设备等是重要的用电负载，电动汽车通过充电桩等来实现与建筑内配电系统的直接连接，外部电网与建筑、车之间实现连通。根据建筑配电系统中各关键部分的用电特点、用电柔性以及电动汽车的用电需求、可实现的柔性调储能力，可以协同起来更好地满足分布式光伏就地消纳利用、与外部电网之间良好互动等需求。

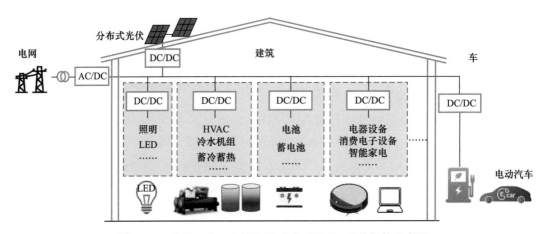

图 4.3-3 建筑—车—电网协同互动（VBG）系统架构示意图

要想实现建筑—车—电网间的协同、友好互动（VBG），需要深刻认识电动汽车、建筑的基本用能特征和需求变化规律、具有的柔性用能潜力和可实现的柔性用能效果，提出合理的 VBG 模式及设计、运行调控策略，需要有相应的软硬件支持。

（1）在硬件层面，要充分利用建筑周围的停车场，建设可有序充电的充电桩，将其配电系统与建筑配电系统充分融合。当前桩车比还远远不能满足未来电动汽车的发展规模和充电需求，大幅提升桩车比才能解决电动汽车充电难、充电焦虑及推广电动汽车的问题。充电桩的合理发展还可立足于将其作为城乡基础设施的重要发展思路，建设大规模具有功率调节能力、适应建筑—车—电网协同互动需求的充电基础设施，在办公楼、住宅小区等场合的停车位甚至可实施"一位一桩"的发展模式，最大限度连通建筑配电系统与电动汽车，为实现 VBG 协同奠定硬件基础支撑。

（2）在软件层面，需要依照建筑、车各自的电力需求设计出实现二者协同的互动策略。建筑和车是电力系统的两大终端用户，要实现建筑与车之间的协同互动，需要以充电桩为接口，设计出满足协同需求的充电桩控制逻辑。目前来看，直流充电桩更能够适应本地光伏消纳、与建筑电力系统互联互通、小功率慢充等需求，应当开发出适应调节目标的直流充电桩控制策略，使之既能保障车的用电需求，又能适应消纳自身光伏、与外部电力系统互动等多重目标。

4.4 VBG 系统关键设备——智能充电桩

4.4.1 有序充电策略与智能充电桩

智能充电桩是 VBG 系统中的关键设备，其通过设计智能充放电策略对电动汽车充电功率和时间进行智能调整，从而实现用户侧用能互补、互动，做到对电网友好。智能直流充电桩基于 VBG 系统架构以及建筑光伏的发电特性和电动汽车的充电负荷特性，使用一种基于直流母线电压的有序充电控制策略，在办公等场景采用即停即插的充电模式，以实现对充电负荷的充分调节。

在拓扑结构如图 4.4-1 所示的直流充电系统中，智能直流充电桩与光伏模块、交流电网和建筑负载等并联在直流母线上。光伏模块通过直流/直流（DC/DC）变换器接到直流母线上。交流电网是一个双向的能量交互模块，通过整流器（AC/DC）与直流母线连接：当系统从电网取电时，AC/DC 处于整流状态，将交流电转换成直流电，为系统供电；当光伏发电量富余时，系统向电网送电，AC/DC 处于逆变状态，将直流电转换成一定频率和幅值的交流电送入电网。充电桩和建筑用电作为系统主要负载。电动汽车可视为该系统的移动蓄电池，其充电电流可调，使得负载功率可在较大范围内变化。上述各部分通过母线电压作为信号在运行中保持系统能量平衡。

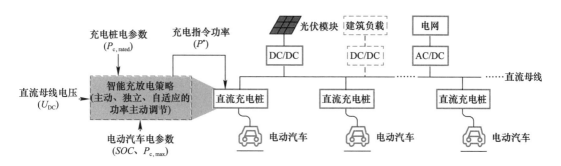

图 4.4-1 直流充电系统拓扑结构

智能充电桩的充电策略是通过接收母线电压信号对充电桩充电功率进行自适应调节，目标可以是最大化利用光伏发电量消减建筑整体用电峰值、响应峰谷电价等。以最大化利用光伏发电量为例，系统中母线电压（U_{DC}）通过光伏模块输出电压（$U_{PV,max}$）和 DC/DC 占空比（系统开启时间与周期时间的比值，α）确定，二者关系如下：

$$U_{DC} = \begin{cases} U_{DC,max} & , \ U_{DC,max} \leqslant \dfrac{1}{1-\alpha}U_{PV,max} \\[2mm] \dfrac{1}{1-\alpha}U_{PV,max} & , \ U_{DC,min} < \dfrac{1}{1-\alpha}U_{PV,max} < U_{DC,max} \\[2mm] U_{DC,min} & , \ U_{DC,min} \geqslant \dfrac{1}{1-\alpha}U_{PV,max} \end{cases}$$

式中 $U_{DC,max}$ 和 $U_{DC,min}$——分别为直流母线允许的最高和最低电压，V。

当母线电压升高或保持在高位时，意味着光伏的发电功率充足，对于智能充电桩而言，可提高充电桩充电的总功率，多余的光伏电力则会并入电网；当母线电压降低时，意味着光伏的发电功率不足，对于智能充电桩而言，则需要降低充电桩的总充电功率。

智能充电桩将接收母线电压信号、电动汽车荷电状态（SOC）和电动汽车最大充电功率（$P_{c,max}$）等数据，对电动汽车充电功率进行实时调控，系统控制流程如图 4.4-2 所示。其中，车辆实际充电功率（P^*）与 U_{DC} 正相关，光伏发电量富余时，母线电压升高，充电桩功率增大；P^* 与 SOC 负相关，使得相同母线电压下，荷电状态更低的车辆优先以更大功率充电。

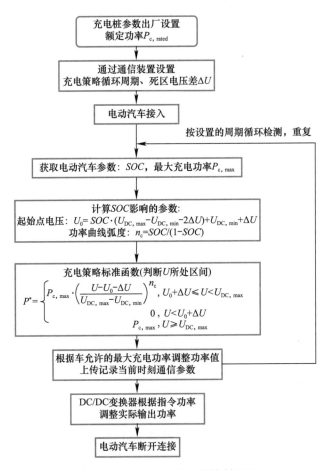

图 4.4-2 智能充电桩系统控制流程

该有序充电策略的有效性得到实际智能充电桩系统的验证，实验场地实景见图 4.4-3。

设置充电桩循环监测系统周期为 30ms，直流母线电压上、下限分别是 395V 和 320V，死区电压差 ΔU 为 5V。为检验充电桩功率控制的有效性，对不同 SOC 和母线电压下的 21 个指令功率和充电桩实际功率进行了监测，每个功率测试点进行 15 次测试并取平均值，如图 4.4-4 所示。在不同 SOC 和母线电压下，智能充电桩的充电功率与实际功率能够保持接近，实现符合预期的控制，实际功率与指令功率之间的偏差率均不超过±10％，平均偏差率为 1％，表明智能充电桩在实际系统中可适应直流母线电压的变化和不同车型的接入，可实现预期的充电策略。

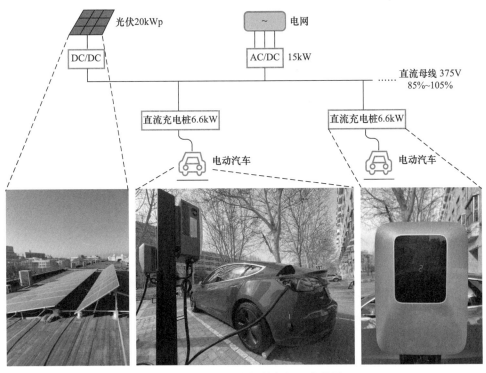

图 4.4-3　实验系统拓扑与场地实景图

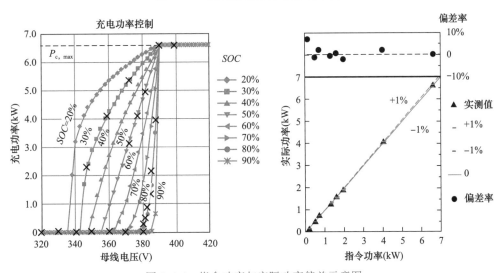

图 4.4-4　指令功率与实际功率偏差示意图

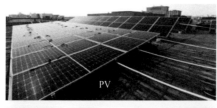

图 4.4-5 清华大学建筑节能研究
中心"光储直柔"示范工程

4.4.2 智能充电桩的应用效果

选取了清华大学建筑节能研究中心"光储直柔"示范工程，见图 4.4-5。该建筑为科研办公类建筑，位于北京市海淀区清华大学校园内，建筑高度约 17m，地上 4 层，地下 1 层，总建筑面积约 3000m²。该建筑本体建成于 2005 年，是国家"十五"科技攻关项目"绿色建筑关键技术研究"的技术集成平台。在"双碳"目标下，该建筑于 2024 年完成了机电系统"光储直柔"改造，兼具新型建筑机电设备系统的技术集成展示及科研实验功能，构建了 750V/375V/48V 三级低压直流母线系统，连接屋顶光伏、智能充电桩（单向/双向）、直流多联机空调、直流照明、储能电池、直流家电等设备，并采用基于可变直流母线电压的分布式智能控制方法实现建筑柔性用能，并支持建筑与电网友好互动。

该系统通过全新开发的"直流—直流智能充电桩"实现了"建筑与车辆协同互动"理念。智能充电桩可以根据建筑直流配电系统输入的直流电压和接入车辆的 SOC 实时调整功率，实现了根据建筑能源系统的需求进行可控功率充电或放电。基于以上功能，该系统可使用电动汽车作为建筑的"虚拟储能"，无须配置传统固定储能或配电增容即可实现分布式光伏的充分自消纳、满足车辆充电需求、消减用能峰值并增强整体柔性用能能力，为城市更新背景下需要迫切解决的分布式光伏和充电基础设施建设及有效利用难题提供了经济、有效、安全的解决方法。

为了验证上述系统功能，2022~2023 年对该系统开展了真实场景长期运行实验[1]。实验对象为该办公建筑中 4 位教职工的私家电动汽车，均符合典型北方城市通勤人员的出行规律。以 2022 年 3 月 21 日为例，其中 2 辆电动汽车约在 8:00 到达并停留至下午下班时间离开。在此期间，系统设定的运行目标是"以 2kW 恒定值向电网取电"，智能充电桩在 0~6.6kW 范围内主动调节功率以达到上述目标，同时满足电动汽车的充电需求。以上功能可以适用于更多电力需求响应的项目，根据要求调节电网取电功率。此外，2023 年全年实验测试了一种全新的车辆充电运营模式，即为私家车主提供"免费但是不完全保证的纯光伏充电"服务。

智能充电桩性能：展示了在不同天气条件下系统控制的效果。在光伏发电期间，调整母线电压，以与光伏模块的最大功率点电压对齐，通常维持在 385V 到 390V 之间。该系统可以在各种条件下稳定运行，使用光伏发电为电动汽车充电。有序充电策略通过该系统得到了很好的实现。如图 4.4-6（a）所示，尽管充电器 1 比充电器 2 晚触发，但由于连接的电动汽车 1 的 SOC 较低，它在光伏电力分配上享有优先权，导致充电器 2 的充电负载减少了 60%。在太阳辐射不足（例如，4 月 10 日下午）的情况下，可用的光伏发电优先分配给 SOC 较低的电动汽车，以确保其充电需求首先得到满足。随着电动汽车的 SOC 上升，充电功率相应降低。最终，两辆电动汽车的 SOC 都通过自适应充电策略达到了 80% 以上，系统有效地将电动汽车的充电负载与光伏发电相匹配。如图 4.4-6（b）所示，即使在光伏发电量低的情况下，如阴天或雨天，充电系统也能按照设计运行。最大光伏发电功率为 5.9kW，日总能量输出为 22.1kWh。充电大约在 8:00 开始，然后充电功率紧密跟随光伏发电功率，实现了光伏发电的最大化利用。电动汽车充电量共 19.1kWh，日光伏自消纳率超过了 86%。

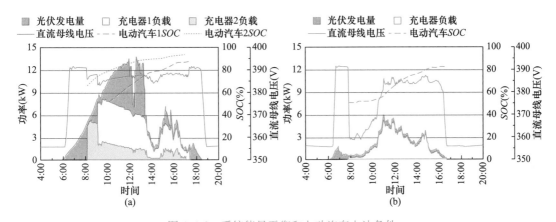

图 4.4-6　系统能量平衡和电动汽车电池条件

(a) 4 月 10 日，阳光充足，光伏发电充足；(b) 4 月 20 日，多云，光伏发电量不足

满足电动汽车用户通勤需求：有序充电策略可以满足实验参与者的日常通勤需求。图 4.4-7 展示了实验期间每月的充电量和通勤电力需求。光伏发电量需求满足率 DSR 在第一个月低于 20%，在第二和第三个月没有超过 80%。调研表明，用户大多保持传统的充电行为，他们通常在电动汽车的 SOC 低时连接到充电桩；然而，那时可能没有足够的光伏电力供应。此外，他们像往常一样预测充电结束时间，以便在电动汽车电池充满电之前停止充电。随着实验的进行，DSR 增加，并最终每个月都超过了 90%（平均为 96.1%），这意味着系统几乎可以满足用户的日常通勤需求。调研还表明，用户的充电行为发生了变化，他们只要电动汽车停放就使用充电桩，并在离开前断开连接。这种行为增加了电动汽车连接到充电桩的持续时间，减少了错过光伏电力充足时刻的可能性。

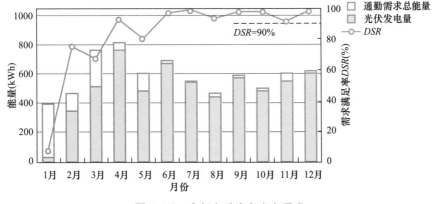

图 4.4-7　全年电动汽车充电需求

如图 4.4-8 所示，单次充电时间显著增加。最初，每月累计的充电持续时间少于 50h，

但最终稳定在大约 180h。平均单次充电时间从 2.0h 增加到 9.4h，表明电动汽车用户的充电行为从间歇性和短期充电转变为连续性和长期充电。这一变化还表明电动汽车用户对光伏充电系统的信任度增加。即使在加班没有离开办公室的情况下，电动汽车仍然连接到系统超过 20h。在传统的充电服务模式下，他们可能会中途停止工作并断开电动汽车与充电桩的连接。电动汽车连接时间的增长为能源灵活调节提供了更多机会。

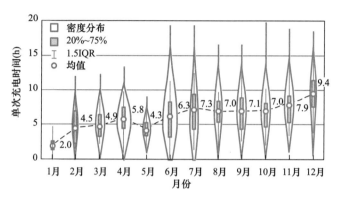

图 4.4-8　全年电动汽车充电时间分布

4.5　VBG 协同互动效果

4.5.1　车辆行为、建筑用电基本说明

车辆在不同地点之间转移、停留的行为是影响车辆在建筑内停留时间及与建筑进行能量互动的关键因素。为建立车辆出行模型，通过车辆定位数据获取车辆出行轨迹数据，以分析并了解车辆出行的规律与行为，进而优化能源管理策略。

城市尺度案例将利用车辆定位系统获取的北方某城市大量车辆实际出行轨迹进行分析[2]，通过行为模式识别对车辆长期停留地类型进行判断，最终获取给定数量的车辆实际可参与调控的建筑种类以及数量，为模拟仿真提供模型支撑。城市尺度案例计算框架如图 4.5-1 所示。

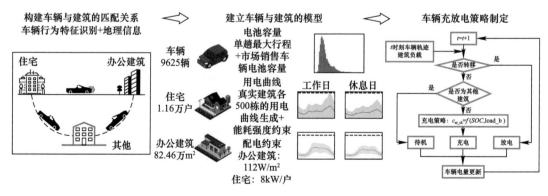

图 4.5-1　城市尺度案例计算框架

对每一辆车的轨迹的行为模式进行判断，最终的判断结果如图 4.5-2 所示，在数据集

中的 11590 辆车中，9625 辆车（83.0%）被确定为私家车，因为它们至少有一个具有住宅属性的访问地。确定的私家车率与 2021 年该城市所有车辆的实际值相近（81.9%）。进一步根据 9625 名私家车驾驶员的居住和工作地点的数量对其进行了分类，标记为"家：X+工作地：Y"。首先，它表明大多数汽车驾驶员属于"家：1+工作地：0"和"家：1+工作地：1"的类别，分别占 41.9% 和 39.8%。此外，图 4.5-2（b）所示的家数量不为 0，工作地数量为 0 的车主被视为非通勤者；图 4.5-2（c）所示的家数量不为 0，工作地数量不为 0 的车主被视为通勤者。9625 名私家车驾驶员中，47.1% 为非通勤者，52.9% 为通勤者。

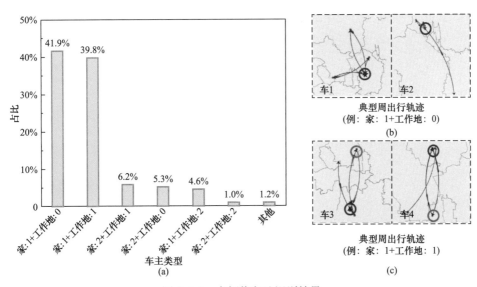

图 4.5-2　车辆停留地识别结果

图 4.5-3 为识别出的各类型私家车全天的位置分布示意图，其中除其他类型占比较多外，与根据大规模家庭调查问卷得到的结果一致。而其他类型占比较多的原因是识别过程中删去了代表商场购物等类型的短期停留地，而这部分停留地的停留时间较短，在这段时间内暂不考虑车辆与建筑的交互。

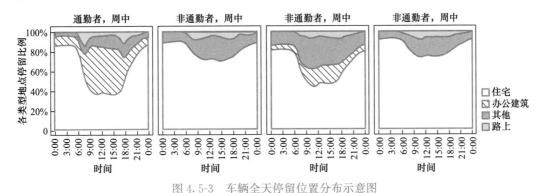

图 4.5-3　车辆全天停留位置分布示意图

确定车辆的行为模式后可以明确各时段与车辆进行能量交互的建筑数量及种类。为了进行车辆与建筑协同互动仿真，还需要确定各类型建筑的逐时用电数据。为了确定建筑全年用电曲线，首先生成不同建筑全年逐时用电曲线相对值，后续通过确定不同类型建筑的建筑能耗强度即可获得建筑全年逐时用电曲线。本案例中，根据 500 栋住宅、500 栋办公建筑的实际能耗随机生成了 1 万栋住宅、1 万栋办公建筑的 8760h 用电数据。首先通过季节特征因子、工作日/休息日平均日用电量、随机特征因子进行蒙特卡罗模拟，得到全年逐日用电量，再基于聚类分析给出典型日作息曲线，并逐时拟合得到典型曲线的分布带，得到日内逐时用电模型，即可确定全年逐日用电曲线相对值。最终生成的住宅、办公建筑全年用电曲线，如图 4.5-4 所示。用电特征表现为冬夏季用电多、过渡季用电少；住宅夜间用电多、日间用电少；办公建筑日间用电多，夜间用电少。不同类型建筑能耗根据《民用建筑能耗标准》GB/T 51161—2016 中综合电耗指标约束值来确定。根据住宅及办公建筑用电曲线及能耗强度即可得到建筑全年逐时用电曲线。

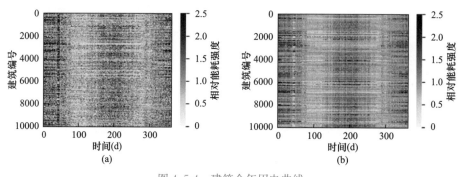

图 4.5-4　建筑全年用电曲线

（a）住宅；（b）办公建筑

4.5.2　协同互动的仿真

以车辆出行数据为基础，进行全年 5min 步长的逐时模拟仿真。通过车辆实际出行数据获取车辆全年各时刻停留地点建筑类型。根据前一节内容确定对应建筑的此时的建筑能耗以及配电容量约束，再根据相应指标对车辆进行充放电调控（只能在住宅、办公建筑中进行充放电），每辆车的具体调控流程如图 4.5-5 所示。

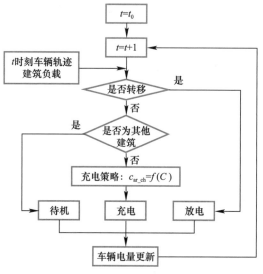

图 4.5-5　车辆调控流程图

仿真过程中若出现了车辆 SOC 低于 10％的情况，则进行 5min 时长的 80kW 快充补电，并根据全年补电次数计算车辆在行程中的保障率，补电次数越多，说明保障率越低：

$$\eta = 1 - \frac{补电次数}{全年时间间隔总数 \times 车辆数}$$

根据车辆是否利用建筑冗余配电以及是否受控充电分为以下四种充电策略：

充电策略 1：车辆停入建筑即可充电，使用独立充电桩。

充电策略 2：车辆停入建筑后即可充电，使用建筑配电。

充电策略 3：车辆充放电根据当前建筑负载进行调控，使用建筑配电，仅充电。

充电策略 4：车辆充放电根据当前建筑负载进行调控，使用建筑配电，可放电。

充电策略 1 不使用建筑配电，而使用独立充电桩，车辆停入建筑即可充电，车辆充电功率约束为充电桩功率约束：

$$P_{无序} = P_{慢充桩功率限制}$$

充电策略 2、3、4 为使用建筑配电的 VBG（Vehicle Building Grid）模式，根据车辆充电是否受建筑负载调控，分为无序充电模式、有序单向充电模式、有序双向充电模式。

无序充电模式：车辆充电功率约束为建筑配电减去建筑负载再除以当前时刻停留在该建筑内部的车辆数量，取该值与慢充桩充电功率之间的较小值：

$$P_{VBG无序} = \min[(P_{建筑配电} - P_{建筑负载})/N_{车辆}, P_{慢充桩功率限制}]$$

有序充电模式：车辆的充放电受建筑的统一调控，调控目标是减少以建筑—车辆构成的微电网全天从电网取电的峰谷差。根据过去 24h 内建筑总负载的均值与当前时刻负载值对车辆的充放电进行调控，利用过去 24h 内建筑总负载的均值乘以负载系数 1.2（车辆负载与建筑负载总和与建筑负载之间的比值）与建筑此时负载之差，将其折算至当前时刻停留在该建筑内的每一辆车上变为车辆目标充放电功率。目标充放电受充电桩功率约束后便是实际充放电量。

$$P_{VBG有序单向} = \text{clip}[(1.2 \times P_{建筑负载均值} - P_{建筑负载})/N_{车辆}, 0, P_{慢充桩功率限制}]$$
$$P_{VBG有序双向} = \text{clip}[(1.2 \times P_{建筑负载均值} - P_{建筑负载})/N_{车辆}, \pm P_{慢充桩功率限制}]$$

4.5.3　协同互动的效果

按照无序充电、VBG 无序、VBG 有序单向、VBG 有序双向充电模式对 1 万辆车进行全年逐时模拟。现对 VBG 协同互动效果进行分析。

利用建筑冗余配电可满足私家车辆充电需求：由图 4.5-6 可知，无序充电模式下车辆充电需求高峰时刻与建筑用电需求高峰时刻相同。同时发现，利用建筑冗余配电进行无序充电（VBG）与额外扩容安装慢充桩进行无序充电的效果基本一致，可以认为利用建筑冗余配电可以有效节省电动汽车充电扩容投资。

根据建筑负载对车辆进行调控，可有效转移车辆充电时段：由图 4.5-7、图 4.5-8 可知，在建筑根据自身负载调控下，VBG 有序单向充电及 VBG 有序双向充电均可有效转移车辆充电时段。可以看到，在有序单向充电模式下，相较于无序充电，车辆更加倾向于在 21:00 至第二天 6:00 进行充电，其余时刻少充电或不充电；在有序双向充电模式下，车辆在白天高峰时刻放电、在夜晚充电，总负载如图 4.5-8 中黑线所示，削峰填谷效果明显。

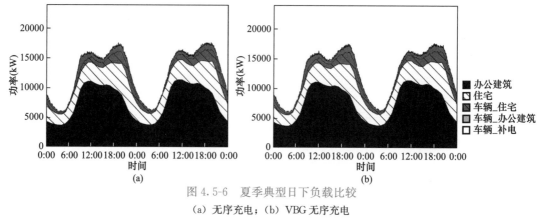

图 4.5-6　夏季典型日下负载比较

（a）无序充电；（b）VBG 无序充电

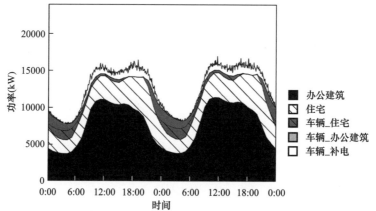

图 4.5-7　夏季典型日下 VBG 有序单向充电

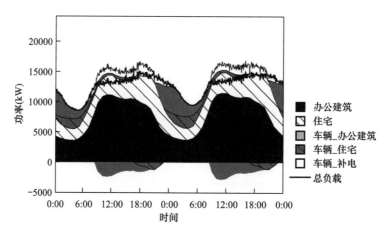

图 4.5-8　夏季典型日下 VBG 有序双向充电

有序调控可以在保障率较高的前提下降低峰谷差。结果表明，不同充电策略下全年车辆保障率均较高，在 99％以上。图 4.5-9 给出了车辆处于不同充放电策略下，建筑和车辆充电需求负载全年的日均峰谷差。可以得到，VBG 有序单向充电可使日均峰谷差减少 22.3％，有序双向充电可使日均峰谷差减少 57.4％。该结果表明，VBG 协同互动在有序充放电的前提下可以有效降低峰谷差。

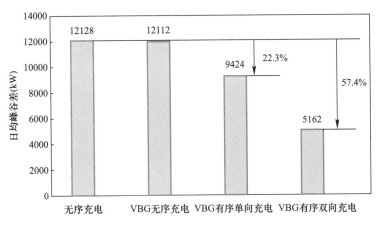

图 4.5-9　不同充电策略下全年日均峰谷差

4.6　VBG 研究与发展展望

构建低碳能源系统需要在供需两侧协同发力，建筑、电动汽车等是重要的终端用能载体。"双碳"目标驱动下二者转变为能源系统的有效调蓄者，实现建筑、车、电网的协同互动（VBG），对构建低碳甚至零碳能源系统具有重要意义。目前对这一领域的研究尚处于起步阶段，在基本理念、系统架构、关键产品、工程实践等多方面尚待开展进一步深入研究（图 4.6-1）。

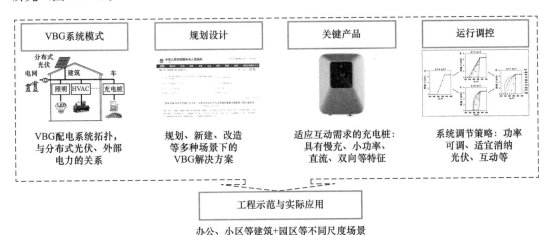

图 4.6-1　建筑—车—电网（VBG）协同互动研究展望

（1）在基本特征方面，需要进一步研究建筑、电动汽车基本用电特征与用电需求，需要对建筑与周边车辆的关联规律进一步刻画，揭示车辆在不同建筑间的转移及停留规律，深入挖掘典型建筑周围的停车数量、停车时间、充电需求、放电意愿等信息，研究建筑未来用电需求的变化规律、充电基础设施进一步完备后的电动汽车充电行为规律，建立以建筑为中心的车辆停留行为与充放电特征分析方法；研究随着未来能源供给侧结构变化与终端侧电气化水平进一步提高，建筑、电动汽车作为两大终端用电领域所具有的柔性用电能力和互补协同潜力，揭示未来终端用户侧可为电网提供的能量调储能力。

（2）在系统模式方面，需要进一步研究"建筑—车—电网"的能量交互模式，进一步提出针对不同场景下的 VBG 系统方案，研究在不同功能建筑场景下电动汽车的充电需求、使用规律，研究建筑配电系统与电动汽车（含充电桩）互联互通的能量交互方法、技术实现方式，研究适合车、建筑、电网之间协同的不同方案、不同建筑场景下的系统配置情况。在发展适宜的系统模式时，还需要关注使用者习惯与行为模式的影响，解决使用者充放电意愿的问题，例如，使用者对充电调节可接受，但对电动汽车参与放电的模式是否有更好的接受程度，需要探讨；可通过免费充电等使用模式来调动使用者参与放电的积极性。

（3）在规划设计方面，需要在规划层面明确推动建筑、车与电网之间协同的基本任务及可实施技术路径，作为区域内建筑、交通、能源系统等规划的重要组成内容，需要根据新建、改建场景确定相应的协同互动规划方案，研究与电动汽车发展趋势、电力系统低碳化发展趋势相适应的建筑级/区域级充电桩布局规划及合理发展路径。研究如何将"一位一桩"等利于 VBG 的停车位布置模式应用到实际建筑、区域中，设计上需要打通建筑配电/机电系统设计与充电桩设计，提出相应设计指标、设计标准，将建筑内停车位规划、配电容量设计与电力系统协同互动目标密切关联，提供可操作的设计方法指引。

（4）在关键产品方面，需要开发能够满足 VBG 协同互动需求的充电桩产品。充电桩是联系建筑配电系统与电动汽车蓄电池之间的重要纽带，是实现建筑—车—电网协同互动的关键接口，需要开发适应 VBG 友好互动的充电桩。例如充电桩需能满足车与建筑互动、充分消纳建筑自身光伏等需求，在保障充电功能的基础上可以根据建筑配电系统的指令实现与电动汽车之间互动，具有直流、慢充、双向充放电等基本功能，并对充电桩的运行控制逻辑进行优化，即插即充放，但可实现有序充放电，使得电动汽车真正能成为与建筑配电系统互联互通的有效可调终端，充分发挥电动汽车蓄电池的灵活调蓄能力。

（5）在运行调控方面，需要对 VBG 系统中的响应顺序、调节策略进行区分。车、建筑都是能源系统的终端用户，其可利用的调节能力需要相应的调节顺序、指令来执行与电网的互动。VBG 模式下可利用建筑内的储能手段，也可以利用电动汽车作为调节手段，建筑、车的使用保障需求也不同，不同可调手段对应的可调节能力也有所差别，建筑内可利用手段的调节顺序、建筑与车的调节响应顺序如何，电力系统给出的响应指令变化时是否会影响调节的顺序和效果，如何根据与电网的互动目标来指引建筑与车一起来协同调节，从而实现比单独调节车、单独调节建筑更好的响应效果，是实现合理调控、充分发挥"车＋建筑"综合协同效果的必答题。

（6）在示范应用和工程实践方面，需要面向建筑与电动汽车结合的场景进行实践探索，对不同功能的建筑场景，如办公建筑、商业建筑、住宅中车与建筑的能量互动系统模式、规划设计与系统落地方案等开展针对性研究，对城市能源系统的终端侧协同提供各类实践案例；针对区域级建筑场景，可寻求区域内车辆与区域内多个/多类建筑之间的有效能源互动，实现区域内可再生能源完全消纳、以区域为节点与外部电网更好地互动等目标；也可针对乡村建筑中建筑与各类农用车辆的互动寻求解决方案，助力构建新型乡村能源系统。一些特殊场景如机场航站楼、物流园区等，也可探索将其中具有重要功能的车辆电动化后与其建筑能源系统、区域内光伏等可再生能源之间的协同互动，将能源系统调蓄任务统一纳入区域内车辆的调度管理，更好地打造区域级建筑、车辆协同的系统示范应用场景。

本章参考文献

［1］　LIU X C，FU Z，QIU S Y，et al. Building-centric investigation into electric vehicle behavior：A survey-based simulation method for charging system design［J］. Energy，2023，271（5）：127010.

［2］　SU Z H，LIU X C，LI H，et al. A vehicle trajectory-based parking location recognition and inference method：Considering both travel action and intention［J］. Submitted Cities and Society，2025，119：106088.

［3］　PHILIPSEN R，BRELL T，BROST W，et al. Running on empty-users' charging behavior of electric vehicles versus traditional refueling［J］. Transportation Research Part F：Traffic Psychology and Behaviour，2018，59（11）：475-492.

［4］　SPREI F，KEMPTON W. Mental models guide electric vehicle charging［J］. Energy，2024，292（4）：130430.

［5］　FU Z，LIU X C，ZHANG J，et al. Orderly solar charging of electric vehicles and its impact on charging behavior：A year-round field experiment［J］. Applied Energy，2025，381：125211.

［6］　中国汽车动力电池产业创新联盟. 动力电池数据［R］. 北京：中国汽车动力电池产业创新联盟，2023.

［7］　ZHANG X，ZOU Y，FAN J，et al. Usage pattern analysis of Beijing private electric vehicles based on real-world data［J］. Energy，2019，167（1）：1074-1085.

第5章 光储直柔系统设计与容量优化配置

5.1 系统设计方法

5.1.1 系统设计流程

在传统建筑中，交流供配电系统的设计需要综合考虑建筑的用电需求、供电系统选择、设备选型以及系统的可靠性。交流供配电系统设计流程示意如图 5.1-1 所示。首先，应对建筑的负荷需求进行分析，确定建筑内各类用电设备（如照明、空调、电梯、办公设备和电动汽车充电设施等）的功率需求、使用时间及用电模式，通过负荷统计，估算出峰值负荷，为配电系统的设计提供基础数据。接着，需要选择合适的供电系统。根据建筑类型、负荷特性及当地供电条件，选择适当的供电电压等级（如低压 380V 或高压 10kV）。在电气主接线设计方面，需依据建筑规模和用电需求选择合理的配电方式。常见的接线形式包括单母线分段、双母线系统等，以提高系统的灵活性和冗余性。低压配电网络通常采用树干式、放射式和混合式结构，以实现高效的供电分配，同时保证各区域在故障情况下仍可切换至备用电源。变配电设备的选型是供配电系统设计的核心。在考虑系统无功功率补偿和安全系数、负荷统计的基础上，选择合适的变压器（断路器和配电柜等）容量，使其能够满足建筑的峰值负荷，且具备高效、低损耗的特性，降低投资和运行成本。电缆的选型与敷设是确保电能传输安全的关键步骤，根据负荷容量、环境温度及敷设方式选择合

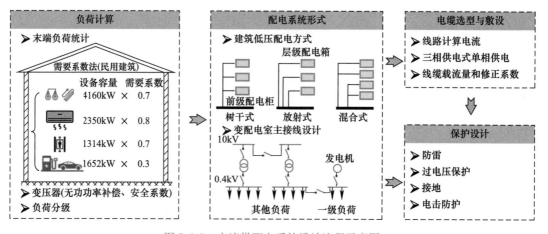

图 5.1-1 交流供配电系统设计流程示意图

适的电缆型号和截面积，以防止电缆在运行中出现过热或电压降过大的情况。此外，也需要对配电系统进行防雷、过电压保护、接地与电击防护等电气系统保护设计。总体而言，建筑交流供配电系统设计需综合平衡负荷需求、系统安全和运行效率，通过合理的设计与配置，确保系统在满足建筑需求的同时具备可靠性、稳定性与经济性。

一种典型的建筑光储直柔系统架构如图 5.1-2 所示，建筑低压配电系统采用直流配电的形式，以直流母线为核心架构，将光伏发电、储能装置以及建筑内部各类负荷紧密相连。光储直柔系统通过 AC/DC 变换器实现外部交流电网与建筑内部直流微电网的能量交互，该变换器将来自交流电网的交流电整流为一定电压等级的直流电为系统供电，同时在系统光伏发电量富余时将直流电转变为交流电输出至交流电网。光伏组件产生的直流电经过 DC/DC 变换器的精准调控，可有效将发电侧的直流电压转换为适配的直流母线电压，并平稳注入直流母线系统。在该系统中，空调等直流设备以及交直流通用的电器设备均与直流母线相连接，照明等小功率直流电器则通过一个额外配置的 DC/DC 变换器与母线连接，负责将直流母线上的 375V 直流电压转换为 48V 的直流电压，以满足其需求。针对分布式储能装置与电动汽车充电桩，同样采用 DC/DC 变换器进行精准管理，实现对储能装置充放电功率及电动汽车充电功率的灵活调控。

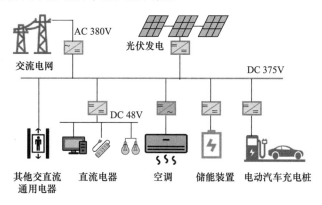

图 5.1-2　典型的建筑光储直柔系统架构

相较于传统的建筑交流配电系统，光储直柔系统需要额外进行直流配电拓扑结构的优化设计，涵盖光伏、储能、变换器等关键设备的容量配置及柔性控制系统的构建。首先，根据建筑的负荷类型与供电需求，结合直流配电的功率损耗，设计合适的微网形态（如全直流微网或交直流混合微网）和直流电压等级（如 375V、750V 等）。在容量配置方面，光伏发电量主要受建筑屋顶面积、光照条件及方位角等因素影响，一般遵循"应装尽装"原则进行配置，以使光伏发电量最大化；储能装置作为系统中的核心部件，承担电能存储与波动调节的关键功能。储能装置容量配置需经优化，以在平抑光伏波动的同时，确保负荷侧具有足够的备用电力，根据系统的设计目标计算出最优储能容量，从而提升系统的经济性与稳定性。柔性控制系统通过协调光伏、储能和负荷之间的功率流，实现系统的动态能量管理。该系统需基于能量管理算法与控制策略设计，实时调节储能装置的充放电状态及电力分配，依据实际负荷需求和光伏发电情况，灵活实现电力平衡，提升能源利用效率。与交流配电系统的设计要求相似，直流配电系统的设计需选择合适的直流断路器、接触器，进行系统电气保护设计，以确保系统的安全性与可靠性，同时兼顾设备之间的互联性与兼容性。

5.1.2　电压等级选择

针对直流配电系统电压等级的选择，国内外已经进行了大量研究和实践。从系统应用的角度，电压等级的选择应遵循以下原则：一是简洁性，用尽可能少的电压等级满足尽可能多的用电设备需求；二是节能性，尽可能选择更高的电压，降低电流，减少线缆截面面积和线路损耗；三是安全性，避免电击事故可能带来的人身伤害。

从简洁性的原则出发，希望更多的用电设备能够工作在所选择的电压等级上。目前民用建筑中，用电设备和电器功率呈现两极分化的趋势。一方面，随着建筑电气化的深入，在低压配电侧大功率设备越来越多，例如几千瓦到几十千瓦的电炊事、电供暖和充电桩等设备；另一方面，随着信息化水平提升，消费电子产品日益增多，几十瓦到几百瓦的小功率设备也越来越多，例如计算机、手机等通信设备。用电设备功率的两极化也对电压等级提出了新的要求。采用高、低压两级电压母线，高电压等级追求效率，在产业能支撑的情况下尽可能高，以降低线损，实现节能；低电压等级强调安全，在安全防护范围内，满足供电能力基本要求。

为了更好地适应用户和不同类型设备需求，直流配电系统可以采用多级电压，但电压等级过多，也会增加系统的复杂性，电击防护和现场维护也会面临更多的问题。《民用建筑直流配电设计标准》T/CABEE 030—2022[1]综合考虑建筑用电负荷容量、配电距离、用电设备发展趋势及产业支撑，以及系统安全性等因素，推荐采用 DC 750V、DC 375V 和 DC 48V 三个电压等级。

DC 750V 电压较高，供电能力较强，可以满足大功率和远距离供电要求，同时变换器工作效率较高，有助于提高空调和充电桩等大功率设备能效，大功率建筑分布式光伏系统以及 15kW 以上的大功率设备宜采用 DC 750V。DC 375V 的供电能力接近 AC 220V 的 3 倍，在采取必要防护措施的前提下，电击事故危险相比 AC 220V 更低，适用于大多数日常工作和生活场所的要求。对于用电安全有特殊性要求且用电功率较小的场所或设备，可采用特低电压 DC 48V。

5.1.3　接线和接地形式选择

直流系统电源中性点引出中性极时称为双极直流系统，不引出中性极时称为单极直流系统，如图 5.1-3 所示。单极直流系统包括正极（L＋）和负极（L－），只能为用电设备

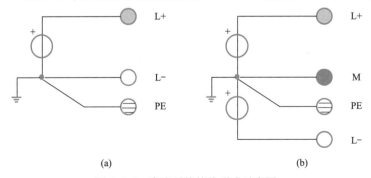

图 5.1-3　直流系统接线形式示意图

（a）单极直流系统；（b）双极直流系统

提供一种电压。双极直流系统包括正极（L+）、负极（L−）和中性极（M），可以提供两种电压。

单极母线架构结构简单、控制方便，在交直流变换器成本方面也比双极母线低，适合负荷功率均匀的场合。单极母线提供单一电压等级，对于不同电压等级的需求，要采用分层母线形式，增加了变换器数量和配电层级。双极母线能够提供两种电压，采用双极母线的系统能够正负两极独立运行，为用户负载接入提供了更大的灵活性和可靠性，适用于供电区域较大、负荷容量差异大的场合；但双极母线在负荷平衡、系统控制以及运行维护上难度会显著增加。根据工程实践情况，民用建筑中绝大多数场所采用单一电压等级（DC 375V 或 DC 750V）即可满足用电设备的要求，因而《民用建筑直流配电设计标准》T/CABEE 030—2022[1] 推荐直流配电系统采用单极结构。

直流配电系统中有 IT、TN 和 TT 三种典型接地形式。实际设计中，需要顾及供电可靠性、设备情况、过电压保护、人身安全、故障保护和电磁兼容性等多种因素来综合考虑接地故障保护要求，以确定选用何种接地形式。从系统架构来看，建筑低压直流配电系统接地可采用 IT 或 TN 形式。如果采用 IT 形式，由于直流母线和大地之间存在共模电压，需要合理配置接地电阻，避免共模电压对人体造成伤害；同时推荐采用隔离型交直流变换器，将直流配电系统与交流配电系统隔离开，形成独立的电气系统，既能避免交流窜入造成直流系统和交直流系统相互影响，还可以大大降低偶然故障带来的电击危险。此外，直流母线还应具备绝缘监测功能。如果采用 TN 形式，在直流剩余电流保护器产品还不成熟的情况下，可以尽量选择低接地电阻的 TN 形式，接地故障时用断路器来自动切换电源。

5.1.4　系统保护设计

直流配电系统的保护包括电击防护、过流保护和电压保护。

直流配电系统的电击防护包括基本保护、故障保护和特殊情况下采用的附加保护。除了系统采用 DC 48V 安全特低压可以不考虑基本防护外，其余系统均应采用基本保护和故障保护兼有的保护措施。在系统设计时，DC 750V 主要用于建筑光伏、储能，以及中央空调和充电桩等大功率用电设备，由于电压等级高，触电危险大，对电击防护要求更高，因而不宜布置在人员频繁活动区域，同时要求 DC 750V 电压等级的配电和用电设备配置用电安全标识。为了避免 PE 线断线等故障带来的安全隐患，在设计时应对 DC 750V 用电设备采取重复接地的形式，以降低电击事故危险。在发生接地故障和电击故障时，直流配电系统中可能出现直流剩余电流，因而在系统中配置直流剩余电流保护装置也可起到保护效果。

在直流配电系统中，设备投切、工作模式切换和短路等情况都会引起过流，造成电压暂降和波动，严重时甚至触发设备过流保护，引起连锁反应，导致系统崩溃。因而在系统设计时需要系统具备过流保护功能。另外，直流配电系统工况比较复杂，为避免过电流保护过于敏感而影响供电可靠性，如果过电流情况不太严重，不会对系统电能质量和设备造成不利影响，就不必触发保护动作。《民用建筑直流配电设计标准》T/CABEE 030—2022[1] 规定，直流配电系统在电流不超过 110% 额定电流，持续时间不超过 10s 的情况下应保持正常运行。电能变换器作为电力电子设备，在直流配电系统过流保护中起到重要作用。

电压是直流配电系统中最重要的电能质量指标，系统设计时应针对过压和欠压等电压异常设置保护功能。引起过压和欠压的原因不同，电压偏差和持续时间不同，影响也不一样，需要采取不同的应对措施。对于持续时间不超过10s的暂态电压变动，一般是由于系统工作模式切换、设备投切等原因引起，大部分情况下系统仍可以通过功率调度等方法恢复正常电压。为提高系统应对功率和电压扰动的鲁棒性，如果暂态电压跌落至额定电压的70%~80%，系统应维持正常运行，不执行欠压和过压保护动作。对于持续时间不超过10ms的暂态或瞬态电压变动，一般是由于短路故障、设备接通冲击电流等原因引起，系统仍有可能通过变换器和系统的控制保护功能恢复正常电压。为提高系统在功率和电压扰动情况下的供电可靠性，在电压跌落至额定电压的20%~70%，但持续时间不超过10ms时，建议重要电源设备仍能保持连续运行，不执行欠压和过压保护动作。

5.2 系统拓扑结构确定

5.2.1 典型拓扑结构

光储直柔系统的拓扑结构显著影响其效率和成本。在建筑配电系统中，直流化程度和直流电压等级是决定光储直柔系统拓扑结构的两大关键因素。为实现最优的能源管理，可在全交流微网与全直流电网之间选择交直流混合拓扑结构。目前，直流电压等级的国际标准尚未统一，文献和工程实践中常见的标称电压值存在差异。其中，DC 750V 和 DC 375V 是两种主要的直流母线电压等级，而 DC 48V 则常用于为分布式低功耗设备供电。基于上述分类原则，建筑配电系统的拓扑结构可划分为图 5.2-1 所示五种类型，为光储直柔系统的设计和优化提供参考。

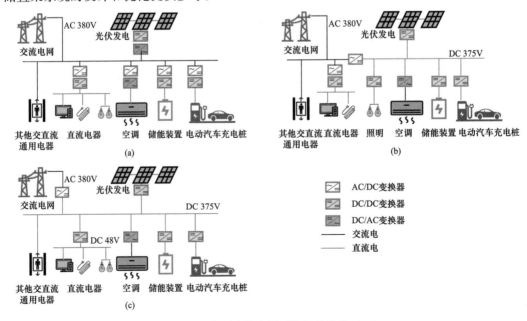

图 5.2-1 典型光储直柔系统拓扑结构（一）
（a）AC（全交流）；（b）HY（交直流混合）；（c）DC 375（直流 375V）

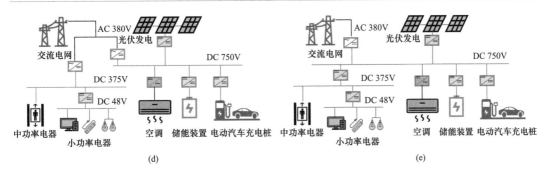

图 5.2-1　典型光储直柔系统拓扑结构（二）
(d) DC 750V＋375V（直流 750V 与 375V 混合）；(e) DC 750V（直流 750V）

AC（全交流）：配电系统完全基于交流电进行构建，未引入直流成分。

HY（交直流混合）：配电系统同时包含交流和直流成分，以实现更灵活的能源管理和分配。

DC 375V（直流 375V）：配电系统以 375V 直流电压为主要等级。

DC 750V＋375V（750V 与 375V 直流混合）、DC 750V（直流 750V）：配电系统以 750V 直流电压为主要等级，适用于大功率直流负载、光伏和储能，同时兼容中等规模负载，具有更高的能源传输效率。

交流与直流拓扑的终端设备与母线连接方式存在明显差异。光伏发电和储能装置作为本地直流电源，在能源供应中占据重要地位。为了评估交流与直流配电系统的能效，假设建筑内所有电器设备均具备直接从直流电源获取电力的潜力。随着直流技术的不断发展，现有的交流设备可能会逐步转向直流供电。变频驱动设备，如空调和制冷系统，通常包含整流和逆变过程。采用专门设计的直流变频驱动可以优化电机负载的功率调节，提高转换效率。电动汽车作为移动式储能装置和原生直流负载，正在改变交通领域的能源使用方式。同时，LED 照明设备和电子产品已广泛采用直流供电，直接接入 48V 直流配电系统，可减少对整流器的需求。

从拓扑分类的角度看，不同直流配电拓扑结构的特性如下：光伏、储能装置以及大功率设备（如空调和电动汽车）通常连接至交流母线或高压直流母线；48V 直流配电主要为低功率电器设备（如 LED 灯具、办公设备等）提供电力；中等功率电器设备可由 375V 直流配电供电。在 DC 750V＋375V 与 DC 750V 两种拓扑结构中，375V 配电的转换来源有所不同，前者通过交流 380V 转换得到，后者则由直流 750V 母线转换得到。表 5.2-1 列出了各关键设备在不同配电拓扑结构中的具体电压等级。

不同配电拓扑结构中关键设备电压等级　　　　　　　　表 5.2-1

电压等级	母线	光伏/储能	电动汽车/空调	照明	插座	中等功率设备
AC	AC 380V					
HY	DC 375V			DC 48V	AC 380V	
DC 375V	DC 375V			DC 48V	DC 375V	
DC 750V＋375V	DC 750V 与 DC 375V	DC 750V		DC 48V	DC 375V	
DC 750V	DC 750V			DC 48V	DC 375V	

5.2.2　拓扑设计目标和计算方法

建筑直流微网系统的能量平衡分析如式（5.2-1）～式（5.2-3）所示，电网、光伏以及储能装置共同构成了供给侧的电源。建筑内部的用电负荷涵盖了空调系统、照明设施、插座供电、中等功率家电以及电动汽车，这些用电负荷与系统母线连接实现电力交互与分配。在经历了一系列能量转换与传输过程中的损耗后，光伏所产生的电能优先用于满足建筑内部的各项用电需求。当光伏发电量超出实际需求时，多余的电量将被储能装置储存起来，或在条件允许的情况下，通过电网回馈机制输送回电网，实现能源的灵活调度与高效利用。相反，当光伏发电量不足以满足建筑负荷时，储能装置将释放其储存的电量进行补充，同时，系统亦会从电网中引入额外的电力，以确保电力供应的稳定性。值得注意的是，除了直接满足建筑本地负荷外，供给侧还需额外承担由系统内部损耗所带来的能源需求。图 5.2-2 揭示了光储直柔系统运行过程中的能量传输过程，电能经过变换器转换和线

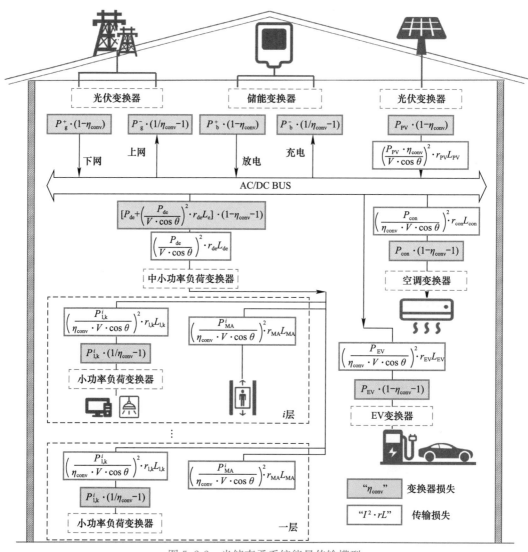

图 5.2-2　光储直柔系统能量传输模型

缆传输后被供给至建筑用电负荷。系统运行损耗主要包括电力电子设备在能量转换过程中产生的转换损耗，以及配电网络中电缆电阻导致的传输损耗。这些损耗沿着电力的流动路径依次累积，进而增加了对电力供应源头的需求。

$$P_g + P_b + P_{PV} + P_{load} + P_{loss} = 0 \tag{5.2-1}$$

$$P_{load} = P_{Con} + P_{Light} + P_{Socket} + P_{MA} + P_{EV} \tag{5.2-2}$$

$$P_{loss} = \sum L_{conv}^{i} + \sum L_{tra}^{j} \tag{5.2-3}$$

式中　P_g——建筑与电网交互功率，kW；

P_b——储能电池的运行功率，kW；

P_{PV}——光伏发电功率，kW；

P_{load}——建筑的总负荷功率，kW；

P_{loss}——系统的损耗功率，由变换器损耗（L_{conv}）和电缆传输损耗（L_{tra}）组成，kW。

$$L_{conv} = P_{in}(1 - \eta_c) \tag{5.2-4}$$

$$L_{tra} = \left(\frac{P}{U}\right)^2 \cdot rl_{line} \tag{5.2-5}$$

式中　L_{conv}——变换器损耗，kW；

P_{in}——变换器的输入功率，kW；

η_c——变换器效率，kW；

L_{tra}——电缆传输损耗，kW；

P——电缆的传输功率，kW；

U——电缆的配电电压，V；

r——电缆电阻值，Ω；

l_{line}——电缆长度，m。

系统运行过程中的配电损耗主要包括变换器损耗和传输损耗两类。变换器损耗主要源于电力转换过程中的能量转换效率；传输损耗则是指在电能从光伏组件经过储能装置、变换器最终到达建筑负荷的过程中，由于导线电阻等造成的能量损耗。变换器损耗主要取决于其自身运行效率，而变换器效率和负荷率高度相关。图 5.2-3 整理了光储直柔系统中几类关键变换器的典型效率曲线。相比

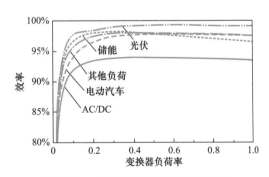

图 5.2-3　几类变换器的典型效率曲线

于额定工况，各变换器在低负荷率段时效率急剧降低。在配电系统设计阶段，拓扑结构规划决定了输配电线路所需承载的电功率基础，基于预期的峰值功率与既定的配电电压，导线规格的选择得以精确化进行，所需导线的具体长度由拓扑结构和几何位置决定。针对不同的支路，动态传输损耗功率计算则需综合考虑设计参数和实时的电力输送功率，具体如式（5.2-5）所示。

为了评估建筑运行过程中的供配电损耗，定义传输损耗率 $Loss_{all}$ 如下：

$$Loss_{all} = \frac{E_{conv} + E_{tra}}{E_{load}} \times 100\% \tag{5.2-6}$$

式中 E_{load}——建筑负荷全年用电量，kWh；

E_{conv} 和 E_{tra}——分别是系统全年运行的变换器损失电量和传输损失电量，kWh。

为提升设计结果的适用性，配置的光伏规模与储能装置容量均通过建筑的年总用电量和平均每小时用电量进行归一化处理，如式（5.2-7）和式（5.2-8）所示。由于大功率设备（如空调、电动汽车）始终连接在配电网络中的高压母线上，这会对相关负载的能量损耗产生影响。为分析这些负载对系统技术性能的影响，大功率负载的电能消耗比例如式（5.2-9）所示。

$$R_{\text{PV}} = \frac{E_{\text{PV}}}{E_{\text{load}}} \times 100\% \tag{5.2-7}$$

$$E_{\text{bat}} = \frac{Cap_{\text{b}}}{E_{\text{load}}/8760} \tag{5.2-8}$$

$$R_{\text{HD}} = \frac{E_{\text{Con}} + E_{\text{EV}}}{E_{\text{load}}} \times 100\% \tag{5.2-9}$$

式中 Cap_{b}——储能装置额定容量，kWh；

R_{PV} 和 E_{bat}——归一化的光伏和储能装置容量，单位分别为无量纲、kWh；

E_{PV}——光伏全年发电量，kWh；

R_{HD}——大功率电动汽车的电能消耗占比；

E_{Con} 和 E_{EV}——分别是全年空调和电动汽车用电量，kWh。

5.2.3 设计结果

选取一栋位于北京的办公建筑作为分析对象，建筑面积为 3200m²，年负荷密度为 109.6kWh/(m²·a)，其直流电器的用电功率在日内波动较为剧烈，日间变化趋势并不显著，电动汽车的功率变化呈现出以工作周为周期的波动，而建筑负荷的峰值功率在制冷季尤为突出，对应的容量指标 R_{PV} 和 R_{HD} 分别为 20% 和 31%。在本书的后续分析中，将通过比例缩放调整各类电气负荷和光伏输出数据，以研究光伏出力占比和大功率负载占比对系统性能的影响。变换器容量和电缆规格将依据建筑规模及用电数据的变化而调整。

全年各时段的能量损耗分布情况如图 5.2-4 所示，图中揭示了不同拓扑结构下变换器的损耗和传输损耗特性。具体而言，各拓扑结构的变换器损耗主要集中于日间办公时段，特别是在制冷季节，这一规律与办公建筑的实际使用模式高度吻合。在 0:00～8:00 的非办公时段，交流系统的变换器损耗相较于几类直流系统及混合系统而言，呈现出显著的降低趋势。值得注意的是，HY 系统在所有拓扑结构中展现出了最低的变换器损耗峰值，表现出优异的能效特性。进一步分析发现，由于 DC 750V＋375V 及 DC 750V 系统涉及额外的电压转换环节（即由 750V 转至 375V），其变换器损耗相较于其他拓扑结构而言，呈现出更为显著的增加态势。此外，在 0:00～8:00 以及 22:00～24:00 这两个非高峰时段内，传输损耗几乎可忽略不计，接近于零。而传输损耗的峰值则主要集中于白天 10:00～13:00；在此期间，DC 750V 系统展现出了相较于 DC 375V 系统及 AC 系统更为优越的性能，传输损耗控制更为出色。总能量损耗的对比如图 5.2-5 所示。传输损耗约占变换器损耗的 21%。AC 系统、HY 系统、DC 375V 系统、DC 750V＋375V 系统和

DC 750V 系统的 $Loss_{all}$ 分别为 7.2%、5.0%、7.6%、8.2% 和 9.0%。其中，HY 系统的能量损耗最低，而 DC 750V 系统的能量损耗最高。

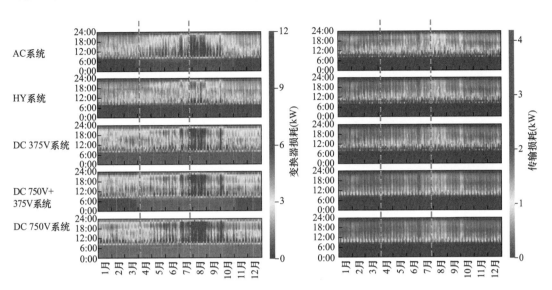

图 5.2-4　全年各时段的能量损耗分布情况

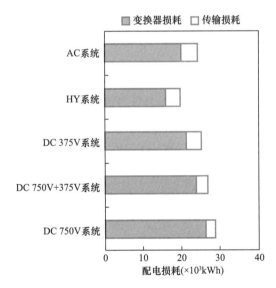

图 5.2-5　典型工况下不同拓扑结构的总能量损耗对比

图 5.2-6 和图 5.2-7 选取了两个具有代表性的运行日数据进行了深入剖析，分别用以表征光伏发电量充裕与不足两种典型的运行工况。具体而言，在 4 月 5 日的 8:00~16:00 时段内，当光伏发电量接近甚至满足用电需求时，DC 375V 系统的变换器损耗相较于其他拓扑结构而言呈现出较低水平。然而，在 4 月 5 日的其余办公时段以及 7 月 29 日的整个办公时段内，当用电需求显著超出光伏发电量时，HY 系统则展现出了最低的变换器损耗。这一现象可归因于 HY 系统与 DC 375V 系统中光伏发电直接供给负荷的能力，这一特性

有效减少了变换器的使用频次，进而降低了因交流—直流转换过程而产生的损耗。尤其值得注意的是，HY 系统在低光伏渗透率条件下表现尤为突出，能够高效整合有限的光伏发

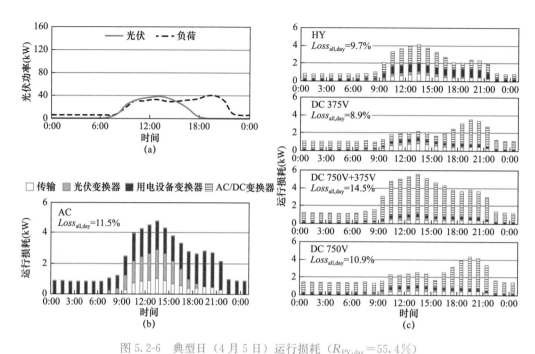

图 5.2-6　典型日（4 月 5 日）运行损耗（$R_{PV.day}$＝55.4％）

（a）光伏和负荷功率；（b）交流拓扑运行损耗；（c）交直流混连和其他直流拓扑运行损耗

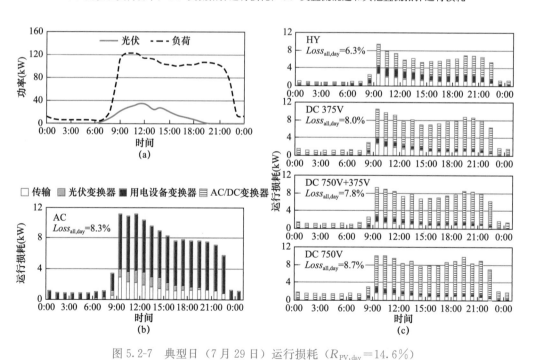

图 5.2-7　典型日（7 月 29 日）运行损耗（$R_{PV.day}$＝14.6％）

（a）光伏和负荷功率；（b）交流拓扑运行损耗；（c）交直流混连和其他直流拓扑运行损耗

电量与直流负载的消耗需求。进一步分析图 5.2-7 可知,两个 DC 750V 系统在传输损耗方面相较于 AC 系统、HY 系统以及 DC 375V 系统而言具有明显优势,这一优势主要得益于其较高的配电电压。特别是在 7 月 29 日,随着负荷消耗的持续增加,各系统的日传输总损耗也相应上升。在此背景下,HY 系统与 DC 375V 系统的优势在于能够直接利用直流光伏电力,从而大幅度减少变换器损耗;而 DC 750V+375V 系统与 DC 750V 系统则凭借其高配电电压特性,在降低传输损耗方面展现出显著优势。综上所述,不同拓扑结构在特定运行条件下均展现出各自独特的优势与适用性。

根据上述对于典型日的运行结果分析,光伏容量(R_{PV})与储能装置容量(E_{bat})会显著影响建筑与电网之间关键 AC/DC 变换器的运行状态。由于这些拓扑结构中高功率设备的运行电压不同,不同的 R_{HD} 会进一步对传输损耗造成影响。本节主要探讨 R_{PV}、R_{HD} 及 E_{bat} 对系统整体损耗的具体影响。图 5.2-8 展示了不同 R_{PV} 下的运行结果。随着 R_{PV} 的增大,五种拓扑结构的变换器损耗均呈现上升趋势,而传输损耗则先减小后增大。特别地,当 $R_{PV}=12\%$ 时,HY 系统的损耗最低,此时三种直流系统的 $Loss_{all}$ 甚至高于 AC 系统。然而,随着光伏容量的增加,直流系统的优势逐渐凸显。当 R_{PV} 达到 150% 时,DC 375V 在配电效率上表现最优。尽管 DC 750V 和 DC 750V+375V 系统涉及额外的电压转换步骤(即从 750V 转换至 375V),但 DC 750V 系统的能量损耗仍低于 AC 系统。显然,由于采用了较高的配电电压,DC 750V+375V 系统和 DC 750V 系统的传输损耗得到了有效降低。然而,在考虑变换器损耗时,DC 750V+375V 和 DC 750V 系统的效率仍明显低于 DC 375V 系统。因此,在 DC 750V 系统展现出更显著的传输优势时,DC 750V+375V 和 DC 750V 系统的整体运行效率有可能超越 DC 375V 系统。图 5.2-9 给出了在 R_{PV} 为 150% 的情况下,不同 R_{HD} 对系统运行损耗的影响。当 R_{HD} 取值较大时,各直流拓扑结构的变换器损耗差异相对较小。随着 R_{HD} 的增大,总传输损耗逐渐上升,且 DC 750V 系统的传输优势愈发明显。特别是当 R_{HD} 达到 80% 时,DC 750V 系统的总能量损耗低于 DC 375V 和 DC 750V+375V 系统,显示出其在高 R_{HD} 条件下的优越性能。

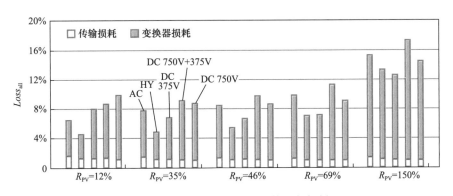

图 5.2-8　不同光伏容量下系统运行损耗

图 5.2-10 详细探究了储能装置容量在四种特定场景(每种场景均包含两种典型的光伏容量 R_{PV} 与大功率负载占比 R_{HD})下对运行损耗的具体影响。当 R_{PV} 为 20% 时,储能装置容量的增加对系统效率的影响微乎其微。这主要是因为光伏发电几乎全部被建筑负荷直接消耗,导致储能装置的作用并不显著。总体而言,随着光伏容量的提升,增大储能装

置容量能够明显降低 HY 系统及三种直流系统的能量损耗，而 AC 系统的能量损耗则有所上升。在直流侧，蓄电池能够吸收光伏发电产生的多余直流电量，并随后将其供给直流负荷。这一过程有效减少了建筑与交流电网之间的 AC/DC 转换需求及其伴随的能量损耗，从而提升了系统的整体能效。相较于 DC 375V 系统与 DC 750V 系统，HY 系统与 DC 750V＋375V 系统在增大储能装置容量以提升系统效率方面的效果相对较弱。这主要是由于在 HY 系统与 DC 750V＋375V 系统中，当储能装置向 HY 系统的交流侧或 DC 750V＋375V 系统的 DC 375V 侧负荷供电时，相较于直接从主电网取电，需要额外增加一个 AC/DC 转换步骤，从而增加了能量转换的复杂性与能量损耗。

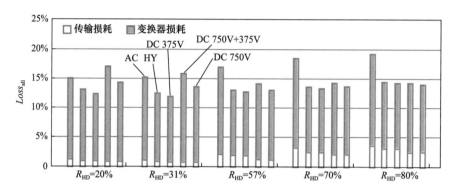

图 5.2-9 不同大功率负载占比下系统运行损耗

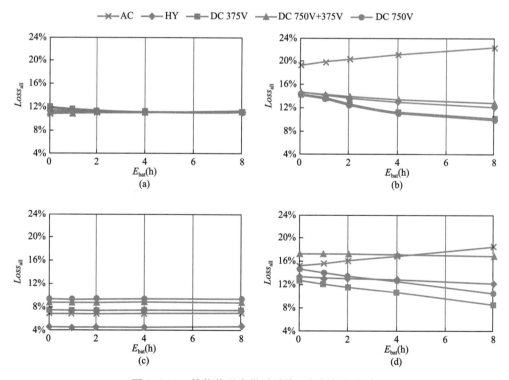

图 5.2-10 储能装置容量对系统运行损耗的影响

(a) $R_{PV}=20\%$, $R_{HD}=80\%$；(b) $R_{PV}=150\%$, $R_{HD}=80\%$；(c) $R_{PV}=20\%$, $R_{HD}=20\%$；(d) $R_{PV}=150\%$, $R_{HD}=20\%$

总的来说，基于建筑的实际负荷曲线和光伏发电数据，通过对建筑能源系统的实时仿真，可以对不同直流配电拓扑结构的运行特性进行对比分析。在光伏容量较低时，HY 系统的配电损耗最小；而随着光伏容量的增加，全直流系统的优势逐渐显现，尤其是 DC 375V 系统表现优异。此外，随着空调和电动汽车用电等大功率负载占比的增加，高电压直流配电的低传输损耗优势愈发显著，在高 R_{HD} 工况下，DC 750V 系统表现出最佳的整体性能。

5.3　系统容量配置优化方法

5.3.1　系统容量配置的目标选择

光储直柔系统将建筑从刚性用能转变为柔性用能，为城市电网提供了巨大的调节能力，是以零碳电力为基础的新型电力系统的重要支撑。对建筑业主而言，光储直柔系统通过建筑光伏的消纳，能够有效降低建筑自身碳排放，助力建筑低碳运行。同时，在现行分时电价机制下通过峰谷套利，在助力电网削峰填谷的同时也能创造经济效益，获得更低的度电成本。此外，具备快速响应调节能力的光储直柔系统通过建筑柔性资源的聚合集成，更容易适应未来随机多变的高比例可再生电源的市政电力系统，能够更好地实现与电网的友好互动。

1. 促进可再生能源消纳

建筑光伏的引入为建筑提供了可利用的零碳电源，能够提高本地可再生能源利用率，有效降低建筑碳排放。随着光伏产业的发展，目前分布式光伏在我国大部分地区已具有良好经济性。中国光伏行业协会发布的《中国光伏产业发展路线图（2023—2024年）》[2]显示，2023 年我国工商业分布式光伏系统初始投资成本为 3.18 元/Wp。并预计2024 年能下降至 3 元/Wp 以下；在全投资模型下，分布式光伏发电系统在 1800h、1500h、1200h、1000h 等效利用小时数的 LCOE（平准发电成本）分别为 0.14 元/kWh、0.17 元/kWh、0.21 元/kWh、0.25 元/kWh。与此同时，我国 30 余个地区的一般工商业平时电价为 0.40～0.80 元/kWh（其中，青海、新疆、宁夏等西部地区电价较低，广东、天津、湖南等东中部地区电价较高）。

光伏发电曲线与建筑用电曲线之间可能存在供需错配的现象，由此带来了光伏消纳的问题。对于城市建筑而言，其建筑容积率较高，建筑用电量比可敷设光伏的发电量高；而对于农村建筑而言，其容积率较低，可敷设的光伏规模也较大，然而建筑本身用电需求不高，光伏发电量较难在本地完全消纳。对于这两类建筑而言，前者光伏宜装尽装，同时通过储能和柔性调节手段促进光伏的本地消纳；对于后者而言，光伏装机的规划宜与建筑电气化协同进行。

2. 降低度电成本

为实现光储直柔系统规模化推广，系统容量配置方案需要经济可行。目前光储直柔系统的经济性一方面来自光伏消纳带来的市电用量降低，另一方面来自基于分时电价的峰谷套利收益，并可进一步参与电网需求影响获利。以采用光储直柔系统的深圳市某办公建筑为例，其在 2024 年上半年累计的分时用电负荷、电网取电与建筑总用电量的比值如图 5.3-1 所示。在 9:00～17:00，光伏发电直接供应楼宇，从市政电网中的取电量显著降低。此外，储能装置在夜间电价低谷时段充电，在日间电价高峰时段及傍晚电价平时段放电，从而使得电网取电量低于建筑用电负荷需求。光储直柔系统能够显著改变电网取电形态。在上述案例中，建筑既有用电负荷需求在峰、平、谷时段的占比分别为38%、38%、24%；而在光储直柔系统中，通过光伏消纳和柔性用能，建筑在峰、平、谷时段从市政电网中的取电量占比分别为13%、24%、64%。

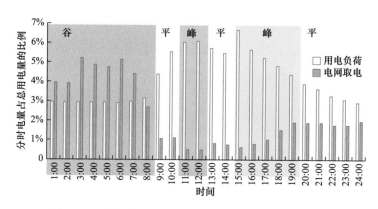

图 5.3-1　某光储直柔建筑 2024 年上半年分时电量占比

与传统不可调节的"刚性"不同，光储直柔系统的"柔性"体现在可以改变建筑与电网交互时的取电曲线形态。在现行电价机制下，在电价较高时少取电，在电价较低时多取电，是光储直柔系统在现阶段的主要经济价值体现。事实上，分时电价机制本身也是电力运行管理部门发出的调节信号，其希望通过价格机制引导用户侧在电力供需不平衡时起到需求侧主动调节的作用。对大多数地区而言，电价高峰时段集中在上午 8:00～12:00，以及傍晚至晚间的 16:00～22:00；电价尖峰时段区间则集中在 16:00～22:00，此时光伏发电量逐渐减少，至夜间则停止发电，而城市用电负荷仍处于较高的水平。同时也注意到，随着光伏装机规模的增长，部分地区会在日间 9:00～17:00 光伏发电区间挑选部分时段设置为电价低谷时段，其中甘肃和宁夏两地这一时段均设置为电价低谷时段。当光伏出力时段碰上电价低谷时段时，光伏的经济效益需仔细核算。

图 5.3-2 列出了 2023 年我国 30 余个地区一般工商业代理购电价格的峰谷电价差，其中峰谷电价差最大的地区为广东，珠三角五市（广州、珠海、佛山、中山、东莞）的电价峰谷差达到了 1.0 元/kWh，深圳市峰谷电价差（0.91 元/kWh）紧随其后。随着市场规模的扩大，目前电化学储能系统投资已显著降低，综合考虑系统效率和运维成本等因素，锂电池储能的度电成本已降至 0.40～0.45 元/kWh 的水平。而目前一半以上的地区峰谷电价差达到 0.50 元/kWh 以上，仅是单纯依靠峰谷套利，储能系统在多数地区已具备经济可行性。若再与光伏系统结合，在部分时段光伏发电出现富余时，光储直柔系统将这部分电量进行存储，则经济效益更高。

3. 电网友好性

柔性作为光储直柔系统核心能力的体现，承载着建筑与电网友好交互的功能。因而提升系统柔性也是容量配置的关键考虑因素。在"双碳"目标下，未来电力系统高比例可再生能

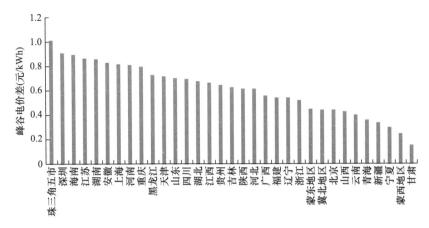

图 5.3-2　2023 年我国一般工商业峰谷电价差

注：图中珠三角五市指广州、珠海、佛山、中山、东莞。数据来源于各地电力公司公布的
一般工商业代理购电价格。峰谷电价差为高峰期电价减去低谷期电价，目前多数地区在夏季
部分时段还实行尖峰期电价，尖峰电价在高峰期电价的基础上平均提高 20%。

源发电及其波动性将会是常态，而光储直柔系统通过各环节的协调控制，能很好地适应供应
侧可再生能源波动。光储直柔系统使得建筑成为电网的柔性负载或虚拟灵活电源。未来随着
电力系统可再生能源占比的增加，电力实时碳排放因子等电网信号有望成为表征可再生电力
供应及供需匹配关系的指标，此时采用建筑用电碳排放责任量亦能表征系统柔性。即建筑可
以通过调节市电取电曲线，在碳排放因子信号低时多用电、在碳排放因子信号高时少用电，
实现建筑用电碳排放的降低；碳排放降低的多少则可用来衡量系统柔性和电网友好性的
优劣。

　　因而，促进可再生能源消纳，降低建筑自身碳排放，利用分时电价机制降低度电成
本、获取经济效益，以及提高系统柔性、适应未来高比例可再生能源的高波动性以实现电
网友好交互，这些都是光储直柔系统所带来的价值体现，也是系统设计和容量配置追求的
目标。当然，不同项目规划设计目标的侧重点会有所不同，因而也会对容量配置带来一定
影响。例如，当以可再生能源消纳为设计目标时，储能系统的设计需重点分析光伏发电和
建筑用电之间的不匹配关系；当以经济性为设计目标时，储能系统的设计在考虑光伏和建
筑不匹配关系的基础上还需要考虑分时电价的影响；当以电网友好性即柔性为设计目标
时，系统可调能力的设计以及运行控制技术的实现是规划设计的重点。

5.3.2　优化配置方法

　　对于系统容量配置而言，无论是促进本地光伏消纳，还是进行峰谷套利，又或是提高
系统柔性，通常储能容量越大，设备柔性越强，在运行阶段更容易实现好的效果。但是过
大的容量配置意味着更高的投资成本，在运行阶段全年实际利用率也可能更低。因此，在
系统容量配置方案的优化上，需要对投入的容量资源（初投资）和取得的运行优化效果
（光伏利用率、电网友好性、运行用电成本）进行平衡。

　　一种容量配置方案会对应一种运行效果，多种容量配置方案会对应多种运行效果；系
统容量配置的优化即是在多个可选的方案中寻得最适宜的方案。事实上，系统容量的配置
涉及两次优化，一次是基于给定的容量配置实现运行优化，即实现 8760h 的动态计算，另

一次是在多个配置组合中确定最优的组合。该问题可抽象为双层优化模型，其模型架构如图 5.3-3 所示。其中下层模型基于用户设定的容量参数实现全年动态优化运行，并输出全年 8760h 供需双向互动的动态计算结果；上层模型则实现快速选取符合要求的容量配置组合，其优化目标可以是系统经济性最优（投资折旧＋年运行电费最小），也可以是系统投资＋碳排放责任最优（投资折旧＋碳排放责任等效费用最小）等不同目标。

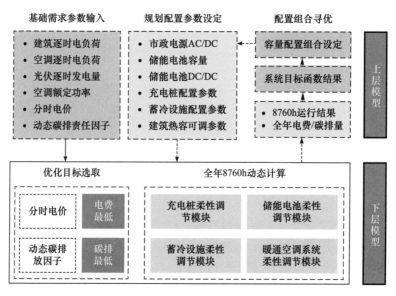

图 5.3-3　容量配置双层优化模型架构

针对双层优化模型中的优化问题，可参考的优化方法如表 5.3-1 所示，其可分为基于规则和基于优化两类[3]。基于规则的优化方法是指依据经验或根据目标对能源的流动进行分配调度，流程式操作，具有简单、高效、易实施的优点。基于优化的方法将能量调度或容量配置问题抽象为数学形式，再选择合适的优化算法进行求解，一般又分成传统方法以及启发式算法和元启发式算法。其中传统技术将待研究的问题转化为线性规划、混合整数线性规划、动态规划、随机优化等数学问题，通常采用求解器得到全局最优解。启发式算法和元启发式算法能够在允许的时间内通过搜寻技巧给出所优化问题的解，但得到的结果不一定是全局最优，具体有遗传算法、粒子群算法、模拟退火算法等。

常见的优化方法　　　　　　　　　　　　　　　　　　　　　表 5.3-1

常用方法		优点	缺点
基于规则	预先根据经验或目标设定规则	简单高效、易实施；快速响应	难应用于复杂系统，缺乏优化能力
基于优化	传统方法：线性规划、混合整数线性规划、动态规划、随机优化等	求解速度快；易于理解和解释；适用于简单和小规模问题	不适用于复杂系统，计算时间和成本较高
	启发式算法和元启发式算法：遗传算法、粒子群算法、模拟退火算法等	求解速度较快；具有全局搜索能力；可用于复杂系统，可处理多变量和约束条件	可能陷入局部最优；参数设置和调整复杂；对于高维问题，搜索空间过大可能导致收敛困难

双层优化模型的下层模型为运行优化问题，即在给定系统容量参数的情形下，求解电网、光伏、储能、负荷之间的动态平衡。在数据处理上，可以将全年 8760h 作为一个整体，即以年平衡的方式进行运行优化，这种方式单次优化参数较多，计算时间和成本较高，一般采用商业求解器的方式进行。也可以采用时间分段、逐段优化的方式进行简化，例如将全年分成 365 个计算日，并以日平衡的方式对每个计算日在 24h 尺度上进行优化，这种方式单次优化参数不多，计算时间和成本不高。

双层优化模型的上层模型为容量参数优化问题，该问题的优化嵌套了下层模型的求解，复杂度更高，因而很难采用基于规则或基于优化中的传统方法，通常采用启发式算法。即通过设定多组容量配置方案，输入下层模型求解得到方案的目标函数结果，并依据求解的计算结果调整容量配置参数，通过多次迭代寻找得到最优解。

求解下层模型即运行优化问题亦不是一件简单的事情。如图 5.1-2 所示，光储直柔系统包含元素众多，电源侧既有光伏又有市政电源，负荷侧又有电动汽车充电桩、空调系统等柔性可调资源，加之储能装置兼具源荷双重属性，光储直柔系统源荷互动的模式为运行阶段的优化增加了复杂性。

以图 5.1-3 所示的下层模型为例，将全年分成 365 个计算日，并按日平衡的方式进行优化，在优化对象上又细分为充电桩、蓄冷设施、基于暖通系统和建筑热容的暖通空调系统柔性调节模块，还有储能电池柔性调节模块，以适应复杂多变的日内供需关系。以下对上述柔性调节模块进行具体介绍。

1. 充电桩柔性调节模块

对充电桩柔性调节模块而言，其输入参数包括光伏发电曲线 $P_{pv}(t)$、建筑常规用电（不含充电桩）负荷曲线 $P_b(t)$ 以及作为调节信号的逐时电价（也可以是逐时碳排放因子等波动信号）。此外，充电桩还需承担为电动汽车充电的职能，因此该模块还需要明确电动汽车当天的充电需求（设置为区间电量 $E_{ev\_min} - E_{ev\_max}$）。此时，对于单向可调充电桩的柔性充电问题即转化为将电动汽车当日所需的充电量的分配问题。为简化计算，该模块以充电桩系统作为整体考虑，而忽略单台车辆的充放条件和需求影响。

具体而言，该模块需要满足如下约束条件：能量平衡约束、充电量约束、充电功率约束、建筑配电约束，分别如式（5.3-1）～式（5.3-4）所示，基于经济性优化的目标函数为当日市电取电电费，见式（5.3-5）。

能量平衡约束：
$$P_{pv}(t) + P_g(t) = P_b(t) + P_{ev}(t) + P_{sur}(t) \tag{5.3-1}$$

式中　$P_{pv}(t)$——光伏逐时发电量，kWh；

　　　$P_g(t)$——建筑市电逐时取电量，kWh；

　　　$P_b(t)$——建筑常规逐时用电量，kWh；

　　　$P_{ev}(t)$——充电桩逐时用电量，kWh；

　　　$P_{sur}(t)$——建筑光伏富余量，kWh。

以上变量均为非负数。上述约束用来表征系统电量供需平衡。

充电量约束：
$$E_{ev\_min} \leqslant \sum P_{ev}(t) \leqslant E_{ev\_max} \tag{5.3-2}$$

式中　E_{ev_min}——当日电动汽车最低充电需求，kWh；

　　　E_{ev_max}——当日电动汽车最高充电需求，kWh。

由于充电桩还需要满足电动汽车充电的需求，故约束条件中有日充电量下限的要求。

此外，充电桩可作为光伏消纳的有效途径，但消纳电量存在上限，因此充电桩还有最高充电量的限制；上述不等式对当日充电桩的充电量范围进行约束。其中，电动汽车日充电需求参数由用户输入，具体受电动汽车数量及运行状态影响。

$$充电功率约束：\qquad 0 \leqslant P_{ev}(t) \leqslant n \cdot P_0 \cdot r_{ev}(t) \tag{5.3-3}$$

式中　n——系统所接入柔性可调充电桩数，个；

　　　P_0——单桩额定功率，kW；

　　　$r_{ev}(t)$——充电桩的逐时运行系数，即接入充电桩的电动汽车数量与充电桩数的逐时比值。

由于本模块暂不考虑双向放电工况，因而 $P_{ev}(t)$ 为非负数，此外充电桩的分时充电量还受到单桩额定功率和在运行电动汽车数量的限制。

$$建筑配电约束：\qquad 0 \leqslant P_g(t) \leqslant P_{acdc} \tag{5.3-4}$$

式中　P_{acdc}——系统的市政电源容量，kWh。

在全直流系统架构中，市政逐时取电量不高于市政电源 AC/DC 模块的容量限制。

$$目标函数：\qquad Obj_{ev} = \sum \left[P_g(t) \cdot tou(t) \right] \tag{5.3-5}$$

式中　$tou(t)$——分时电价。

目标函数 Obj_{ev} 即为市政分时取电量与分时电价的乘积之和，为促进光伏就近消纳，目标函数中不考虑富余光伏上网收益。当以碳排放责任为优化目标时，目标函数中分时电价 $tou(t)$ 更改为动态碳排放责任因子 $C_r(t)$ 即可。

2. 基于暖通系统和建筑热容的暖通空调系统柔性调节模块

对基于暖通系统和建筑热容的暖通空调系统柔性调节模块而言，将其视为等效电池模型。利用建筑本体和输配系统的热惯性，当空调系统提高用电功率，对建筑实现预冷时，即视为等效充电；空调系统降低用电功率，实现释冷时，视为等效放电。该模块有如下约束：

$$能量平衡约束：\quad P_{pv}(t) + P_g(t) = P_b(t) + P_{cs\_eq}^{ch}(t) - P_{cs\_eq}^{dis}(t) + P_{sur}(t) \tag{5.3-6}$$

式中　$P_{cs\_eq}^{ch}(t)$——暖通空调系统预冷（热）等效充电量，kWh；

　　　$P_{cs\_eq}^{dis}(t)$——暖通空调释冷（热）等效放电量，kWh。

以上变量均为非负数。

$$等效充电（预冷）约束：\qquad P_{cs\_eq}^{ch}(t) \leqslant P_{bc}(t) \cdot r_p^+ \tag{5.3-7}$$

$$P_{cs\_eq}^{ch}(t) + P_{bc}(t) \leqslant PC_r \tag{5.3-8}$$

式中　r_p^+——暖通空调系统等效充电功率可调参数（介于 0～1 之间），其与空调系统基础负荷的乘积对分时等效充电量进行了限制。

此外，暖通空调系统进行等效充电时还需满足制冷机额定功率 PC_r 的要求。

$$等效放电（温升）约束：\qquad P_{cs\_eq}^{dis}(t) \leqslant P_{bc}(t) \cdot r_p^- \tag{5.3-9}$$

式中　r_p^-——暖通空调系统等效放电功率可调参数（介于 0～1 之间），其与空调系统基础负荷的乘积对分时等效放电量进行了限制。

$$等效储电量约束：\qquad E_{cs\_eq}(t+1) = E_{cs\_eq}(t) \cdot \eta_{cs\_eq} + P_{cs\_eq}^{ch}(t) - P_{cs\_eq}^{dis}(t) \tag{5.3-10}$$

$$0 \leqslant E_{cs\_eq}(t) \tag{5.3-11}$$

$$E_{cs\_eq}(0) = E_{cs\_eq}(24) = 0 \tag{5.3-12}$$

式中　$E_{cs\_eq}(t)$——暖通空调系统等效电池模型在 t 时刻初的等效存储电量，kWh；

η_{cs_eq}——等效电池模型的系统效率。

基于暖通系统和建筑热容的暖通空调系统的电池效率直接作用在等效电池电量上，表征存储的等效电量在时间维度上存在衰减。即在上一时刻通过预冷等效存储的电量，在下一时刻可释放的等效电量会小于当前时刻可释放的等效电量。这体现了预冷（热）的时效性，即基于暖通系统和建筑热容的等效储能方式具有时效性。

此外，该模块中设定等效存储电量状态非负，即先等效充电后才能等效放电，实际物理意义为先预冷后释冷。基于建筑热惯性的调节模块也是日内调节，即始末等效储电量相等，这里均设为 0。

建筑配电约束：
$$0 \leqslant P_g(t) \leqslant P_{acdc} \tag{5.3-13}$$
目标函数：
$$Obj_{cs\_eq} = \sum P_g(t) \cdot tou(t) \tag{5.3-14}$$
这里建筑配电约束与目标函数与充电桩柔性调节模块类似。

3. 蓄冷设施柔性调节模块

对蓄冷设施柔性调节模块而言，其输入参数除光伏发电曲线 $P_{pv}(t)$、建筑常规用电负荷曲线 $P_b(t)$ 以及分时电价 $tou(t)$ 外，还需要输入建筑逐时空调用电量 $P_{bc}(t)$ 以及蓄冷设施的特有参数。对于蓄冷设施，该模块将其等效为储能电池模型，其具有电池容量和充放电功率限值的参数设定。当蓄冷设施进行蓄冷时，将其蓄冷用电量视为等效电池的充电量；当蓄冷设施进行释冷时，原暖通空调系统用电量降低，将这部分减少的电量视为等效电池的放电量。同样，蓄冷设施柔性调节模块也有如下约束：

能量平衡约束：
$$P_{pv}(t) + P_g(t) = P_b(t) + P_{cs}^{ch}(t) - P_{cs}^{dis}(t) + P_{sur}(t) \tag{5.3-15}$$
式中　$P_{pv}(t)$——光伏逐时发电量，kWh；

　　　$P_g(t)$——建筑市电逐时取电量，kWh；

　　　$P_b(t)$——建筑常规逐时用电量，kWh；

　　　$P_{cs}^{ch}(t)$——蓄冷设施逐时蓄冷等效充电量，kWh；

　　　$P_{cs}^{dis}(t)$——蓄冷设施逐时释冷等效放电量，kWh；

　　　$P_{sur}(t)$——建筑光伏富余量，kWh。

以上变量均为非负数。

SOC 状态方程：
$$SOC_{cs}(t+1) = SOC_{cs}(t) + \left(P_{cs}^{ch}(t) - \frac{P_{cs}^{dis}(t)}{\eta_{cs}} \right) / E_{cs} \tag{5.3-16}$$

SOC 状态限制：
$$5 \leqslant SOC_{cs}(t) \leqslant 95\% \tag{5.3-17}$$
$$SOC_{cs}(0) = SOC_{cs}(24) = 5\% \tag{5.3-18}$$
式中　$SOC_{cs}(t)$——t 时刻蓄冷设施等效电池储电状态，介于 5%～95% 之间；

　　　E_{cs}——蓄冷设施的等效电池容量，kWh；

　　　η_{cs}——蓄冷设施等效综合效率。

蓄冷设施下一时刻的等效电池储电状态由上一时刻以及当前时刻的等效充放电量决定。模块设定为日内调节，即始末等效储电状态相等，这里均设为 5%。

蓄冷功率约束：
$$0 \leqslant P_{cs}^{ch}(t) \leqslant P0_{cs}^{ch} \tag{5.3-19}$$
$$P_{cs}^{ch}(t) + P_{bc}(t) \leqslant PC_r \tag{5.3-20}$$
式中　$P0_{cs}^{ch}$——蓄冷设施等效最大充电（蓄冷）功率，kW；

　　　$P_{bc}(t)$——建筑既有制冷逐时用电功率，kW；

PC_r——建筑制冷额定功率，kW。

蓄冷设施的蓄冷等效充电功率一方面受到蓄冷设施的参数限制，另一方面还受到制冷机的功率限制。

释冷功率约束：
$$0 \leqslant P_{cs}^{dis}(t) \leqslant P0_{cs}^{dis} \tag{5.3-21}$$
$$P_{cs}^{dis}(t) \leqslant P_{bc}(t) \tag{5.3-22}$$

式中　$P0_{cs}^{dis}$——蓄冷设施等效最大放电（释冷）功率，kW。

蓄冷设施的释冷等效放电功率一方面受蓄冷设施的参数限制，另一方面分时释冷量不高于既有建筑（调节前的）供冷用电量。

建筑配电约束：
$$0 \leqslant P_g(t) \leqslant P_{acdc} \tag{5.3-23}$$
目标函数：
$$Obj_{cs} = \sum P_g(t) \cdot tou(t) \tag{5.3-24}$$

这里建筑配电约束与目标函数与充电桩柔性调节模块类似。

4. 储能电池柔性调节模块

储能电池柔性调节模块相比基于暖通系统和建筑热容的暖通空调系统柔性调节模块更为简单，其约束条件更多地受储能电池设定参数影响，具体有如下约束：

能量平衡约束：
$$P_{pv}(t) + P_g(t) = P_b(t) + P_{es}^{ch}(t) - P_{es}^{dis}(t) + P_{sur}(t) \tag{5.3-25}$$

式中　$P_{pv}(t)$——光伏逐时发电量，kWh；

　　　$P_g(t)$——建筑市电逐时取电量，kWh；

　　　$P_b(t)$——建筑常规逐时用电量，kWh；

　　　$P_{es}^{ch}(t)$——储能电池逐时充电量，kWh；

　　　$P_{es}^{dis}(t)$——储能电池逐时放电量，kWh；

　　　$P_{sur}(t)$——建筑光伏富余量，kWh。

以上变量均为非负数。

SOC 状态方程：
$$SOC_{es}(t+1) = SOC_{es}(t) + \left[P_{es}^{ch}(t) - \frac{P_{es}^{dis}(t)}{\eta_{es}} \right] / E_{es} \tag{5.3-26}$$

SOC 状态限制：
$$0 \leqslant SOC_{es}(t) \leqslant 100\% \tag{5.3-27}$$
$$SOC_{es}(0) = SOC_{es}(24) = 5\% \tag{5.3-28}$$

式中　$SOC_{es}(t)$——t 时刻电池储电状态，介于 $5\% \sim 95\%$ 之间；

　　　E_{es}——电池容量，kWh；

　　　η_{es}——储能电池充放效率。

该模块设定为日内调节，始末储电状态相等，均设为 5%。

充电功率约束：
$$0 \leqslant P_{es}^{ch}(t) \leqslant P0_{es}^{ch} \tag{5.2-29}$$

式中　$P0_{es}^{ch}$——最大充电功率，kW，受电池侧 DC/DC 设备容量限制。

放电功率约束：
$$0 \leqslant P_{es}^{dis}(t) \leqslant P0_{es}^{dis} \tag{5.2-30}$$

式中　$P0_{es}^{dis}$——最大放电功率，kW，受电池侧 DC/DC 设备容量限制。

建筑配电约束：
$$0 \leqslant P_g(t) \leqslant P_{acdc} \tag{5.3-31}$$
目标函数：
$$Obj_{es} = \sum P_g(t) \cdot tou(t) \tag{5.3-32}$$

这里建筑配电约束和目标函数与充电桩柔性调节模块类似。

充电桩、蓄冷设施、基于暖通系统和建筑热容的暖通空调系统以及储能电池是建筑光储直柔系统中主要的柔性可调节资源，上述可调节资源参与全年电力供需动态计算的模块如上文所述，基于电器设备的柔性调节模块也可参照上述模块构建。在考虑设备作息对设备柔性的约束后，以上模块构成了系统柔性的动态平衡计算。上述数学问题的求解可由线性规划相关求解器实现。

基于上述柔性调节模块，可实现不同容量配置组合下的全年 8760h 动态计算，得到建筑光储直柔系统全年运行情况，通过多方案比较确定最优容量配置。对动态计算所需的基础需求参数和规划配置参数进行整理，如表 5.3-2 所示。

动态计算所需的基础需求参数和规划配置参数　　　　　　　　表 5.3-2

基础需求参数	建筑基本参数	建筑逐时用电量
		空调逐时用电量
		空调系统额定功率
	光伏基本参数	光伏逐时发电量
	调节引导参数	全年分时电价 动态碳排放责任因子
规划配置参数	充电桩设定参数	电动汽车充电桩数量 单桩额定充电功率 充电桩逐时运行系数 电动汽车日最低充电需求 电动汽车日最高充电需求
	建筑热容设定参数	建筑热容等效储能效率 空调等效充放电功率可调参数
	蓄冷设施设定参数	蓄冷等效储能电池容量 蓄冷等效储能效率 蓄冷等效最大充放电功率
	储能电池设定参数	市政电源接口 AC/DC 容量 储能电池容量 储能电池效率 储能最大充放电功率

基础需求参数主要包含建筑逐时用电量、光伏逐时发电量以及作为调节引导的分时电价或动态碳排放责任因子。需要说明的是，光伏逐时发电量与光伏装机规模有关，而光伏装机规模又受到建筑可安装面积限制。因此在本书中，光伏装机规模视为用户输入的基础参数，即容量配置优化前的已知参数，不作为可变优化参数。

规划配置参数依据前述的柔性调节模块可进一步细分为充电桩、蓄冷设施、建筑热容和储能电池设定参数。事实上，充电桩、建筑热容等设定参数多与建筑自身特性有关。例如，充电桩数量与建筑规划停车位数量有关，建筑热容的可调参数受建筑围护结构以及暖通空调输配系统影响，可变参数的选择不多。此外，大量的可变参数也为容量配置优化增添了计算成本，因此建议重点对蓄冷设施和储能电池进行配置优化研究。另外，出于供电安全性的考虑，为了保证光伏和储能电池均出现异常时建筑仍能维持正常供电，市政电源接口 AC/DC 容量可按建筑直流负荷用电峰值功率设计。

综上，针对图 5.3-3 所示的上层模型，容量配置组合中可变参数可选定为储能电池容量 E_{es}、最大充放电功率 P_{es}、蓄冷设施等效储能电池容量 E_{cs}、蓄冷等效最大充放电功率

P_{cs}；其余参数视为定值。以上即构成一组容量配置组合 x_i，如下式所示：

$$x_i = [E_{es}, P_{es}, E_{cs}, P_{cs}] \tag{5.3-33}$$

当以系统经济性为优化目标对容量配置组合进行优化时，即将设备初投资折旧纳入考虑因素，目标函数 Obj 为初投资折旧年值 C_{cap} 与运行电费 CE_{ope} 之和（单位为元/年），求使其取值最低的容量配置组合。

$$Obj = \sum C_{cap} + CE_{ope} \tag{5.3-34}$$

单个设备的初投资折旧年值 C_{cap} 计算如下式所示：

$$C_{cap} = Inv \times \frac{r(1+r)^n}{(1+r)^n - 1} \tag{5.3-35}$$

式中　C_{cap}——初投资折旧年值；

　　　　Inv——投资金额；

　　　　r——折现率；

　　　　n——折旧期限。

当以碳排放责任量为优化目标时，同样需要将初投资纳入考虑因素，此时目标函数 Obj 可以为初投资折旧年值 C_{cap} 与年运行碳排放责任总量 CC_{ope} 折算成的碳价之和，如下式所示：

$$Obj = \sum C_{cap} + CC_{ope} \times P_{CO_2} \tag{5.3-36}$$

式中　CC_{ope}——全年运行碳排放责任总量，$kgCO_2/a$；

　　　　P_{CO_2}——碳价因子，元/$kgCO_2$。

上层模型采用启发式算法对容量配置组合寻优，以粒子群优化算法 PSO 为例对配置组合进行优化。该算法的具体步骤为：初始设定多组容量配置组合 x_i 和调整速度 v_i，基于该配置组合计算目标函数的值，并将个体的历史最优组合 $pbset_i$ 设为当前位置，群体中的最优组合作为 $gbest$；进行多次迭代，若当前组合的目标函数值优于历史最优值，则更新 $pbset_i$，若当前目标函数值优于全局历史最优值，则更新 $gbest$。每个粒子更新的调整速度 v_i 和位置 x_i 按式（5.3-37）和式（5.3-38）计算。

$$v_i = \omega \times v_i + c_1 \times rand_1 \times (pbset_i - x_i) + c_2 \times rand_2 \times (gbest - x_i) \tag{5.3-37}$$

$$x_i = x_i + v_i \tag{5.3-38}$$

式中　　　ω——惯量权重，一般在 $0.4 \sim 0.9$ 之间；

　　　c_1 和 c_2——加速系数（也称学习因子），一般在 $1 \sim 2$ 之间；

$rand_1$ 和 $rand_2$——在 $0 \sim 1$ 区间的随机数。

5.4 设计案例

本节以案例的形式，对前文所述的建筑光储直柔系统容量优化配置与系统设计方法进行介绍。

5.4.1 案例基础信息与等效储能的设计

案例建筑位于广东省深圳市，建筑类型为办公建筑，建筑面积 $10000m^2$，建筑负荷采用全直流配电设计，建筑全年逐时负荷由建筑能耗模拟软件计算得到。该案例建筑（不含充电桩）全年单位面积用电量为 90kWh/m²，峰值用电负荷功率为 370kW。

案例建筑规划光伏装机容量 200kWp，组件形式为单晶硅，占地面积约 1000 m²，采用朝南 5°倾角铺设。建筑光伏全年逐时发电量由光伏模拟软件计算得到，光伏全年发电量为 21.6 万 kWh，占建筑（不含充电桩）全年用电量的 24%。

在建筑等效储能设计上，考虑利用柔性充电桩、柔性空调系统等柔性负荷进行调节，在储能系统设计上同时考虑蓄冷设施和储能电池这两类方式。

对于柔性充电桩而言，基于上一节提出的充电桩柔性调节模块进行设计，规划配置 20 台柔性充电桩实行有序充电，单桩额定功率为 10kW；在充电量需求约束上，设定工作日单桩平均充电量为 20~40kWh/桩、休息日为 5~10kWh/桩，即 20 台充电桩在工作日总体充电量为 400~800kWh、休息日总体充电量为 100~200kWh。工作日和休息日的充电桩逐时利用系数如图 5.4-1 所示。

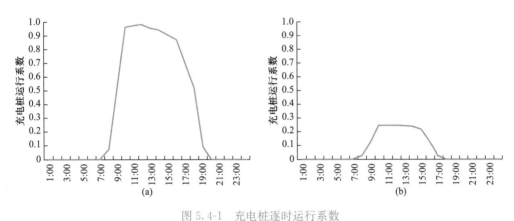

图 5.4-1　充电桩逐时运行系数

（a）工作日；（b）休息日

注：充电桩逐时运行系数指接入电动汽车的充电桩数量与规划充电桩总量的比值。

对于柔性空调而言，利用建筑本体和输配系统热惯性进行预冷预热调节，针对上一节提出的基于暖通系统和建筑热容的暖通空调系统柔性调节模块所需设定参数。案例建筑采用集中式空调系统，暖通空调系统热容较大，设定空调等效充、放电功率可调参数 r_p^+、r_p^- 均取 0.2，即在空调既有负荷的基础上，短时间上调空调功率 20% 或者下调功率 20%，建筑仍能维持在热舒适度区间。针对空调预冷预热的等效电池效率，取 65%[4,5]，即当前时刻存储的 1kWh 等效电量，在下一时刻仅能释放 0.65kWh。

此外，案例建筑在储能设计上还规划配置蓄冷设施和储能电池，其效率分别取 65% 和 90%[4,5]。储能系统的（等效）电池容量和最大充放功率则为系统容量配置待优化项。

5.4.2　系统容量配置优化

案例建筑以系统经济性为设计目标，即在系统运行时，基于分时电价信号，以电费最低为目标实现全年动态平衡计算。分时电价按深圳一般工商业 2023 年代理购电价格计算，在时段划分上，0:00~8:00 时段执行谷时电价，10:00~12:00 和 14:00~19:00 时段执行峰时电价，其余时段执行平时电价；此外在 7、8、9 月份 11:00~12:00 和 15:00~17:00 时段执行尖时电价。

除了考虑电费外，系统经济性还需考虑设备投资。由于本书重点对储能设施进行参数优化，因而在投资折旧上主要对储能系统进行计算。其中，储能电池投资取 800 元/kWh，储能 DC/DC 变换器投资取 300 元/kW，按 4％折现率、8 年折旧期（年值系数为 0.15）；蓄冷设施等效电池投资取 500 元/kWh，等效充放功率设施投资取 150 元/kW，按 4％折现率、8 年折旧期（年值系数为 0.09）。

基于所述案例基础信息及柔性负荷设定参数，对系统动态平衡计算输入参数进行设定，如表 5.4-1 所示。考虑系统用电安全保障，AC/DC 变换器容量取 400kW（建筑峰值负荷为 370kW）。储能系统容量和功率为优化参数，对其参数取值范围进行确定。对于储能电池而言，其容量上限按建筑日均用电量为 2466kWh 设定，功率上限按 AC/DC 变换器容量 400kW 设定。对于蓄冷设施而言，其容量上限按建筑制冷日最高用电量 2772kWh 设定，功率上限按空调额定功率为 240kW 设定。由此确定系统容量配置优化参数的取值范围。

系统动态平衡计算输入参数设定　　　　表 5.4-1

序号	类别	名称	工程信息
1	建筑信息	建筑类型	办公建筑
2		建筑面积	10000m²
3		所在城市	深圳
4		直流负荷类型	全直流建筑
5		直流负荷逐时用电量	依据软件模拟计算
6		AC/DC 变换器容量	400kW
7	光伏信息	光伏组件类型	单晶硅
8		光伏装机容量	200kWp
9		组件倾角	5°
10		组件朝向	南
11		光伏逐时发电量	依据软件模拟计算
12	充电桩信息	充电桩数量	20
13		额定功率	10kW
14		运行系数	见图 5.4-1
15		日充电电量需求	工作日：20kWh≤单桩平均充电量≤40kWh 休息日：5kWh≤单桩平均充电量≤10kWh
16	空调信息	空调逐时负荷	依据软件模拟计算
17		空调额定功率	240kW
18		空调可调系数	柔性可上调系数：0.2 柔性可下调系数：0.2
19		空调柔性调节等效效率	65％
20	储能信息	储能电池容量	优化求解项：[0, 2466] kWh
21		储能功率	优化求解项：[0, 400] kW
22		储能电池效率	90％
23		蓄冷设施等效电池容量	优化求解项：[0, 2772] kWh
24		蓄冷设施等效功率	优化求解项：[0, 240] kW
25		蓄冷柔性调节等效效率	65％
26	分时电价	分时电价	深圳 2023 年一般工商业代理购电电价

基于上一节提出的优化方法，在表 5.4-1 所示输入参数的设定下，采用经济性优化目标，即以投资折旧年值与年运行电费之和为目标函数，进行迭代求解。目标函数与迭代次数的关系如图 5.4-2 所示，在多次迭代后目标函数趋于稳定。最终容量配置组合为：储能电池容量为 1100kWh、储能 DC/DC 变换器容量为 140kW，蓄冷设施等效电池容量为 900kWh、等效充放电功率为 120kW。目标函数（储能系统初投资折旧＋年运行电费）为 56 万元，其中储能电池和蓄冷设施系统折旧费用占比 32%、年运行电费占比 68%。

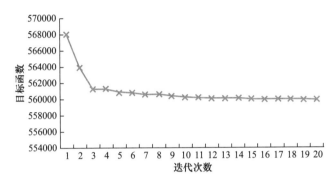

图 5.4-2　容量配置优化目标函数与迭代次数的关系

注：初始粒子数设定为 10。

在上述容量配置下，光储直柔系统依据优先光伏消纳，同时基于当地分时电价实行峰谷套利的运行策略，并且对充电桩实行有序充电。

对于充电桩柔性调节而言，充电桩有序充电量为上述模块动态计算结果，无序充电量为依据充电桩运行系数按比例分摊电动汽车充电需求的结果（图 5.4-3）。受充电桩运行系数影响，在电价低谷时段，充电电量有限；电动汽车有序充电主要集中在午间 12:00～14:00 平时段，此时充电桩运行系数较高，即有更多充电桩处于运行状态，且该时段电价相比其余时段更低。

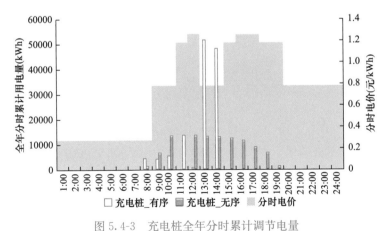

图 5.4-3　充电桩全年分时累计调节电量

注：全年分时累计指 365d 的分时电量数据按照一天 24h 进行累加计算，下同。

对于基于暖通系统和建筑热容的暖通空调系统柔性调节而言，因为案例建筑所在地全年制热需求不高，所以预热调节基本没有影响（图 5.4-4）。此外，设定的预冷等效电池效率为65%，且具有时效性，因而预冷只在电价谷平交界时段起主要作用，这一时段的电价差能弥补等效电池的效率损失。不过对于计算案例而言，6:00~8:00时段空调用电负荷不高，其能提供的柔性调节能力也有限。

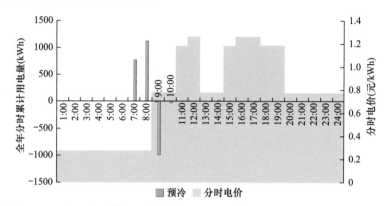

图5.4-4　基于暖通系统和建筑热容的暖通空调系统全年分时累计调节电量

对于电池和蓄冷这两类储能设施而言，二者均在电价谷时段充电，在日间电价高峰时段放电（图5.4-5）。在部分负荷工况下，即建筑整体用电量不高时，为提高利用效率，储能电池在电价低谷时段存储的电量大于电价高峰时段所需要的电量，因而在电价平时段继续放电。

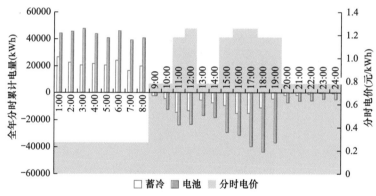

图5.4-5　储能设施全年分时累计调节电量

将上述柔性设备的影响综合考虑，即以电网取电来衡量系统柔性，全年分时累计的电网取电量如图5.4-6所示。与无柔性调节时的电网取电量（建筑既有用电量＋电动汽车无序充电量－光伏发电量）相比，有柔性调节时的电网取电曲线形态发生了明显改变。可以看到，光储直柔系统在电价低谷时段的用电比例大幅提升，电价尖峰时段用电量大幅下降。具体而言，无柔性调节时，电价尖峰时段、平时段、低谷时段的全年电网取电量占比分别为49%、38%和13%；在有柔性调节时，电价尖峰时段、平时段、低谷时段的全年电网取电量占比分别为1%、29%和70%。

正是由于充电桩、空调、蓄冷、电池等柔性设备的贡献，使得系统度电成本［（电网分时取电量×分时电价）/（建筑既有用电量＋充电桩充电量）］由无柔性调节时的0.73元/kWh（当考虑无光伏情景时，建筑度电成本为0.95元/kWh）降低至0.37元/kWh，降低了0.36元/kWh，全年降低电费36万元。

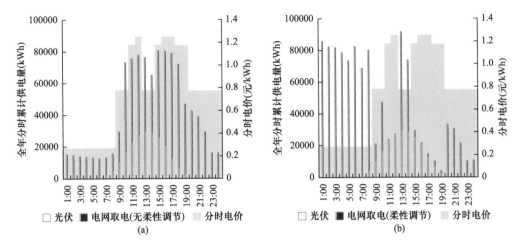

图 5.4-6　全年分时累计的电网取电量

（a）无柔性调节；（b）有柔性调节

以某典型日来看，上述储能系统配置下的光储直柔系统运行情况如图 5.4-7 和图 5.4-8 所示。在夜间电价谷时段，蓄冷设施和储能电池充电，在峰时释放；在光伏发电的配合下，电价高峰时段无须从电网取电。充电桩则在相关约束下主要在电价平时段充电。基于建筑热容的预冷调节则在 6:00~8:00 进行等效充电，在 8:00~9:00 释冷，受限于该时段的建筑冷负荷，这部分柔性调节电量不多。

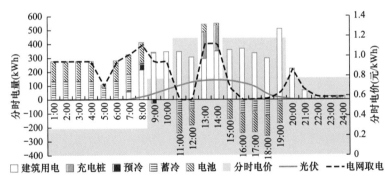

图 5.4-7　某典型日光储直柔系统运行情况

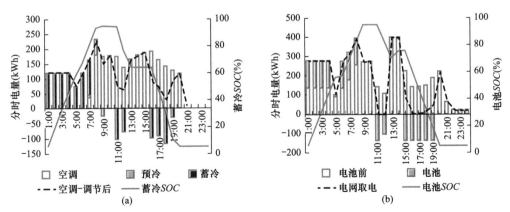

图 5.4-8　某典型日储能系统运行情况

（a）空调系统/蓄冷柔性调节；（b）储能电池柔性调节

5.4.3 系统配电设计

在完成系统容量配置后,对系统拓扑结构及设备连接方式进行设计。

在电压等级选择上,案例建筑采用 DC 750V 和 DC 375V 两个电压等级;在接线形式上,采用单极直流系统。由于 DC 750V 的供电能力更大,适用于大功率设备,因而对充电桩(2×10kW)、空调系统(240kW)采用 DC 750V 配电。另外,充电桩和空调的负荷主要集中在白天工作时段,与光伏发电曲线有所重合,因而将光伏系统并入 DC 750V,与充电桩和空调接入同一电压等级,以减少光伏消纳的电能转换环节。照明和其他设备出于经济性(DC 750V 的直流设备成本要高于 DC 375V 直流设备)和安全性(负荷离人员活动区域更近)的考虑,将其并入 DC 375V 电压等级。针对市政电源 AC/DC 变换器的接入电压等级,考虑到 DC 750V 相较于 DC 375V 的接入负荷功率更大、用电量更多,因而也将其接入 DC 750V 电压等级中。对于储能系统而言,其主要解决光伏发电和负荷用电的不匹配问题,同时利用市政电力进行峰谷套利,因而蓄冷系统和储能电池也接入 DC 750V 电压等级中。此时,DC 750V 母线和 DC 375V 母线之间还需配置 DC/DC 单向变换器,电能从 DC 750V 向 DC 375V 传递,其容量功率由终端直流负荷峰值功率确定,在案例建筑中取 130kW。案例建筑光储直柔系统初步设计如图 5.4-9 所示。

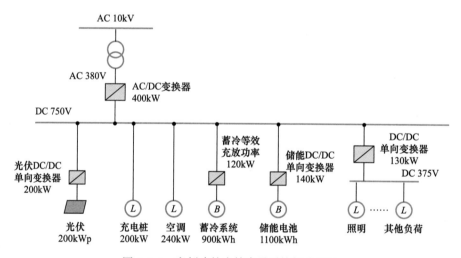

图 5.4-9　案例建筑光储直柔系统初步设计

在系统保护设计方面,一方面,选用符合《建筑光储直柔系统变换器通用技术要求》T/CABEE 063—2024[6] 要求的变换器,能够对系统进行一定程度的过流保护和电压保护;另一方面,通过配置直流剩余电流保护装置以及对设备进行接地保护,能够实现系统电击防护。

本章参考文献

[1] 中国建筑节能协会. 民用建筑直流配电设计标准:T/CABEE 030—2022 [S]. 北京:中国建筑工业出版社,2022.

[2] 中国光伏行业协会. 中国光伏产业发展路线图(2023—2024 年)[R]. 北京:中国光伏行业协会,

2024.

［3］ 潘毅群，王皙，尹茹昕，等．电网交互建筑及电力协调调度优化策略研究［J］．暖通空调，2023，53（12）：62-75．

［4］ 清华大学．中国光储直柔建筑发展战略路径研究（二期）子课题 1：建筑光伏利用模式与柔性评价方法［Z］．北京：清华大学，2023．

［5］ 刘效辰，刘晓华，张涛，等．建筑区域广义储能资源的刻画与设计方法［J］．中国电机工程学报，2024，44（6）：2171-2185．

［6］ 中国建筑节能协会．建筑光储直柔系统变换器通用技术要求：T/CABEE 063—2024［S］．北京：中国建筑工业出版社，2024．

第6章 光储直柔系统运行调节策略

本书前述内容已经对光储直柔系统的基本原理、系统结构以及设计环节进行了充分阐述。柔性是光储直柔系统要实现的最终目标，使得建筑的用电性质由"刚性"负载转为"柔性"负载，进而协助电网调度和供电安全，光储直柔是实现柔性调控的重要基础。要实现建筑的柔性用能，需要明确建筑及其系统中哪些部分可以作为柔性资源，该采用怎样的调控方法来充分利用这些柔性资源。为此，本章将阐述建筑柔性资源的分类和相应特征、光储直柔系统实现柔性调控的优化运行策略，以期为光储直柔系统的实际运行提供指导。

6.1 建筑等效储能与柔性可调资源

建筑作为主要用能终端，在消耗大量能源的同时也提供了一定规模的可调节资源。利用这部分可调节资源，能够降低系统对储能设施（如电池、蓄冷等）的需求，以减少设备投资。根据终端实际使用需求，建筑中的虚拟储能通常可分为电能存储和热能存储，如图 6.1-1 所示。

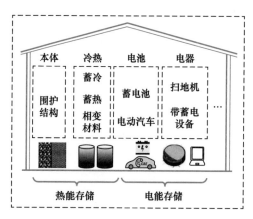

图 6.1-1 建筑中的虚拟储能

对于电能存储，据相关研究机构统计，2023 年全球锂离子电池总体出货量 1203GWh，其中汽车动力电池出货量达到 865GWh，占比高达 72%。因此，带有智能充放电系统的电动汽车和各类可储能电器设备是最具潜力的终端电力虚拟储能。对于热能存储，暖通空调系统能耗占建筑运行能耗的 30%～80%，且通常具有冷热储存能力。随着建筑电气化水平提高，可进行能量管理的暖通空调系统是最具潜力的终端热力虚拟储能。上述虚拟储能资源都与建筑能源系统的规划设计和运行调控密切相关。

6.1.1 建筑等效储能资源的量化方法

利用建筑既有的虚拟储能资源可以减少储能电池等传统储能装置的容量，从而降低初投资成本。然而，上述虚拟储能资源种类众多，特性不一，因此可以将其纳入传统储能的设计评价体系[1]，统一刻画建筑区域的广义储能资源。《电化学储能电站设计规范》GB 51048—2014[2] 要求储能系统应根据储能电站的额定功率、额定容量、电化学储能类型等进行设计；电池选型应根据电池放电倍率、自放电率、循环寿命、能量效率等因素进行选择。《电化学储能电站运行指标及评价》GB/T 36549—2018[3] 采用三大类指标综合评价储能电站的运行性能，即充放电能力（功率—能量参数体系）、能效水平和设备运行状态。根据现行电化学储能电站的相关标准，可类似地给出虚拟储能在设计阶段的"等效电池模型"定义，参数包括折算的等效充电功率 [P^+，式（6.1-1）]、等效放电功率 [P^-，式（6.1-2）]、等效储电量 [E，式（6.1-3）] 和等效综合效率 [η，式（6.1-4）]。

$$P^+ = r_\mathrm{p}^+ \cdot (P_\mathrm{max} - P_\mathrm{min}) \tag{6.1-1}$$

$$P^- = r_\mathrm{p}^- \cdot (P_\mathrm{max} - P_\mathrm{min}) \tag{6.1-2}$$

$$E = r_\mathrm{E} \cdot E_0 = P^- \cdot T \tag{6.1-3}$$

$$\eta = E / \hat{E} \tag{6.1-4}$$

式中所有参数均以电能作为衡量标准。由于虚拟储能原本需要为用户提供服务，因此具有电功率和等效储电量的实际运行曲线（图 6.1-2）。其中，运行功率可在 P_min 和 P_max 区间变化，则最大等效充放电功率为 $P_\mathrm{max} - P_\mathrm{min}$；等效储电量可在 0 至 E_0 之间变化，则最大等效储电量为 E_0。

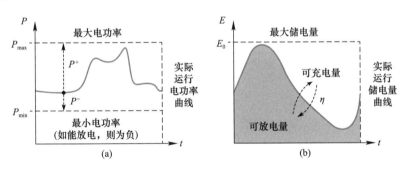

图 6.1-2 刻画建筑区域广义储能的"等效电池模型"
（a）等效充放电功率；（b）等效储电量

为了建立最大容量与折算容量之间的联系，式（6.1-1）～式（6.1-3）中分别引入了 r_p^+、r_p^- 和 r_E（取值均为 0～1），分别为虚拟储能的等效充电功率折算系数、等效放电功率折算系数和等效储电量折算系数。上述三个系数与虚拟储能的实际使用行为、充放电系统形式及策略等相关，需基于实际运行数据给出。参考《电化学储能电站设计规范》GB 51048—2014 中采用可放电量对储能量的评价，式（6.1-3）中等效时间常数 T 表征虚拟储能可持续放电的时间。参考《电化学储能电站设计规范》GB 51048—2014 中综合效率的定义，式（6.1-4）中等效综合效率 η（取值为 0～1）表征可放电量 E 和可充电量 $\hat{E}$ 之间的差异，可类比传统储能的自放电率、能量转化效率等因素[4]。

上述模型定义可将虚拟储能纳入传统电化学储能的设计评价体系，但是参数取值及参数之间的关系与电化学储能存在差异，主要体现在以下方面：

（1）电化学储能额定 P^+ 和 P^- 一般相等，因为一般 $P_{max}=-P_{min}$，同时取 $r_p^+=r_p^-=0.5$；而虚拟储能的 P^+ 和 P^- 可以解耦。例如同样额定功率的电动汽车单向和双向充电桩，二者的 P_{max} 相同，而 P_{min} 分别为 0 和 $-P_{max}$，因此 P^+ 和 P^- 的取值不同。

（2）电化学储能的功率 P 与能量 E 一般由充放电倍率约束，在电池设计制造时已基本确定；而虚拟储能的 P 与 E 可以解耦，并且与实际使用过程中的系统配置相关。例如充电桩主要决定了 P，停留并接入系统的电动汽车电池容量主要决定了 E；公共建筑集中空调系统中的冷水机组主要决定了 P，配置的蓄冷/热水罐主要决定了 E。

（3）电化学储能的综合效率 η 相对确定，然而若虚拟储能的储放过程涉及热电转换，则 η 与运行工况密切相关。例如冰蓄冷空调系统中的双工况冷水机组在蓄冰工况和常规工况的能效比不同（即在蓄存并供给相同冷量的情况下，两个工况对应的耗电量存在较大差异），此外蓄冰和取冷工况均需要水泵额外耗电，上述两个原因共同导致 η 降低。

依据"等效电池模型"的定义，对建筑区域内主要的虚拟储能，即电动汽车＋智能充电桩、暖通空调系统＋建筑热容、可储能电器设备，分别给出参数取值范围。图 6.1-3 对比了三类典型的建筑区域虚拟储能资源和国际电工委员会（IEC）分析的各类传统储能技术，其参数取值示例见表 6.1-1。可以看出，建筑区域虚拟储能资源的电功率 P 和储电量 E 覆盖范围非常广（P 为 1W～10MW 量级，E 为 1Wh～100MWh 量级），等效时间常数 T 为分钟～天的量级，并且考虑等效折算系数后当前等效储能的成本仍显著低于蓄电池。

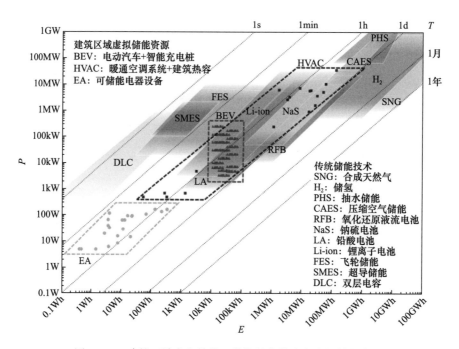

图 6.1-3　建筑区域广义储能：传统储能技术与虚拟储能资源

典型建筑区域广义储能的参数取值示例

表6.1-1

分类	参数①	电化学储能（传统储能）	电动汽车＋智能充电桩② 单向 P不可调	单向 P可调	双向 P可调	暖通空调系统＋建筑热容⑤ 冷热源＋输配 水蓄热	水蓄冷	冰蓄冷	末端＋建筑热容	可储能电器设备⑦
等效电功率参数	P	1kW~100MW	1~300kW③		1~500kW③	0.02~30MW		1~10MW	0.5kW~7MW	1~200W
	r_P^+	0.5	0	0.3~0.7	0.2~0.4	0.8~1	0.3~0.7	0.3~0.7	0~0.7	0
	r_P^-	0.5	1	0.3~0.7	0.6~0.8	0.8~1	0.8~1	0.8~0.9	0.3~1	1
等效储电量参数	E	100Wh~1GWh	5~100kWh		10~200kWh	0.1~200MWh		0.1~50MWh	0.05kWh~40MWh	0.1Wh~1kWh
	r_E	1	0.06~0.50	0.1~0.8	0.8~0.9	0.6~0.8	0.6~0.9	0.6~0.8	0.2~0.5	0~0.5
等效时间常数	T	分钟~天	分钟~天		分钟~天	小时~天		小时~天	分钟~小时	分钟~小时
等效综合效率	η	≥92%	≥93%	≥91%	≥83%	40%~75%	45%~85%	20%~55%	40%~90%	≥93%
初投资成本	I	0.8~1.5元/Wh	0.03~0.9元/Wh④			约0.4元/Wh⑥	约0.5元/Wh⑥	约1元/Wh⑥	—	—

① 表中功率和能量均以等效电量作为衡量标准。
② 考虑单个充电桩并接连接车辆的情况，实际应用需考虑连接车辆的范围内。
③ 考虑单充电桩功率在连接车辆时的允许范围内。
④ 仅计算充电桩及系统，取5000元/桩。
⑤ 考虑典型设计日，以单独一套暖通空调系统（以电力驱动）为单位，针对全年运行，需考虑利用率修正。
⑥ 仅计算典型储能体（水蓄热体25~55元/kWh热量，水蓄冷30~80元/kWh冷量，冰蓄冷100~150元/kWh冷量），冷热源主机不计入。
⑦ 考虑目前主导单向充电的电动汽车单向不可调的充电器，与功率不可调汽车单向充电的电桩类似。

6.1.2 电动汽车等效储能

随着电动汽车的迅速发展，电动汽车以充电桩作为接口，可以为建筑提供可观的储能能力。对于建筑来说，其配电容量往往较大，在多数时候存在配电容量的富余。此外，如果要实现建筑的灵活调节，需要较大的储能投入；而对于电动汽车，其日耗电仅占总电池容量的10%，电池容量相对比较富余，但是电动汽车同时需要比较大的充电功率，会给电网带来较大负担。因此建筑与电动汽车可以优势互补（图6.1-4），建筑可以为电动汽车提供富余的配电容量满足其充电功率需求，而电动汽车可以为建筑提供富余的储能容量。二者的协同配合可以在解决电动汽车充电需求的同时，协助分布式光伏自消纳，实现用户侧建筑与车辆耦合，与电网协同互动。

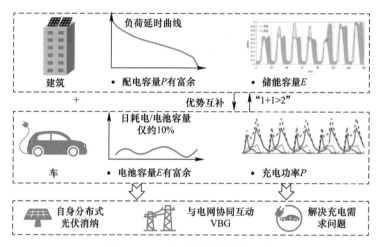

图 6.1-4 车与建筑协同优势互补

在这类虚拟储能中，停留并接入系统的电动汽车主要决定 E，而充电桩主要决定 P。通过市场调研可知，目前电动汽车的电池额定容量一般为 $20 \sim 200$kWh/车（目前平均约为 50kWh/车[4]），充电桩的额定功率一般为 $1 \sim 400$kW。从电动汽车的电池额定容量、充电桩的额定充放电功率到实际可调度的等效储能能力，其中主要包含 3 个折算环节［即构成式（6.1-1）～式（6.1-3）中的折算系数 r_p^+、r_p^- 和 r_E］，具体如下：①考虑车辆行为，只有车辆停留在停车场且与充电桩连接，才能进行能量互动；②考虑电池安全，避免过充过放，车辆电池管理系统一般在电池接近满充及接近耗尽时留有 $10\% \sim 20\%$ 的容量，严格限制充放电功率；③考虑充电桩及充放电系统，其功能、充放电策略等进一步决定了实际可调节的空间。上述环节①与实际建筑场景的停车数量、车辆电动化率等因素相关，实际应用中可根据项目的情况，确定可利用电动汽车的占比。

6.1.3 暖通空调系统等效储能

从柔性用能的角度看待暖通空调系统，室内设定参数、室内末端、输配系统和冷热源系统等有一定的柔性调节潜力（图6.1-5）。对于室内设定参数，温度、湿度、二氧化碳浓度等都有允许的波动范围，利用其波动特点和建筑本体的惯性，可以实现建筑用能的增减、平移；对于空调末端［如空调箱、辐射地板[5]、TABS[6]］能够不同程度地利用建筑热容，室内温湿度允许在人员可接受的舒适区内波动，因此末端与建筑热容耦合同样具有调蓄能力。对于输配系统，管网中的载冷/热的工质（如水、制冷剂、空气等）具有一定的热容量；对于冷热源系统，可以为其配套主动的储能方式，例如，蓄冷/热水罐、蓄冰槽等冷热储存设备。

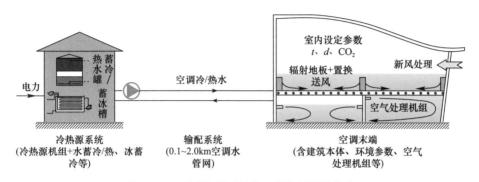

图 6.1-5　暖通空调系统各环节等效储能能力

上述各环节的冷热储存能力主要分为两类：①"冷热源＋输配"虚拟储能，包括蓄冷热体、冷热主机、水泵等，一般均设置在能源站中，储放过程能够实现供给室内的逐时冷热量没有显著改变，即不影响室内环境；②"末端＋建筑热容"虚拟储能，包括建筑热容、风机、末端水泵等，储放过程会改变供给室内的逐时冷热量，即影响室内环境。上述两类可在"暖通空调系统＋建筑热容"整体作为虚拟储能的等效放电过程中依次利用，即等效储电量 E 和等效时间常数 T 具有加和性。例如在供冷过程中先关停冷水机组并用蓄冷水罐供冷，蓄冷水罐的冷量耗尽后再关停末端风机，利用建筑热容蓄存的冷量供冷。

图 6.1-6 和图 6.1-7 总结了供冷工况和供暖工况下各类空调方式的等效储能能力。总体而言，对于供冷工况，从分体空调到半集中空调，再到集中空调＋蓄冷系统，其可利用的柔性调节能力逐渐变强；对于供暖工况，从对流末端到辐射＋对流末端，到辐射末端，再到蓄热系统，其柔性调节能力逐渐变强。

卧室(15m²)
空调(0.7kW，建筑蓄热)
T=10~30min

别墅(400m²)
空调(6.6kW，建筑蓄热1h)
蓄电池(6.6kW，13.2kWh)
T=3h

商业综合体(8.7万m²)
(1)建筑本体蓄能
T=1h
(2)冷水(4.3MW)/制冰(4.1MW)
冰蓄冷(蓄冷量3.3万RTh)
T=6.1h

机场航站楼(47.8万m²)
(1)建筑本体，蓄能
T=1.1h
(2)建筑+水蓄冷
空调(9.7MW，建筑蓄热1h)
水蓄冷(蓄冷量6.7万RTh)
T=7.3h

供冷工况下的可利用柔性调节能力

分体空调　　　　　半集中空调　　　　　　集中空调系统+蓄冷系统

图 6.1-6　供冷工况下各类空调方式的等效储能能力

住宅—热风方式
空气源热泵(0.7kW,
建筑蓄热)
T=10~30min

商业建筑—风机盘管FCU、
全空气方式
空调(建筑蓄热1h)
T=1~2h

住宅等—散热器方式
辐射地面供暖如TABS等
空调(9.7MW,建筑蓄热)
T=2~6h

区域供冷/热(46.2万m²)
办公+商业
供热(3.2MW)
水蓄热(体积0.97万m³)
T>10h

供暖工况下的可利用柔性调节能力

对流末端　　　　辐射+对流末端　　　　辐射末端　　　　蓄热系统

图 6.1-7　供暖工况下各类空调方式的等效储能能力

6.1.4　电器设备等效储能

电子产品在传统锂离子电池市场上仍占据一定份额。对建筑而言，电器设备拥有海量的分散式蓄电池资源，可以挖掘出巨大的等效储能潜力。图 6.1-8 给出了常见电器设备功率、能耗范围。可储能电器设备是继电动汽车之后锂电池保有量最多的领域[7,8]，包括笔记本电脑、手机、各类无线家用电器、电动自行车等。对于这类可储能电器设备的等效储能，接入建筑配电网的可储能电器设备主要决定了等效储能容量 E，而充电器主要决定了等效储能功率 P。市场调研几类典型的设备情况如下：笔记本电脑电池容量为 50~100Wh、充电器额定功率为 30~200W，手机电池容量为 5~20Wh、充电器额定功率为 1~200W，电动自行车电池容量为 0.2~1.5kWh、充电器额定功率为 0.1~0.2kW。

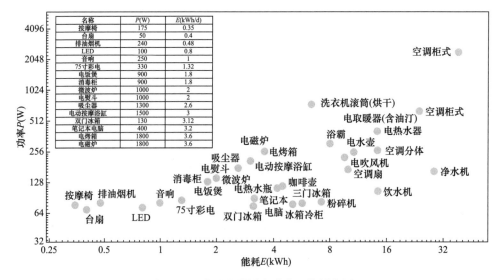

图 6.1-8　常见电器设备功率、能耗范围

可储能电器设备作为虚拟储能的特征与"电动汽车＋智能充电桩"类似。从设备的额定电池容量、充电器的额定充电功率到实际可调度的虚拟储能能力，同样包含 3 个折算环节，具体如下：①考虑设备使用行为，只有设备与充电器连接，才能进行充电调控；②考虑电池安全，避免过充过放，在电池接近满充及接近耗尽时留有部分容量，严格限制充电功率；③考虑充电器，其充电模式进一步决定了实际可调节的空间。目前常见的可储能电

器设备及充电器主要采用功率不可调单向充电模式，与"电动汽车＋功率不可调单向充电桩"类似。综合效率 η 参考《民用建筑直流配电设计标准》T/CABEE 030—2022[9]：非隔离型变换器的最高效率不低于 97%，隔离型变换器的最高效率不低于 96%，在 20% 额定功率时的效率与最高效率的差值不宜超过 3%。相关案例数据汇总见图 6.1-3 和表 6.1-1。

基于以上定义和数据，单件可储能电器设备的等效储能容量远小于前述"电动汽车＋智能充电桩"和"暖通空调系统＋建筑热容"。但是这类虚拟储能无初投资成本，同时考虑其巨大的数量及智能电器、智能建筑的高速发展，未来将具有一定调蓄潜力。以我国江西省需求响应试点为例[10]：单次邀约居民 112.2 万户，降低电网高峰负荷 15.15 万 kW，平均仅 135W/户，相当于每户削减 2~3 部手机的充电负荷。再者，图 6.1-9 给出了美国加利福尼亚州的家庭调查案例[11]：平均每户拥有 8.4 件可储能电器设备，虽然电力负荷平均仅为 12~17W/户，但在全州范围内的电力负荷总计可达 160~220MW（峰值出现在 23:00~0:00），电耗约 1600GWh/a，然而其中仅有约 15% 实际用于电池充电，其余均为空载状态（电器未连接）和保持状态（电器满电量时连接）的发热损失。通过合理调整充电峰值负荷至后半夜、适时切断充电避免保持电耗，可有效利用这部分虚拟储能资源。

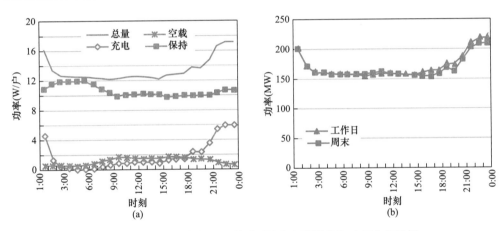

图 6.1-9　美国加利福尼亚州"可储能电器设备"功率曲线示例
（a）工作日家庭可储能电器功率；（b）家庭可储能电器总功率估计

利用此类虚拟储能的最大瓶颈是如何有效调用海量、高度随机的终端设备。物联网技术（如 Wi-Fi、5G）可支持在一定范围内控制电器设备的充电过程；利用电力线载波技术在低压配电网中广播需求响应信号，采用号召式参与调节的模式，也是一种具有潜力的方式[12]。再者，开发如电动汽车智能充电桩的电器智能充电器，可设计充放电策略以支持深度利用此类虚拟储能。

6.2　柔性调控系统架构

实现建筑柔性用能是需要多方参与的协作与交互过程，除了要具备各类柔性资源外，相应的柔性调控系统是保证建筑按照预期实现柔性用能的关键。随着建筑规模和能源需求的不断增加，简单的负荷调节方式已经不足以应对现代建筑对能源调度的精细化需求。特别是在光储直柔系统中，光伏发电和储能技术的集成为建筑的能效优化提供了巨大潜力，但同时也带来了更复杂的管理挑战。为了实现最大化的能源利用效率，建筑必须依赖灵活、高效的调控架构，使得各类柔性资源能够在需求波动、价格变化和环境条件不同的情况下自适应调整。

柔性调控架构不仅要能够整合不同柔性资源，还必须根据不同场景下的建筑实际用能需求，针对不同禀赋的柔性资源的控制特征，提供整体系统的最优柔性用能解决方案。不同的建筑规模、能源资源分布以及调控目标决定了在实际应用中采用的调控架构形式需要有所区分。为了适应不同的应用场景，柔性调控系统架构根据建筑配电网的主要调控架构分为集中式调控、分布式调控以及基于母线电压的调控三种方式，如图 6.2-1 所示。集中式调控适用于大规模建筑或建筑群，提供全局优化的能力；分布式调控则强调建筑的自主性和灵活性，适合中小型建筑或社区；基于母线电压的调控则特别适用于低压直流系统，依托电压的实时变化来快速实现能量的调节。表 6.2-1 对比了集中式调控与分布式调控的特点。

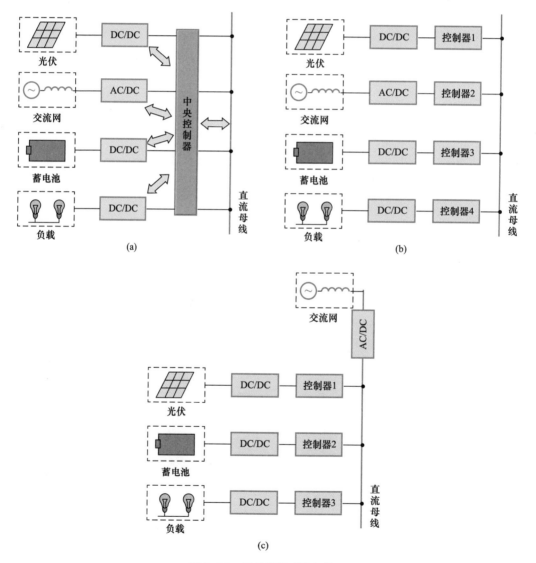

图 6.2-1　柔性调控系统架构

（a）集中式调控；（b）分布式调控；（c）基于母线电压的调控

集中式调控与分布式调控的对比 表 6.2-1

调控方式	集中式调控	分布式调控
调控方式	通过中央控制器或优化器协调管理所有建筑的能量调度	每个建筑拥有自治权，根据自身需求做独立调度决策
求解	全局优化	迭代求解，信息交换和协调
优点	实现整体最优效率，考虑多建筑能源互补和协同作用	建筑决策相对独立，灵活性和实时性，数据隐私和安全性，无单点故障风险
缺点	单点故障风险，隐私和安全顾虑	计算复杂度增加，通信负担，稳定性影响

6.2.1　集中式调控架构

在光储直柔系统中，集中式调控架构是一种通过单一中央控制器或优化器对所有建筑柔性资源进行统一管理和优化的模式。该架构依托中央控制器来收集和处理建筑内外的能量需求、能源生产（如光伏发电）以及储能信息。通过这种集中的信息流动，中央控制器能够全局掌控建筑能源系统的运行状态，并根据电网需求、市场电价、气候变化等外部因素做出全局最优的调度决策。集中式调控可以使能源的利用效率最大化，优化负荷调节，实现对可再生能源的高效利用，并降低建筑运营成本。

集中式调控架构的核心是中央控制器，通常称为能量管理系统（EMS）。这一系统负责从各个子系统采集实时数据，诸如光伏发电的当前输出功率、储能设备的充电状态、建筑负荷的实时需求等。数据传输依托建筑内的通信网络，确保所有信息能及时汇总到中央控制器。在完成数据的收集与分析后，中央控制器根据优化算法，生成调度计划，指挥各柔性资源按照指令进行操作。例如，在用电高峰期，系统可能会决定减少空调系统的能耗；而在电价较低的夜间，储能设备则会在中央控制器的指令下开始充电，为未来的需求做好准备。

与分布式调控相比，集中式调控的优势在于全局优化能力。由于所有的柔性资源都汇聚到一个控制节点，中央控制器可以根据全局的能源供需平衡，制定出最优的调控策略。这不仅提升了整体能效，还确保了系统的稳定运行。例如，在光伏发电量波动较大时，中央控制器可以通过储能系统来平衡供电，避免能源浪费或供电不足的情况。此外，通过集中化的优化策略，系统能够在需求响应场景中做出快速、准确的负荷调节，及时响应电网的削峰填谷需求，从而为建筑运营方和电网运营方带来双赢的效果。集中式调控不仅适用于单一建筑的能源管理，在更大规模的建筑群或工业园区中也能很好地发挥作用。在多个建筑协同运行的场景下，集中式调控可以整合不同建筑之间的能源需求，统筹光伏发电和储能资源。一个工业园区中可能有若干办公楼、生产厂房和仓储设施，它们的用电需求和负荷变化各不相同。通过中央控制器的协调，光伏发电量可以在负荷较高的区域优先使用，而储能设备则可以在负荷较低的区域进行充电，确保整体系统的高效运行。

集中式调控的控制流程大致分为数据采集、分析决策和执行反馈三个阶段。首先，来自光伏发电系统、储能设备、建筑负荷管理系统等的实时数据传送至中央控制器，这些数据不仅涵盖当前的能量使用情况，还包括外部的电网信号和市场电价变化等信息。接着，中央控制器根据预设的优化目标和算法模型，对采集到的数据进行分析，判断当前的能量供需平衡，并制定出最优的调度策略。在这一过程中，中央控制器考虑了建筑内部的负荷优先级、储能设备的状态、光伏发电的实时情况以及电网的外部需求。最终，调度指令被下发至各个柔性资源，启动相应的调整操作，如改变光伏发电的输出、调节储能系统的充放电行为，或者调节建筑内部的负荷。对于大型建筑或园区而言，集中式调控可以整合光伏、储能、热泵、电动汽车充电桩等各类设备，提升资源使用效率。

然而，集中式调控面临着单点故障的风险。由于整个系统依赖于一个中央控制器，一旦中央控制器发生故障，整个调度系统可能会失效，导致柔性资源无法响应需求变化。因此，为了提高系统的可靠性，通常需要设置冗余系统和备份机制，以防止单点故障带来的风险。此外，多元柔性资源融合的配电网中资源繁多，负荷数量多，中央控制器需要发出大量控制指令，计算量大，计算时间长，从工程实际考虑，无法实时给出调度指令[13]。考虑到在进行控制指令下达和本地信号上传过程中存在传输延迟，系统实际运行时实时调控指令无法即时到达各个本地节点。因此，集中式调控对数据传输和通信网络的要求较高，特别是在规模较大的园区中，实时传输大量数据可能对通信系统造成一定的负担。

6.2.2　分布式调控架构

分布式调控架构是现代建筑能源管理中一种灵活自主的调控模式，允许每个子系统根据自身的需求和能量情况独立进行调度，而无须依赖于中央控制器的集中指挥，如图 6.2-2 所示。这种架构特别适合在多能系统中应用，如光伏发电、储能、电动汽车充电桩等，尤其在资源分布广泛、负荷多样化的建筑环境中。在分布式调控架构下，建筑的每一个能源单元（包括光伏系统、储能设备和负荷管理系统）都具有一定的自治能力，可以通过独立的控制器进行自主管理，这里的控制器在低压直流配电网中可以是各设备自身的 AC/DC 变换器或 DC/DC 变换器。控制器不仅负责实时监控各个子系统的运行状态，还能根据具体的条件做出调节决策。比如，一个储能系统的局部控制器能够根据当前电价或建筑负荷状况决定何时进行充电或放电，而光伏发电系统的控制器则可以根据天气条件调整发电的优先级，决定将发电量优先用于负荷还是储能。

分布式调控赋予了各个子系统更多的自主权就意味着调控决策更多依赖于局部的数据和需求。因此，每个子系统的控制器会根据自身条件做出独立决策，而不是等待来自中央控制器的指令。例如在一个拥有多个独立光伏发电系统的住宅小区中，分布式调控能够让每个家庭根据自身的需求和发电状况进行调控，而不必依赖统一的集中指挥。每个子系统的局部控制器负责采集系统的运行数据，如发电量、储能状态和当前的用电需求。它们还会根据建筑物内部外部条件，如电价波动、天气预测等，做出调控决策。整个架构通过分布式通信网络实现各个控制器之间的信息交换，以确保系统的协调性和统一性。每个子系统可以独立运行，通信网络帮助它们共享数据，避免资源浪费或不必要的调控冲突。

分布式调控架构具备更高的灵活性和鲁棒性。由于每个子系统都可以根据自身的条件进行独立调控，因此能够迅速响应局部的需求变化。此外，这种架构对故障具有较强的容忍度。即使某个局部控制器出现故障，也不会影响整个系统的运行，其他子系统依然可以继续独立调控。这种故障隔离能力在大型复杂的建筑系统中尤为重要，特别是在涉及多个

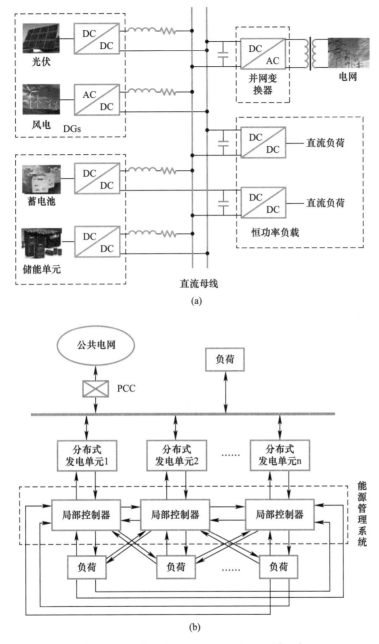

(a)

(b)

图 6.2-2　分布式能源管理模式示意图[14,15]

（a）典型低压直流系统示意图；（b）分布式调控架构示意图

分布式能源单元的情况下，分布式调控能够确保系统在局部故障时保持整体的稳定性。与集中式调控相比，分布式调控的另一个显著优势是其所具备的可扩展性。在分布式调控架构中，系统的扩展非常灵活。如果增加新的能源单元（如新增光伏发电系统或储能设备），只需在新设备上安装局部控制器，无须对整个调控架构进行大幅修改。这种模块化的扩展方式使得分布式调控非常适合有多样化能源需求的场景，比如社区、园区或者微电网等。

尽管分布式调控具备诸多优势，但它缺乏全局优化的能力。子系统的调控决策可能导致局部优化与全局最优之间的冲突。为了弥补这一缺陷，分布式调控需要通过局部控制器之间的通信和协作来尽量实现全局一致性，但这往往增加了调控的复杂性，特别是在多种柔性资源并存的情况下，系统的调控成本会有所增加。

随着微电子技术和计算机通信技术的飞速发展，可编程逻辑控制器（PLC）在硬件配置、软件编程、通信联网功能以及模拟量控制等方面均取得了长足的进步，从而为建筑楼宇自动化控制注入了前所未有的生机和活力。分布式调控可与 PLC 技术结合，一方面可以保证控制的实时性、稳定性以及准确性；另一方面则可大幅降低成本，满足用户对控制系统的经济性要求。此外，对于采用分层体系结构的 PLC 而言，每一层的通信速度和网络类型都有所不同；在光储直柔低压直流电力系统控制中，大多数的数据只需在底层网络中传输，仅有少部分的数据需要跨网传输。针对这一特点，以 PLC 通信为核心的控制器件，在分布式调控的通信系统中采用标准以太网，并根据控制需求开发出专用的通信协议和信号，可最大限度地快速传送重要信息，这里就需要一种计算简便、信息丰富、可由分布式系统识别的信号来统一调动各设备。

6.2.3 基于母线电压的调控架构

与交流配电系统相比，直流配电系统能够更加高效地传输能量，尤其是在处理光伏发电与储能的集成时，避免了能量在交直流之间转换所带来的损耗。在图 6.2-3 所示的光储直柔配电系统中，通过直流母线连接光伏发电、储能设备和建筑负荷，375V 直流母线通过 AC/DC 变换器与交流 380V 的外电网连接。系统内的发电与用电负载功率的变化影响母线电压变化，而电压在一定范围内的变化能够反映电网与建筑的供需关系。具体来说，AC/DC 变换器可根据电网需求恒定用电功率为 P_0。直流母线输入功率为 P_0+P_V，其中 P_V 为光伏发电的输入功率。由于各用电设备和蓄电装置的功率随直流母线电压的变化而自行变化，所以当各用电设备的总功率等于 P_0+P_V 时，如果直流母线电压处于要求的上限电压 V_{max} 和下限电压 V_{min} 之间，则系统维持平衡。当某用电设备试图增大功率，使总功率高于 P_0+P_V 时，直流母线电压下降，此时各用电设备将自动根据电压下降程度减小自身用电功率；蓄电池、充电桩也根据电压下降程度减小充电电流，甚至通过放电向系统提供部分功率，维持母线电压不低于下限电压，并逐步重新平衡到 P_0+P_V。反之，如果各用电设备试图降低功率，从而使总功率低于 P_0+P_V 时，母线电压就会升高，各用电设备就会根据电压的升高自动加大自身的用电功率，蓄电池、充电桩也会自动增大充电功率，这样，从外电网取电的功率就会重新平衡在 P_0 上。当外电网和光伏发电的供电功率 P_0+P_V 过大，而各用电设备和充电装置功率过小时，直流母线电压达到允许的上限电压 V_{max}，此时就要通过 AC/DC 变换器减小从外电网引入的电功率 P_0 和调节光伏发电的 DC/DC 变换器，通过部分"弃光"使母线电压稳定在 V_{max}；而当外电网和光伏发电的供电功率过小，小于当时各用电设备的总功率，而各蓄电装置也已经无电可放时，AC/DC 变换器将加大供电功率，使直流母线电压维持在 V_{min}，以保证基本的用电需求。可以看出，在电压的动态变化过程中，与外电网的接口 AC/DC 变换器、与光伏的接口 DC/DC 变换器，与蓄电池的接口 DC/DC 变换器，与电动汽车的接口 DC/DC 变换器，以及与其他用电终端的接口 DC/DC 变换器发挥关键的调控作用。这些接口都是带有可编程控制器的智能变换

器，掌握着根据母线电压调控各设备的控制权，是母线电压控制的核心。

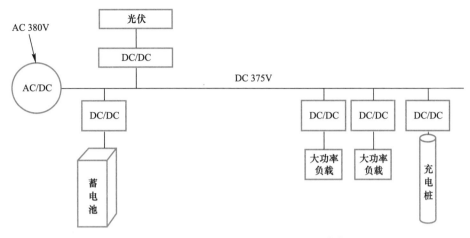

图 6.2-3　建筑光储直柔配电系统原理[17]

　　基于母线电压的调控架构的独特之处在于，母线电压作为一种低延迟的电气信号，可以不依赖于复杂的通信网络和集中控制器，在系统内快速传递能量调节指令，实现了各个设备的协同工作，从而在电力供需波动时迅速恢复系统平衡，母线电压在这个过程中起到了指挥棒的作用。而各设备接口处的变换器是实现调控的执行器。外电网的接口 AC/DC 变换器，根据电网需求功率和系统实际功率的差修正直流母线电压。光伏的接口 DC/DC 变换器不断改变升/降压比，以调整输入到直流母线的电流，最终使其从光伏电池接收最大的功率。同时，DC/DC 变换器还要检测母线电压，当发现母线电压高于 V_{max} 时，改为按照电压设定值 V_{max} 控制输出电压的模式，光伏电力过高时弃光。蓄电池的接口 DC/DC 变换器通过监测直流母线的电压，确定充放电功率。考虑到直流母线的沿程压降，由于蓄电池可能在任何位置连接，所以要设置一个电压死区，只有当母线电压高于电压死区上限时才开始充电，低于电压死区下限时才开始放电。在实际运行中，按照上述简单逻辑调控，也有可能在需要蓄电以满足消纳电网电量的需求时蓄电池已充满，或在需要蓄电池放电以满足用电末端需求时蓄电池已无电可放。为了避免出现上述问题，也可以采用人工智能（AI）的方式通过连续监测直流母线电压变化，掌握建筑全天电力供需关系的变化。识别出可能出现需要加大蓄电功率（母线出现高电压）和需要加大放电功率（母线出现低电压）的时间段，从而对全天的充放电策略进行优化，在需要大功率充电前留出足够的充电容量，在需要大功率放电前蓄存足够的电量。充电桩接口 DC/DC 变换器与智能充电桩结合，与目前传统的充电桩的区别是不由电动汽车中的电源管理系统（Battery Management System，BMS）决定充放电与否和充放电电流，而是由电力系统的供需关系决定。它与蓄电池接口控制逻辑的区别是在判断直流母线电压高低的同时，还要考虑所连接的各电动汽车电池的电量，优先保证电量偏低的车先充电。

　　基于母线电压的调控架构通过划分多个电压等级，精细化地管理系统的运行状态。通常，光储直柔系统会预设几个电压区间，每个区间对应一种特定的调控模式。例如，当母线电压处于较高区间时，系统识别到发电过剩或负荷较低，此时储能系统会自动降低充电功率，甚至停止充电，以防止电压继续上升。而当母线电压降至某个临界点时，储能系统会迅速启动放电，补充电力需求，避免电压过低对系统运行造成影响。这样分层的电压调控策略确保了系统的灵活响应能力，能够根据不同的电压信号实现动态的功率调整（图 6.2-4）。

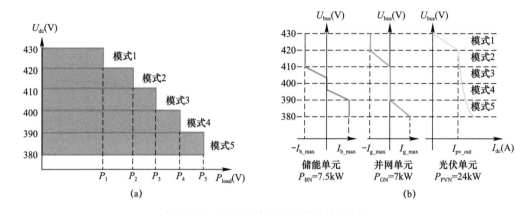

图 6.2-4　基于母线电压的分层控制方法
（a）母线电压等级划分示意图；（b）不同电压等级下各设备功率调控示意图

　　母线电压的稳定性直接关系到系统的安全性和可靠性。在光伏发电、储能和负荷之间，母线电压作为能量传输的主要载体，任何电压波动都可能导致设备的过载或失效，从而影响整个系统的正常运行。电压过高可能损坏连接设备，电压过低则可能导致设备无法正常工作，甚至造成系统崩溃。《建筑光储直柔系统评价标准》T/CABEE 055—2023 规定，在光储直柔系统预评价阶段的等级判断中，对于电压的控制要满足稳态电压应在 85%～105% 标称电压范围内，暂态电压变动应不大于 5% 标称电压范围，如表 6.2-2 所示。直流系统与交流系统相比具有更低的能量损耗，但这一优势仅在电压保持稳定的情况下才能体现。如果母线电压频繁波动，会导致能量在传输过程中的损失增加，进而影响系统的整体能效，降低光伏发电和储能的经济性。此外，许多控制策略和决策都是基于电压信号进行调节的。如果母线电压不稳定，系统对供需变化的响应将变得不可靠，可能导致调控失效，从而引发更大的供需不平衡。

运行评价阶段建筑光储直柔基本级判定要求　　　　　　　　　表 6.2-2

项目	基本级指标和要求
电能质量	稳态电压应在 85%～105% 标称电压范围
	暂态电压变动应不大于 5% 标称电压
	纹波的峰峰值系数和有效值系数应分别小于 1.5% 和 1.0%
运行控制	具备状态切换和功率控制功能
	系统采用直流母线电压控制

　　因此，在柔性资源调控过程中必须保持电压的稳定。在实际应用中，直流配电系统中某一单一柔性资源的切入切出对于整体母线电压的影响是可控的，如表 6.2-3 和表 6.2-4 所示。但在瞬时的调节需求和响应调控过程中，多种柔性资源的调控可能会出现同频或非协同现象，这对系统的稳定性构成了挑战。具体而言，同频指的是多个设备在相似的时间框架内对母线电压的变化做出响应，这可能导致电压波动加剧。在光储直柔系统中，光伏

发电、储能装置及建筑负荷等多种资源在接收到电压反馈信号后，若同时调整其功率输出，就可能形成共振效应。此时，母线电压的瞬时波动不仅会影响设备的调节行为，还可能引发供需不平衡，进而对系统的运行造成负面影响。

不同柔性资源切入切出的暂态电压变化　　　　　　　　表 6.2-3

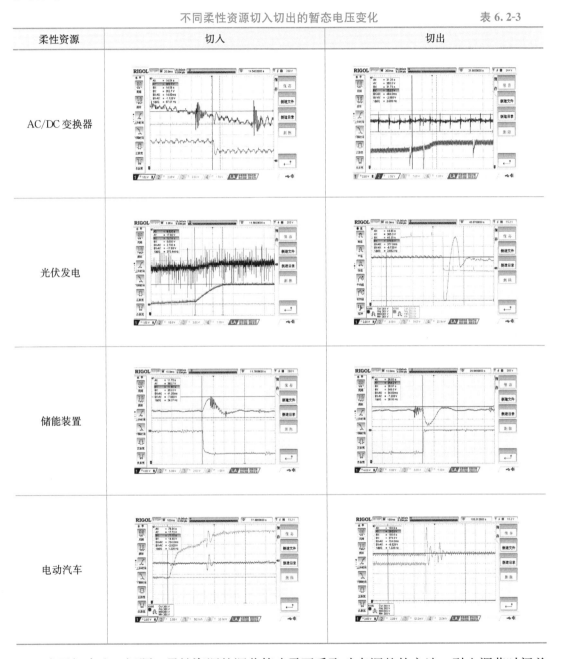

柔性资源	切入	切出
AC/DC 变换器		
光伏发电		
储能装置		
电动汽车		

　　为了解决这一问题，柔性资源的调节策略需要采取动态调整的方法。引入调节时间差是一种有效措施。在系统设计时，可以针对不同设备设定不同的响应时间，确保它们不会同时做出相同方向的调节。比如，光伏发电可以设置为快速响应，而储能装置的响应时间则可以设定为相对较慢，从而避免瞬时响应的叠加效应。但在快速响应需求不断增长的背景下，秒级和分钟级响应产生的电压波动需要 AC/DC 变换器进行调整，它能够在电网与

光储直柔系统之间实现高效的能量转换，迅速调整输入和输出功率，以帮助维持电压水平的稳定。AC/DC 变换器在这一过程中发挥着关键的"托底"作用。

不同柔性资源切入切出的稳态电压变化 表 6.2-4

柔性资源	切入	切出
AC/DC 变换器		
储能装置		
空调		

除此之外，电压信号的频率特性也对系统控制稳定性有着重要影响。电压信号通常可以被划分为高频和低频两部分，前者反映设备响应调节或运行状态发生改变时电压信号的瞬时波动和噪声，而后者则代表系统的长期趋势和主要控制信息。在调节过程中，如果不对高频信号进行有效过滤，可能导致系统误判，进而影响调控效果。高频信号的干扰主要源自瞬时负荷变化和开关操作等，这些瞬时波动可能使系统在调节时出现错误响应，导致功率输出不稳定。而低频信号则更为稳定，能够有效反映系统的供需状态。因此，在控制策略中采用低频信号作为主要依据，可以显著提高系统响应的准确性和稳定性。

在此背景下，数字滤波器的作用愈发凸显。数字滤波器能够有效分离高频噪声和低频控制信号，确保系统在处理电压信号时，能够快速过滤掉不必要的干扰。通过滤波后的低频控制信号，能够实时反映当前的电力供需状况，从而采取有效的调节措施，以保持电力流动的稳定性和高效性。因此，数字滤波器不仅提高了系统的控制精度，还能增强系统在负荷波动或发电量变化时的响应能力。在数字滤波器的设计与实现中，需要满足特定的频率响应和动态行为，以确保系统能够迅速调整。数字滤波器应根据系统的工作频率范围进行调节，确保能够有效处理该范围内的信号波动。通常，数字滤波器需要在给定的时间带内，消除高于设定频率的波动，从而确保系统能够以较快的响应速度做出反应。

6.3　系统运行调控策略

6.3.1　系统调控策略分类

建筑光储直柔系统的目标是将建筑刚性用电转为柔性用电，根据电网调节信号，如动态电价、碳排放信号、功率或者需求响应指令，随时调节建筑内各设备的运行状态。各设备的运行模式和调控方法有较大差异，如图 6.3-1 所示。光伏发电的工作模式分为最大功率输出模式（MPPT）和恒压工作模式两种；蓄电池的运行控制可根据母线电压进行下垂控制或者根据中央控制器下发的功率指令进行准确的充放电功率控制。暖通空调系统的调节方式主要包括改变室内设定温度、压缩机等部件功率直接控制、提前供冷或间歇供冷，以及蓄热/冷等。电动汽车充电桩的控制根据控制模式可分为单向有序充电和双向充放电控制，其充放电控制策略可实现峰谷电价差利用、光伏消纳、负荷转移等目标。针对建筑内其他可调节负荷主要通过调节设备作息实现功率控制，且不影响用户使用习惯和舒适性。调控策略决定了系统如何应对外部环境的变化、如何根据不同柔性资源的特点执行具体的控制动作。柔性调控策略不仅影响系统的响应速度和稳定性，还直接关系到建筑整体能效和运行成本的优化。

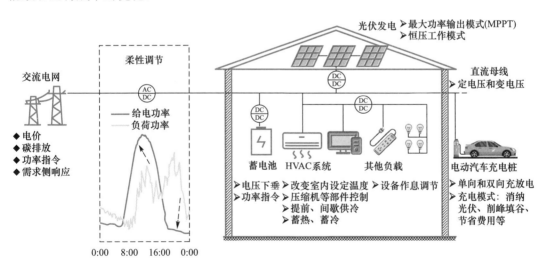

图 6.3-1　建筑光储直柔系统控制和设备调节方式

为了更好地适应不同的建筑规模、能源需求以及系统复杂性，调控策略的设计需要精细化。光储直柔系统具有多种调控需求，包括应对电网的实时电价信号、优化可再生能源的利用、管理储能装置的充放电，以及在负荷波动时进行灵活调整。面对这些复杂多变的调控需求，单一的调控方法显然无法满足所有场景。因此，需要根据系统的特点以及具体应用场景对调控策略进行分类，确保每种策略都能够在特定条件下发挥最大的效用。

将柔性调控策略按照其复杂性和决策方式的差异划分为基于规则的调控策略和基于优化的调控策略两大类。基于规则的调控策略以预设规则为核心，适用于相对简单和稳定的场景。最大化消纳可再生能源发电策略和最大限度利用低价谷电策略是常见的两种基于规则的调控策略，通过设定系统目标为消纳光伏或减少运行成本等单一目标对关键运行设备实现高效控制。这类策略所制定的规则依赖于用户的知识经验和数学模型，通常具有良好的实时性和可操作性，但是缺乏对复杂和动态变化场景的全局优化能力。而基于优化的调控策略则通过更为复杂的数学模型或算法进行全局优化，它能够根据实时的系统状态和外部条件动态调整调控决策，适用于更复杂和不确定的能源管理环境。

在基于优化的调控策略中，可以进一步细分为三类：传统优化技术、基于启发式和元启发式算法的优化调控策略，以及近年来逐渐兴起的基于强化学习算法的策略。传统优化技术，如线性规划和动态规划，依赖于明确的数学模型和约束条件，适合处理可预测的能源需求和供给问题。而启发式和元启发式算法在非线性调控问题和在没有明确数学模型的情况下表现较好。随着人工智能的发展，强化学习算法逐渐成为处理动态、复杂调控场景的有效工具，它能够通过与环境的不断交互和学习，逐步改善调控策略，尤其适用于不可预测的环境。表 6.3-1 整理了不同调控策略的对比。

光储直柔系统柔性调控策略对比 表 6.3-1

调控策略	类型	优点	缺点	适用场景
基于规则		简单易实现； 响应速度快； 规则明确，易于操作和维护	缺乏全局优化能力； 适应性差，无法应对复杂和动态的变化	简单负荷调节场景； 稳定的电价或负荷需求的环境
基于优化	传统优化技术 （线性规划、混合整数线性规划、动态规划、随机优化等）	基于明确的数学模型，优化效果稳定； 能够处理复杂系统，求解精确最优解； 在可预测场景下效果好	依赖精确模型，模型不易构建； 计算复杂度较高； 缺乏灵活性，难以应对不确定性和动态环境	电价可预测的能源调度场景； 可控负荷和储能管理； 光伏与储能联合优化的场景
	启发式和元启发式算法 （遗传算法、粒子群算法及其改进算法等）	不依赖精确模型，适合非线性问题； 灵活、易于实现不同问题的求解； 能处理大规模复杂系统	可能无法保证全局最优解； 求解时间较长，实时性较差； 解的质量依赖于算法参数	多目标优化场景； 能源供给和需求波动较大的环境； 分布式能源系统的调控优化
	强化学习算法 （基于值函数的算法、基于策略的算法等）	能够在复杂、不确定的环境中学习调控策略； 动态优化能力强，适应性好； 通过经验积累优化效果逐步提高	初始训练时间长； 需要大量数据和算力； 训练过程中可能难以达到稳定的最优效果	动态电价波动大且不可预测的场景； 电力市场中的动态需求响应； 需要长期优化的复杂柔性调控环境

6.3.2 基于规则的调控策略

基于规则的调控策略是一种最为直观和简单的柔性调控方式，它通过预设的规则和逻辑条件来引导系统的调节行为（图 6.3-2）。这类策略通常依据历史经验、设定的目标和系统的基本约束条件来构建，而不依赖复杂的计算和动态的优化过程。在建筑能源管理中，基于规则的调控策略广泛应用于各种柔性资源的控制，因为它具有易于实现、响应迅速且具备一定可靠性的特点。通过定义明确的控制规则，系统能够根据实时数据做出快速决策，例如在电价上涨时削减负荷，在电价下降时启动储能充电。基于规则的调控策略通常包含几个核心要素：控制参数、触发条件和执行动作。控制参数是系统需要监控和调整的变量，例如电价、光伏发电量、建筑的负荷水平、储能状态等。触发条件则是根据这些参数的设定值，当某一参数达到或超过设定值时，系统就会根据规则采取相应的控制动作。执行动作是系统在触发条件满足时所采取的调节行为，例如启动负荷削减、调整储能系统的充放电等。

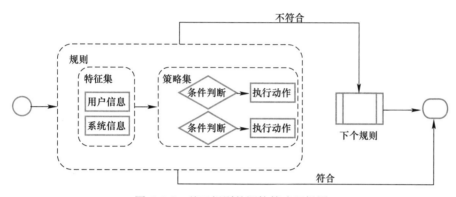

图 6.3-2　基于规则的调控策略逻辑图

基于规则的调控策略适用于多种柔性资源，包括光伏发电、储能系统、暖通空调系统等。在光伏发电系统中，基于规则的调控策略常用于协调发电、负荷和储能的关系。光伏发电具有波动性，受天气和光照的影响较大，因此需要通过规则来调节其输出。典型策略是光伏优先使用策略：当光伏发电量大于建筑的用电需求时，系统首先满足建筑的用电需求，剩余的电量则用于储能系统充电；当光伏发电量小于负荷需求时，则由储能系统进行补充[16]。这个调控逻辑中，主要的控制参数包括光伏的实时发电量、建筑负荷水平和储能系统的充放电状态。通过简单的规则设置，光伏发电系统能够在日常运行中保持高效，减少电网取电量，优化能源自给率。在极端天气情况下，规则还可以进一步细化。例如，在光照充足但储能电量已满的情况下，系统可以预设将多余电量反馈至电网。相反，当天气条件恶化、光伏发电量不足时，规则可以设定为优先满足关键负荷的需求，减少非关键区域的用电量，从而确保系统在极端情况下的稳定运行[17]。

类似的规则调控在储能系统中的应用也十分常见。储能系统在光储直柔系统中起到了调节电力供需、稳定系统运行的重要作用。常见的基于规则的调控策略是时间段电价调控策略，即根据电力市场的实时价格波动，设定储能系统的充放电行为。在电价低谷时段，系统自动启动充电，而在电价高峰时段则放电，减少建筑的电网取电量。执行过程通常是通过预设不同的电价阈值和时间段来实现。例如，系统可以设定当电价低于某一设定值时充电，当电价高于另一设定值时放电。此外，还可以设定储能系统的充电和放电限值，以避免过度充放电，确保储能系统的使用寿命和安全性。通过对电价波动进行简单监测，系统能够迅速反应，最大限度地利用储能资源实现成本优化。

在暖通空调系统中，基于规则的调控策略常用于平衡建筑的舒适性需求和能耗目标。暖通空调系统往往是建筑中的能耗"大户"，如何在确保用户舒适度的同时节省能耗，是该系统调控的核心挑战。常见的基于规则的调控策略是通过温度设定点来控制系统的运行。例如，在夏季制冷时，系统可以预设一个舒适温度区间（如 24～26℃），当室内温度高于设定值时，空调自动启动制冷，低于设定值时则关闭制冷设备。这类调控规则简单易行，能够在保证室内环境舒适的同时降低能源消耗。暖通空调系统还可以基于用电高峰和低谷的时段规则进行调控。例如，在用电高峰时段，可以设定将室内温度的设定点稍微调高或调低，以减少暖通空调系统的能耗，达到削峰目的。此类基于规则的调控策略不依赖于复杂的优化算法，但能够有效减少电费支出，同时不明显影响用户的舒适度。此外，暖通空调系统还可以采用更为精细的负荷控制策略。例如，在建筑的各个区域设定不同的优先级，对优先级较低的区域采取延迟制冷或制热的策略。这一策略通过室内温度和区域需求的调控规则，将更多的能源集中供给优先级较高的区域，例如办公楼的会议室、医院的急诊室等。

不同类型的柔性资源可以根据实际情况设定各自的调控规则，从而形成一个协同工作的整体。尽管基于规则的调控策略无法像复杂的优化算法那样实现全局最优解，但其响应速度快、规则明确且易于实现，特别适合在实时性要求高的场景下应用。例如，在需求响应场景中，电网可能会发出紧急的负荷削减指令，此时系统可以通过预设的规则立即削减负荷，减少空调系统的运行，或者在电价激增时自动开启储能系统放电，从而帮助建筑快速响应电网需求。

6.3.3 基于优化的调控策略

随着能源需求的增长和可再生能源使用率的提高，建筑内能源管理的复杂性不断增加。基于规则的调控方法虽然能够快速响应，但往往局限于预设条件和简单的控制逻辑，无法应对复杂、动态的能源环境。为了解决这个问题，基于优化的调控策略应运而生。它通过数学模型、智能算法和动态调节机制，对系统进行全局优化和实时调整，以实现能源利用效率的最大化，并保证柔性资源的有效协同。

早期的基于优化的调控策略主要依赖于传统的数学优化方法，例如线性规划（LP）、混合整数线性规划（MILP）、动态规划（DP）等。这些方法依赖于明确的数学模型，能够对简单的能源调度问题进行优化。最初，这些技术广泛应用于大规模工业和电力系统中，帮助实现能源生产、传输和分配的优化。然而，随着可再生能源的广泛应用以及负荷的不确定性增加，传统优化技术逐渐暴露出其在应对动态、多目标调控场景中的局限性。为了解决这些问题，随着计算机技术的快速发展，基于启发式和元启发式算法的调控策略开始崭露头角。启发式和元启发式算法（如遗传法、粒子群算法等）不依赖于严格的数学模型，而是通过模拟自然现象来寻求复杂问题的近似解[18-20]。这类算法虽然无法保证全局最优解，但具有良好的计算效率和较强的适应性，能够处理非线性、复杂和动态的调控问题。随着计算能力的增强，启发式和元启发式算法被广泛应用于建筑柔性资源的调度和优化中，尤其在面对多目标优化问题时表现出色。

然而，建筑系统向智能化和调控个性化的转变，使得基于强化学习算法的调控策略逐渐成为优化调控领域的新兴力量，图 6.3-3 所示为启发式和元启发式算法与强化学习算法的对比。强化学习算法通过与环境的持续交互和学习，逐步提升系统的调控能力。这种算法不依赖于事先设定的模型，而是通过探索和利用经验数据，动态调整调控策略，从而能够应对高度不确定和动态变化的能源管理场景[21-23]。近年来，随着人工智能和大数据技术的发展，强化学习算法已经在智能电网、能源市场预测和需求响应调控等领域取得了显著的进展。该算法能够通过不断学习和改进，逐步提升系统的调控效率，特别适合处理复杂的多目标和非确定性问题。

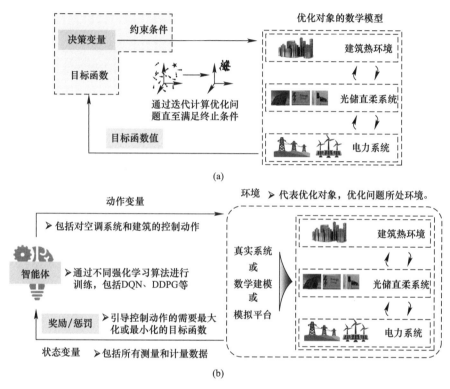

图 6.3-3　启发式和元启发式算法与强化学习算法的对比
（a）启发式和元启发式算法；（b）强化学习算法

以基于人工智能发展的强化学习算法为例，其核心思想源于行为学中的"试错学习"，即智能体通过在环境中执行动作并根据获得的反馈逐步改进其策略，以最大化某一目标（通常为累积回报）。强化学习算法的基本假设是系统的状态转移是一个马尔科夫决策过程（Markov Decision Process，MDP），即系统的下一个状态只取决于当前状态和动作，而与之前的状态和动作无关。通过在不同的状态下反复试验和调整，强化学习算法能够逐步改善其策略，最终实现全局最优的调控效果。在这个过程中，强化学习算法需要平衡"探索"（探索新的调控策略）与"利用"（利用已知的最优策略）之间的关系。与启发式和元启发式算法相似，强化学习算法也有基本的构成元素，包括：智能体、环境、奖励（惩罚）、状态量、动作、策略和值函数等。

（1）智能体（Agent）是执行控制动作并学习调控策略的主体。它可以是光储直柔系统中的一个控制单元，如管理储能设备的充放电、光伏发电调度或系统运行状态的控制器。

（2）环境（Environment）是智能体进行操作的外部系统。智能体通过与环境的交互，获得反馈，进而指导其策略的更新。对于光储直柔系统而言，环境可以是整个系统，也可以是具体的设备单元或需求。

（3）状态（State，S）是对环境在某一时刻的描述，即通过状态可知目前环境所处情况。光储直柔系统中的状态可以包括建筑的当前负荷、储能系统的电量水平、实时电价、光伏发电量等。智能体通过观察环境的状态来决定采取什么动作。

（4）动作（Action，A）是智能体在特定状态下根据策略执行的具体控制。对于光储直柔系统，动作可能是调节储能系统的充放电功率，或调整光伏发电的输出方式、空调系统的运行参数等。

（5）奖励（Reward，R）是智能体执行某一动作后从环境中获得的反馈，奖励的设置与目标函数类似，用于衡量该动作的效果，智能体通过累积奖励来优化其行为策略，提高优势控制动作被选择的几率。例如，光储直柔系统中的奖励可以是降低的电力成本或提高的能源效率。

（6）策略（Policy，P）是智能体在每个状态下选择动作的规则或函数。强化学习的目标是通过学习最优策略，使得智能体在长期内获得最大的累积奖励。

（7）值函数（Value Function，V）用于评估在某一状态下执行某一策略的长期预期收益，帮助智能体评估不同状态的好坏，以便在未来做出更好的决策。

强化学习算法之所以适合作为光储直柔系统的柔性调控策略，主要原因在于它能够动态适应系统的不确定性和复杂性。光储直柔系统涉及多个动态因素，如光伏发电的不确定性、建筑负荷的波动、储能系统的充放电约束以及电价的实时变化。传统的调控方法难以有效应对这些变化，而强化学习能够通过与环境的交互，不断调整策略，进而在变化的条件下保持系统的最优运行状态。光储直柔系统中的能源流动和电力需求往往是复杂的、多维度的，传统的优化方法很难准确建模。而强化学习算法能够通过大量的交互数据，从中学习到隐含的模式和关系，逐步优化调控策略（图6.3-4）。

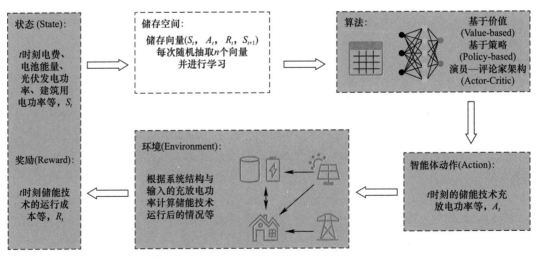

图 6.3-4　强化学习算法逻辑框图

此外，强化学习算法在处理非线性和高维状态空间时表现优异。对于建筑光储直柔系统，状态空间可能包括储能电池的充电状态、光伏发电的实时输出、建筑的瞬时负荷需求、外部电网的电价等多个维度。这种复杂状态空间通过传统的优化算法难以处理，但强化学习算法可以通过深度学习和策略优化，逐步发现状态与动作之间的最优映射关系，使得系统在复杂条件下依然能够实现灵活的动态调控。

6.4　基于直流母线电压的系统优化控制策略

直流母线电压可在一定范围内变化（例如 85%～105%），这是光储直柔系统区别于传统交流系统的最主要特征之一，以此信号作为调节手段，有望为光储直柔系统提供更加简便、有效的系统调节策略。光储直柔系统可灵活地构建成全直流微网和交直流微网两种微网结构。在全直流微网中，光伏组件、储能装置、电动汽车和直流负荷设备等均被接至直流母线上，以实现直流电能的分配管理，微网集中通过 AC/DC 变换器与交流母线连接，该变换器实现了外部交流电网与内部直流微网的能量交互，还承担了交直流电压转换的关键任务。在当前的建筑配电架构中，空调系统与照明设备等部分用电设备直接接入直流微网，与原有交流系统组合后形成一个交直流混连微网，有利于提升能源利用效率与灵活性，该混连微网利用变压器实现与外部交流电网的连接与电能交互。由于两种微网结构内包含的负荷类型变化导致两种系统形式下的相对供需比例、净功率变化特征和储能运行需求均发生变化，相应地，优化控制策略呈现出因系统而异的差异化。本节面向光储直柔系统的优化运行策略，探讨母线电压控制策略与直接功率控制策略在全直流微网与交直流混连微网两种不同架构下的应用效果。

6.4.1　系统关键设备运行模型

本节给出了光储直柔系统的关键设备运行模型的建模方法，以此为基础，可对不同系统形式下的设备性能进行仿真分析。

1. 光伏

$$P_{PV} = P_{PV,STC} \times N_{PV,S} \times N_{PV,P} \times \frac{I_t}{1000} [1 - \alpha \times (T_C - 25)] \tag{6.4-1}$$

$$T_C = T_a + \frac{I_t}{800} \times (NOCT - 20) \tag{6.4-2}$$

$$I_t = I_b R_b + I_d \left(\frac{1 + \cos\beta}{2}\right) + I\rho \left(\frac{1 - \cos\beta}{2}\right) \tag{6.4-3}$$

式中　　$P_{PV,STC}$——标准测试工况下光伏板功率，kW；

$N_{PV,S}$、$N_{PV,P}$——分别为光伏模块数量；

I_t——倾斜面辐射量，kWh/m^2；

α——功率—温度系数，取 0.0045；

T_C、T_a——分别为光伏板温度、环境空气温度，℃；

$NOCT$——光伏板标准测试温度，取 25℃；

I_b、I_d、I——分别为水平面的直接辐射、散射辐射和总辐射，kWh/m^2；

β——光伏安装角度，°；

ρ——地面反射系数。

2. 储能装置

储能装置的通用模型如下[24]：

$$E_b(t) = E_b(t_0) - \int_{t_0}^{t} (P_{ch}\eta_b + P_{dis}/\eta_b)\mathrm{d}t \qquad (6.4\text{-}4)$$

$$SOC(t) = \frac{E_b(t)}{Cap_b} \qquad (6.4\text{-}5)$$

$$P_b = P_{ch} + P_{dis} \qquad (6.4\text{-}6)$$

$$SOC_{min} \leqslant SOC_t \leqslant SOC_{max} \qquad (6.4\text{-}7)$$

$$P_{ch,max} \leqslant P_b \leqslant P_{dis,max} \qquad (6.4\text{-}8)$$

式中　$E_b(t)$ 和 $E_b(t_0)$——分别为储能装置在 t 时刻和初始状态的可用容量，kWh；

$\qquad P_{ch}$ 和 P_{dis}——分别为储能装置充电功率和放电功率，kW；

$\qquad\qquad \eta_b$——储能装置充放电效率；

$\qquad\qquad Cap_b$——储能装置的标称容量，kWh；

$\qquad\qquad SOC(t)$——储能装置在 t 时刻的电池荷电状态；

$\qquad\qquad P_b$——储能装置实际运行功率，kW；

SOC_{max} 和 SOC_{min}——分别为 SOC 的最大值和最小值；

$P_{ch,max}$ 和 $P_{dis,max}$——分别为储能装置充电功率和放电功率的最大值，kW。

3. 电动汽车充电桩

在光储直柔系统中，电动汽车的充电环节展现出高度的可调节性，在确保用户充电需求的基础上，通过调整电动汽车充电功率实现对整个系统灵活性与响应性的深度调节，推动系统控制目标的达成，针对电动汽车充电过程建模如下[25]：

$$0 \leqslant P_{EV,i}(t) \leqslant P_{EV,rated} \qquad (6.4\text{-}9)$$

$$P_{EV,i}(t) = 0, \qquad t \notin (t_{arr}, t_{dep}) \qquad (6.4\text{-}10)$$

$$E_{EV,i}(t_{dep}) = E_{req,i} \qquad (6.4\text{-}11)$$

式中　$P_{EV,i}$——第 i 个电动汽车充电桩的实际充电功率，kW；

$\qquad P_{EV,rated}$——充电桩提供的最大充电功率，kW；

$\qquad t_{arr}$ 和 t_{dep}——分别为电动汽车驶入和离开建筑的具体时刻；

$\qquad E_{EV,i}$——第 i 个电动汽车的实时充电量，kWh；

$\qquad E_{req,i}$——第 i 个电动汽车所属用户的需求充电量，kWh。

4. AC/DC 变换器

AC/DC 变换器在直流系统与外部交流电网之间的电力传输中起着重要的作用，电力电子设备在能量转换过程中会产生电能损耗。效率曲线通常用来说明能量损失与输入功率之间的关系，其典型形式为[26]。

$$P_{out} = P_{in} \cdot \eta_{inv} \qquad (6.4\text{-}12)$$

式中　P_{out} 和 P_{in}——分别表示 AC/DC 变换器的输出功率和输入功率，kWh；

$\qquad\qquad \eta_{inv}$——AC/DC 变换器效率。

5. 微网能量平衡

微网中各个设备运行需满足如下所述的能量平衡：

$$P_{PV} + P_b - P_{EV} + P_{UL} + P_i + P_{loss} = 0 \qquad (6.4\text{-}13)$$

式中　P_{PV}——光伏发电功率，kW；

$\qquad P_{EV}$——电动汽车充电功率，kW；

$\qquad P_{loss}$——系统损失功率，kW，主要是 AC/DC 变换器损失；

$\qquad P_{UL}$——其他负荷功率，kW；

$\qquad P_i$——微网与上级电网交互功率，kW，P_i 为正值时表示从上级电网取电，反之则代表向上级电网返送电力。

在全直流微网中，P_{UL} 为其他负荷运行功率，kW，P_i 为直流微网与建筑交流母线的交互功率，kW；在交直流混连微网中，P_{UL} 为直流微网中直流设备运行功率，P_i 为交直流混连微网与外部交流电网的交互功率，kW。

图 6.4-1 所示为系统内各设备之间的能量平衡关系，可以看出电能通过有效调蓄与分配后由供给侧传递至需求侧的过程。光伏发电在确保储能装置充电需求与建筑负荷供电得到充分满足的基础上，富余电力返送至交流电网。储能装置充电电量可灵活来源于光伏发电或电网，而储能装置放电则供系统内给其他负荷用电。其他负荷用电需求和电动汽车充电需求直接或通过储能装置来自光伏发电和电网取电两部分。

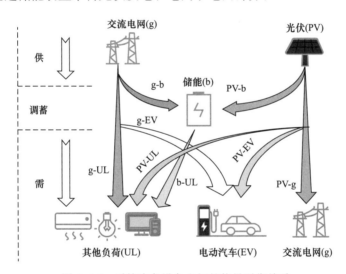

图 6.4-1　系统内各设备之间的能量平衡关系

6.4.2　系统能量管理策略

建筑光储直柔系统的控制结构一般分为分布式控制和集中控制两类。分布式控制中的局部控制器独立控制各自的分布式单元，仅通过本地信息完成能量管理，具有不需要通信线路实现独立控制、可靠性高、响应速度快的优势。集中控制则要求中央控制器根据系统内部数据的变化情况对微网进行统一控制。这里探讨的母线电压控制策略和直接功率控制策略分别作为分布式控制和集中控制的代表策略。

1. 母线电压控制策略

图 6.4-2（a）所示为关键设备的功率与电压响应特性曲线，图 6.4-2（b）所示为基于母线电压的分布式控制架构（DC Bus Signaling，DBS）。值得注意的是，其他负荷的功率

暂不随直流母线电压的变化而变化，主要由用户使用习惯决定，因此在本节不介绍其具体控制方案。在系统能量控制过程中，光伏发电功率和其他负荷用电功率不受母线电压影响，而储能装置的充放电功率和电动汽车的充电功率则依赖于母线电压的动态变化，其精确调控策略见式（6.6-14）和式（6.4-15）。在微网能量平衡的约束下，AC/DC 变换器根据微网与上级电网的实时交互功率需求调整母线电压水平，这一过程中交互功率与电压之间的映射关系由式（6.4-16）确定。随后，通过 AC/DC 变换器的精细调节，母线电压的变动直接触发储能装置与电动汽车的功率响应机制，二者协同作用下实现微网内用电功率的精准调配，进而有力推动系统运行目标的顺利达成与优化。

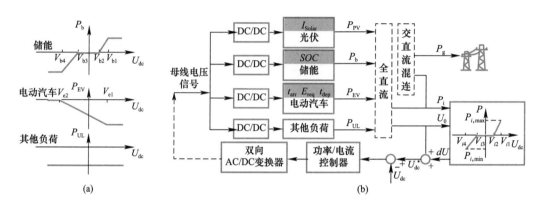

图 6.4-2　母线电压控制策略

（a）设备功率与电压响应特性曲线；（b）基于母线电压的分布式控制架构

$$P_{b} = \begin{cases} P_{\text{ch,max}} & U_{dc} < V_{b4} \\ \dfrac{P_{\text{ch,min}}}{(V_{b3} - V_{b4})}(U_{dc} - V_{b4}) & V_{b4} \leqslant U_{dc} \leqslant V_{b3} \\ 0 & V_{b3} < U_{dc} < V_{b2} \\ \dfrac{P_{\text{dis,max}}}{(V_{b1} - V_{b2})}(U_{dc} - V_{b2}) & V_{b2} \leqslant U_{dc} \leqslant V_{b1} \\ P_{\text{dis,max}} & U_{dc} > V_{b1} \end{cases} \quad (6.4\text{-}14)$$

$$P_{\text{EV}, i} = \begin{cases} 0 & U_{dc} < V_{e2} \\ \dfrac{P_{\text{EV,rated}}}{(V_{e1} - V_{e2})}(U_{dc} - V_{e2}) & V_{e2} \leqslant U_{dc} \leqslant V_{e1} \\ P_{\text{EV,rated}} & U_{dc} > V_{e1} \end{cases} \quad (6.4\text{-}15)$$

$$P_{i} = \begin{cases} \dfrac{P_{i,\text{min}}}{(V_{i3} - V_{i4})}(U_{dc} - V_{i4}) & V_{i4} \leqslant U_{dc} \leqslant V_{i3} \\ 0 & V_{i3} < U_{dc} < V_{i2} \\ \dfrac{P_{i,\text{max}}}{(V_{i1} - V_{i2})}(U_{dc} - V_{i2}) & V_{i2} \leqslant U_{dc} \leqslant V_{i1} \end{cases} \quad (6.4\text{-}16)$$

式中　　　　U_{dc}——母线电压，V；

V_{b1}、V_{b2}、V_{b3} 和 V_{b4}——储能装置在母线电压控制策略下的电压，V；

V_{e1} 和 V_{e2}——电动汽车在母线电压控制策略下的电压，V；

$P_{i,\max}$ 和 $P_{i,\min}$——分别为微网与上级电网交互功率的理论最大值与最小值，kW；

V_{i1}、V_{i2}、V_{i3} 和 V_{i4}——AC/DC 变换器在母线电压控制策略下的电压，V。

2. 直接功率控制策略

直接功率控制策略（Direct Power Control，DPC）如图 6.4-3 所示。图中，P_{net} 为建筑用电系统整体的理论净电功率；P_{UL} 为两种微网形式下的其他负荷功率，包括室内用电设备功率 P_{DM}、照明功率 P_{light} 和空调功率 P_{con}。在采用直接功率控制策略的场景中，电动汽车实施恒定功率充电模式，储能装置的充放电功率则严格遵循图 6.4-3 所述的计算逻辑进行决策：当光伏发电量富余时，储能装置执行充电操作，有效储存多余电量；反之，当光伏发电量不足以满足负荷用电需求时，储能装置则释放电量，提供必要的电力支持。最终通过能量平衡约束计算得到 AC/DC 变换器的运行功率和建筑—电网交互功率。

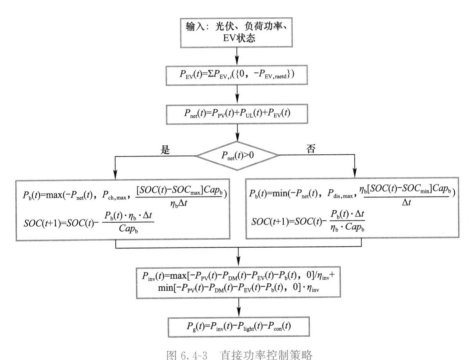

图 6.4-3　直接功率控制策略

6.4.3　系统性能指标

负荷自给率 SSR 和削峰率 R_{peak} 两个指标可作为系统技术性能的评估依据，其计算方法如式（6.4-17）、式（6.4-18）所示。SSR 为建筑用电负荷中来自光伏发电的比例，此定义旨在量化评估光伏发电系统在满足建筑用电需求中的贡献程度；R_{peak} 为经过柔性调控后，微网与上级电网交互功率中超过预设阈值部分的电量，相对参考工况下该部分电量的相对削减量，这一指标旨在量化评估柔性调控策略对微网与上级电网之间功率交换峰值的有效抑制能力。

$$SSR = 1 - \frac{E_{i,\text{im}}}{E_{\text{load}}} \tag{6.4-17}$$

$$R_{\text{peak}} = 1 - \frac{\int_{t=1}^{8760} \max(P_i - P_{\text{thr},0}) \mathrm{d}t}{\int_{t=1}^{8760} \max(P_{i,\text{ref}} - P_{\text{thr},0}) \mathrm{d}t} \tag{6.4-18}$$

式中　$E_{i,\text{im}}$ 和 E_{load}——分别表示微网从上级电网的下网电量和微网内负荷的用电量，kWh；

P_{thr}——所研究微网与上级电网交互功率的阈值，kW，其取值为微网初始峰值用电功率的 50%；

$P_{i,\text{ref}}$——所研究微网在参考工况下与上级电网的交互功率，kW。

系统运行相对经济收益 R_{ope} 可作为关键指标评估系统的经济性能，其计算方法如式（6.4-19）、式（6.4-20）所示。R_{ope} 为系统在柔性调控策略相比参考运行策略的费用收益值。

$$C_{\text{ope}} = \int_{t=1}^{8760} (c_{\text{ele}} P_{\text{g,im}} + c_{\text{fit}} P_{\text{g,ex}}) \mathrm{d}t \tag{6.4-19}$$

$$R_{\text{ope}} = C_{\text{ope,ref}} - C_{\text{ope}} \tag{6.4-20}$$

式中　c_{ele} 和 c_{fit}——分别为交流电网的分时购电电价与上网电价，元/kWh；

C_{ope} 和 $C_{\text{ope,ref}}$——分别为所研究运行策略与参考运行策略的运行费用，元。

6.4.4　优化调度算例分析

本节结合第 6.4.1 节和第 6.4.2 节中介绍的设备模型、系统结构，从技术经济性多目标的视角出发，通过具体算例说明基于母线电压的优化控制策略如何促进光伏的有效消纳，增强建筑与电网的友好互动，并提升系统经济效能。本节算例以如图 6.4-4 所示的北京某办公建筑为对象构建全直流微网与交直流混连微网。不同优化控制策略的技术经济性主要体现在现有电价体系下系统整体的用电成本。表 6.4-1 和表 6.4-2 分别汇总了本节所采用的设备技术性参数和经济性计算参数。

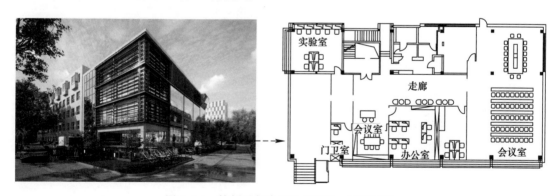

图 6.4-4　算例对象建筑外立面及一层平面图

1. 全直流微网

图 6.4-5 所示为不同策略下 AC/DC 变换器的全年交互功率。在时段 Ⅰ，母线电压控制（DBS）策略降低了电动汽车充电功率，进而有效抑制了微网从上级电网取电的功率峰值，缓解了电网压力；在时段 Ⅱ，提高电动汽车和储能装置的充电功率，充分消纳光伏电力，

减少了微网向上级电网反向送电的功率峰值。从技术性能指标的比较来看，DBS 策略相较于直接功率控制（DPC）策略展现出了显著的优势，使得 SSR 由 70.0% 提升至 82.0%，R_{peak} 由 13.5% 提升至 75.0%。图 6.4-6（b）从延时曲线的角度出发说明 DBS 策略在平滑 AC/DC 变换器运行功率、高效消纳光伏能源和有效降低微电网取电峰值功率方面的优异表现。

系统技术性计算参数　　　　　　　　　　　　　　　　　表 6.4-1

设备	参数	参数值
储能装置	η_b	95%
	SOC_{max}	0.95
	SOC_{min}	0.1
	电池充放电倍率（C）	0.5
	Cap_b（kWh）	10
电动汽车	$P_{EV,rated}$（kW）	6.6
AC/DC 变换器	额定效率	99%

系统经济性计算参数　　　　　　　　　　　　　　　　　表 6.4-2

时段		电价
谷	23:00～7:00	0.5511 元/kWh
平	7:00～10:00，13:00～17:00，22:00～23:00	0.8352 元/kWh
峰	10:00～13:00，17:00～22:00	1.1598 元/kWh
尖峰	11:00～13:00，16:00～17:00（7月、8月） 18:00～21:00（1月、12月）	1.3059 元/kWh
上网电价		0.3598 元/kWh

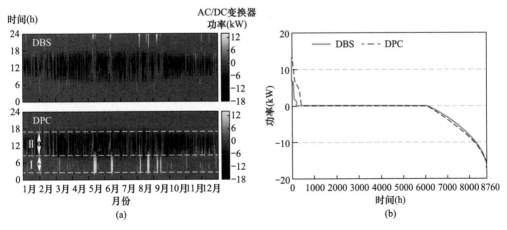

图 6.4-5　不同策略下 AC/DC 变换器的全年交互功率结果

(a) 全年功率分布；(b) 延时曲线

图 6.4-6（a）与（b）直观展示了 DPC 策略在权衡减少电网取电量与峰值电量削减方面的稳定表现，其效应不随光伏产出与负荷需求的相对波动而显著变化。相比之下，DBS 策略在特定月份（如 5～6 月、8～9 月），即微网从上级电网取电量较高的时段内，展现出

了更为卓越的减少取电量与削减峰值电量的能力。进一步分析图 6.4-6（c）与（d）所揭示储能装置与电动汽车运行规律，相较于 DPC 策略，DBS 策略下储能装置的总充放电量显著降低，且放电活动明显向傍晚至夜间时段偏移，同时各时段的充电强度也相应得到了平缓控制。此外，电动汽车的充电行为亦主要调整至光伏发电量较大的日间时段进行，促进了光伏电力的就地消纳，在提升系统整体技术效能的基础上，进一步减少了储能装置对于光伏电力吸纳及负荷供电的依赖，这对于储能装置的可持续运行与高效利用具有积极意义。

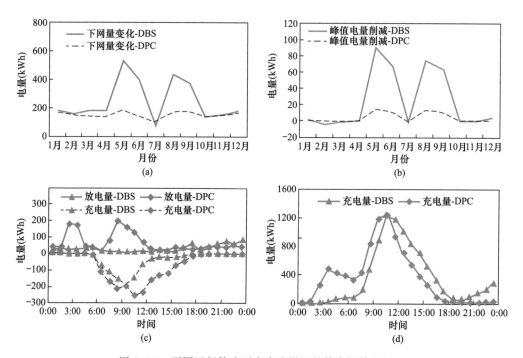

图 6.4-6　不同运行策略下全直流微网的技术性结果对比
（a）电网下网电量；（b）削减峰值电量；（c）储能装置充放电量全天分布；（d）电动汽车充电全天分布

2. 交直流混连微网

交直流混连微网中，尽管光伏发电总量远不能满足整体负荷需求，但在光伏发电量较大的时段，常出现电能富余现象，如图 6.4-7（a）所示。在此情境下，DPC 策略驱动储能装置适时吸纳多余光伏发电量，并于晚间释放至微网，以缓解供电压力。相比之下，DBS 策略则进一步拓展了储能装置的应用场景，不仅涵盖了上述光伏发电量富余时段储能装置的充电行为，还充分利用了电价低谷时段进行储能充电（如夜间至清晨），随后在电价较高的 9:00～12:00 将低成本电能回馈至微网，有效实现了对电网峰谷电价差的经济套利。图 6.4-7（b）给出了两种控制策略下储能装置充电能源结构的差异及其经济效应。与DPC 策略完全依赖光伏富余发电量不同，DBS 策略下的储能装置充电源更为多元，其中光伏占比仅为 24％，而总充电量却达到了 DPC 策略的 1.95 倍，最终带来了约 2.32 倍的经济收益提升。此外，图 6.4-7（c）和（d）给出了电动汽车充电量的日变化特性、充电能源及成本来源。相较于 DPC 策略，DBS 策略基于母线电压调节信号，显著降低了 8:00～13:00 的电动汽车充电功率峰值，实现了充电负荷的平滑转移，不仅增强了电动汽车充电过程对光伏的消纳能力，还大幅减少了直接从电网获取的充电量，实现了约 4％的成本节约。

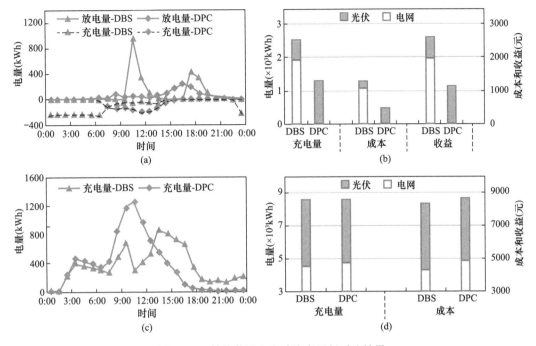

图 6.4-7　储能装置和电动汽车运行对比结果
（a）储能装置充放电量全天分布；（b）储能充电量、成本和收益来源；
（c）电动汽车充电量全天分布；（d）电动汽车充电能源和成本来源

依据上述储能装置和电动汽车行为分析，图 6.4-8 详细展示了交直流混连微网在逐月尺度下的技术经济性能评估结果。在 DBS 策略下，微网从上级电网的取电量降低值均低于 DPC 策略，但由于微网内部负荷总量庞大，远超光伏发电能力，因此这部分取电量变化相对于总取电量而言，其影响并不突出。具体而言，相较于 DPC 策略，DBS 策略下 SSR 略有下降，从 24.4％微降至 23.7％，表明 DBS 策略在提升能源自给自足能力方面虽略有牺牲，但整体影响有限。在峰值负荷管理方面，DPC 策略在各月份几乎未能实现用电峰值的削减，R_{peak} 接近于 0，而 DBS 策略则通过调控储能装置的充放电功率以及电动汽车的充电行为，在电力需求较高的 5～9 月，实现了显著的用电峰值电量削减，R_{peak} 从 0.1％大幅提升至 15.6％，展现了其在缓解电网压力、提升系统灵活性方面的显著优势。从经济收益的角度来看，DBS 策略相较于 DPC 策略展现出了更为优越且稳定的性能。与参考工况相比，DBS 策略实现了约 2.8％（折合为 1687 元）的经济效益提升，而 DPC 策略则仅为 1.1％（折合为 648 元）。这一结果表明，通过优化储能装置与电动汽车的协同运行，DBS 策略能够有效提升微网的技术性能。

本节通过分析基于母线电压的优化控制策略在全直流微网及交直流混连微网的技术经济表现，说明了该策略在多种光伏输出场景与直流配置下的有效性和优异性能。基于母线电压的优化控制策略显著优化了系统的综合运行性能，通过智能调控储能装置充放电与电动汽车充电功率，实现了对光伏的高效吸纳与利用，并有效减轻了微网对上级电网的依

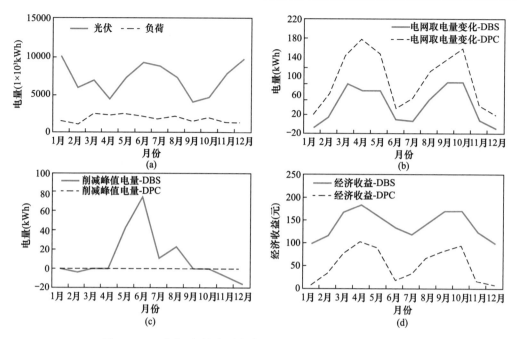

图 6.4-8　不同运行策略下交直流混连微网的技术经济性对比

（a）光伏与负荷电量；（b）电网下网电量；（c）峰值电量削减；（d）经济收益

赖，降低了从上级电网的电力需求总量及峰值负荷，从而增强了微网的自主运行能力与系统稳定性。

6.5　基于直流母线电压的系统运行性能验证

在第 6.4 节中，选取了具体模拟算例，详细介绍了光储直柔系统基于母线电压的优化控制策略在光伏消纳提升和系统运行控制灵活性方面的优势。本节将介绍在实际工程中，对具备光储直柔能源系统的建筑进行直流母线电压控制的具体案例。

6.5.1　案例系统简介

图 6.5-1 所示为办公建筑光储直柔系统拓扑结构示意图，其中 $P_{inv,ex}$ 和 $P_{inv,im}$ 分别代表全直流微网向交流母线所输出的功率以及从交流母线的取电功率。本案例聚焦于全直流微网环境下，母线电压控制管理分布式单元的能量流动情况。

6.5.2　不同微网形式下案例建筑的用能现状

图 6.5-2（a）所示为全直流微网的能量平衡与分配概况，其中光伏发电量为 2.37 万 kWh，而充电桩和直流会议室的总耗电量为 0.96 万 kWh，即微网内部光伏发电能力约为其用电需求的 2.5 倍，系统消纳光伏电力后，仍有剩余的 1.41 万 kWh 电能回馈至上级电网。图 6.5-2（b）进一步给出了光伏发电与负荷需求的逐日功率特性，光伏发电峰值功率为 18kW，充电桩和直流会议室负荷峰值功率分别为 12.7kW 和 1.4kW，日内峰值功率和平均功率间存在显著差距，这反映了系统内各组成部分在日常运行中的功率波动范围较

大，从而加剧了电力供需匹配的难度与挑战，因此储能装置的调蓄作用和电动汽车的充电功率的动态调节尤为重要。

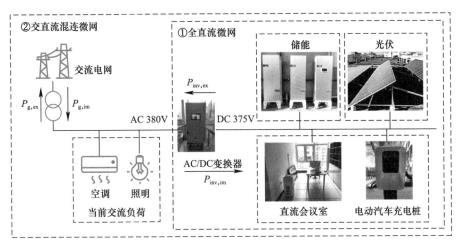

图 6.5-1　办公建筑光储直柔系统拓扑结构示意图

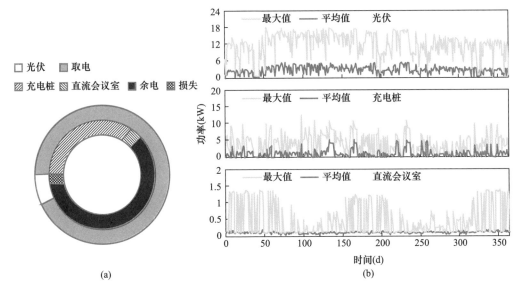

(a)　　　　　　　　　　　　　　　　(b)

图 6.5-2　全直流微网系统供电和用电数据示意图

(a) 能量平衡与分配概况；(b) 逐日峰值功率和平均功率

与全直流微网相比，交直流混连微网因其负荷类型的多样性和供需关系的动态性，对控制策略的要求更为严苛。与全直流微网中光伏发电量远超负荷需求的典型工况形成鲜明对比，交直流混连微网通过引入空调、照明等多元化负荷，显著改变了能源供需结构，其中光伏发电量仅占整体用电需求的 27.2%，而照明负荷与空调负荷则分别消耗了 3.01 万 kWh 与 4.73 万 kWh 的电量，成为电力消耗的重要组成部分 [图 6.5-3 (a)]。图 6.5-3 (b) 给出了照明与空调负荷的逐日峰值功率及平均功率特性，照明负荷的用电需求展现出明显的以周为周期的波动性，空调在制冷季节用电功率峰值。

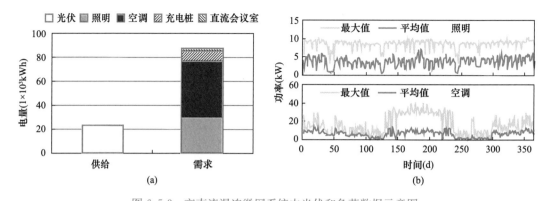

图 6.5-3　交直流混连微网系统中光伏和负荷数据示意图

(a) 供给和需求总电量；(b) 照明与空调负荷的逐日峰值功率及平均功率

6.5.3　典型日母线电压控制效果

在母线电压控制策略下，母线电压实现了对电网功率变化的灵活响应与自动调整。充电桩和储能装置响应母线电压调节功率，图 6.5-4 (a) 直观地展示了这一调节过程，该典型日运行结果显示了母线电压控制策略在直流微网环境中，面对光伏发电量低与高两种不同场景下的灵活调节机制，说明该策略在广泛条件下的普适性。具体而言，在 1 月 18 日 7:30～17:00，系统处于高电压状态，储能装置充电消纳光伏，当电动汽车接入微网后，其充电功率紧密跟随母线电压的调控指令，灵活调整，确保了对光伏发电量波动的及时响应与平滑消纳；而在夜间 20:30～21:30，光伏发电量归零，为满足系统电力需求，系统处于低电压状态，储能装置转换为放电模式，为直流会议室提供电力供应。在 7 月 18 日，光伏

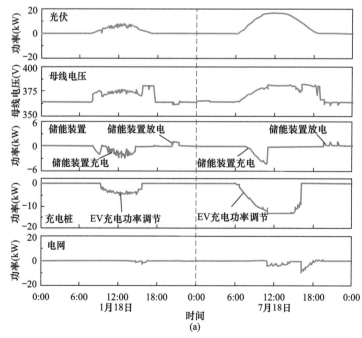

图 6.5-4　典型天系统运行结果（一）

(a) 母线电压控制

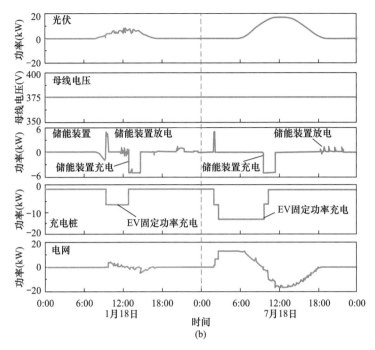

图 6.5-4　典型天系统运行结果（二）

（b）直接功率控制

发电量显著增加，并在初期阶段，储能装置与电动汽车的充电功率紧密遵循母线电压的调控指令，实现了对光伏发电量变化的即时响应与完全消纳，随着光伏发电量逐渐攀升至峰值，储能装置迅速达到满电状态，在充分保障直流会议室用电需求的同时，电动汽车也处于最大功率充电模式，有效消纳光伏，在此情况下，仍然有富余的光伏发电量被返送至上级电网，而当电动汽车完成充电后，系统用电需求迅速降低，导致微网返送上级电网的功率在短时间内迅速上升，在傍晚和夜间时段，储能装置转换为放电模式，将白天存储的光伏电量释放至微网，为直流会议室提供电力供应。

　　基于上述控制策略的实际运行数据，图 6.5-4（b）给出了相同条件下基于直接功率控制策略的仿真分析。在此场景中，电动汽车为固定功率充电模式，储能装置则在光伏发电量富余时充电，在光伏发电量不足时转为放电模式。对比两种控制策略的运行结果可以发现，在母线电压控制策略下，微电网与上级电网之间的交互功率展现出更为平滑的波动特性，有效抑制了用电峰值与返送电力峰值的出现。此外，该策略还促进了光伏发电的全天最大化消纳，显著减少了微网对上级电网的依赖程度与取电量，展现了更为优异的综合运行性能。

本章参考文献

［1］　李相俊，官亦标，胡娟，等 . 我国储能示范工程领域十年（2012—2022）回顾［J］. 储能科学与技术，2022，11（9）：2702-2712.

［2］　中华人民共和国住房和城乡建设部 . 电化学储能电站设计规范：GB 51048—2014［S］. 北京：中国标准出版社，2015.

［3］ 国家市场监督管理总局，中国国家标准化管理委员会．电化学储能电站运行指标及评价：GB/T 36549—2018［S］. 北京：中国标准出版社，2018.

［4］ 中国汽车动力电池产业创新联盟．2021 年月度动力电池数据［R］. 北京：中国汽车动力电池产业创新联盟，2022.

［5］ ZHAO K，LIU X H，JIANG Y. Application of radiant floor cooling in large space buildings-a review ［J］. Renewable and Sustainable Energy Reviews，2016，55：1083-1096.

［6］ ROMANÍ J，DE GRACIA A，CABEZA L F. Simulation and control of thermally activated building systems （TABS）［J］. Energy and Buildings，2016，127 （9）：22-42.

［7］ GRAND VIEW Research. Lithium-ion Battery Market Size，Share & Trends Analysis Report by Product，by Application，by Region，and Segment Forecasts，2022— 2030［EB/OL］. ［2022-09-26］. https：//www. grandviewresearch. com/industry-analysis/lithium-ion-batt ery-market.

［8］ 中国电子信息产业发展研究院．锂离子电池产业发展白皮书（2021 版）［EB/OL］. （2021-10-28）［2022-09-26］. https：//www. ccidgroup. com/info/1044/33820. htm.

［9］ 中国建筑节能协会．民用建筑直流配电设计标准：T/CABEE 030—2022［S］. 北京：中国建筑工业出版社，2022.

［10］ 中国日报网．国网江西电力首次邀约百万居民开展需求响应试点工作［EB/OL］. （2020-12-17）［2022-10-16］. https：//ex. chinadaily. com. cn/exchange/partners/82/rss/channel/cn/columns/j3u3t6/stories/WS5fdacb22a3101e7ce9735b9b. html.

［11］ MCALLISTER J A，FARRELL A E. Electricity consumption by battery-powered consumer electronics：A household-level survey［J］. Energy，2007，32 （7）：1177-1184.

［12］ 江亿，刘晓华，刘效辰，等．基于交流电网电力线载波的负载功率主动调节系统及方法：202210226139. 2［P］. 2022-06-24.

［13］ 倪萌，王蓓蓓，朱红，等．能源互联背景下面向高弹性的多元融合配电网双层分布式优化调度方法研究［J］. 电工技术学报，2022，37 （1）：208-219.

［14］ 刘斌，冯宜伟．智能微网能源管理及其控制策略研究综述［J］. 智能电网，2021，11 （3）：259-271.

［15］ 支娜，张辉，肖曦，等．分布式控制的直流微电网系统级稳定性分析［J］. 中国电机工程学报，2016，36 （2）：368-378.

［16］ SALPAKARI J，LUND P. Optimal and rule-based control strategies for energy flexibility in buildings with PV. Applied Energy，2016，161 （1）：425-436.

［17］ ZOU B，PENG J，LI S，et al. Comparative study of the dynamic programming-based and rule-based operation strategies for grid-connected PV-battery systems of office buildings［J］. Applied energy，2022，305 （1）：117875.

［18］ MOTA B，FARIA P，VALE Z. Residential load shifting in demand response events for bill reduction using a genetic algorithm［J］. Energy，2022，260 （12）：1-9.

［19］ 张雪纯，高广玲，张智晟，等．基于需求响应的建筑楼宇综合能源系统优化调度［J］. 电力需求侧管理，2019，21 （4）：28-34.

［20］ GAO Y X，LI S H，FU X G，et al. Energy management and demand response with intelligent learning for multi-thermal-zone buildings［J］. Energy，2020，210 （1）：118411.

［21］ 万典典，刘智伟，陈语，等．基于 DDPG 算法的冰蓄冷空调系统运行策略优化［J］. 控制工程，2022，29 （3）：441-446.

［22］ 赵鹏杰，吴俊勇，王燚，等．基于深度强化学习的微电网优化运行策略［J］. 电力自动化设备，2022，42 （11）：9-16.

［23］宋永华，余佩佩，张洪财 . 实时电价机制下基于复合两端采样强化学习的区域供冷系统需求响应运行控制［J］. 中国科学：技术科学，2023，53（10）：1699-1712.

［24］邵志芳，赵强，张玉琼 . 独立型微电网源荷协调配置优化［J］. 电网技术，2021，45（10）：3935-3946.

［25］张雷，肖伟栋，蒋纯冰，等 . 光伏办公建筑的关键设备容量配置方法［J］. 中国电力，2024，57（3）：152-159，169.

［26］WANG S K，LIU J J，LIU Z，et al. A hierarchical operation strategy of parallel inverters for efficiency improvement and voltage stabilization in microgrids［C］// 2016 IEEE 2nd Annual Southern Power Electronics Conference（SPEC），2016：1-6.

第7章　源荷互动方式

7.1　新型电力系统的源荷互动需求

新型电力系统具有清洁低碳、安全可控、灵活高效、智能友好、开放互动的基本特征[1]，是新型能源体系的重要组成和实现"双碳"目标的关键载体。新型电力系统的电源结构由以可控连续出力的煤电装机为主导，向以强不确定性、弱可控出力的新能源发电装机为主导转变；负荷特性由传统的刚性、纯消费型，向柔性、生产与消费兼具型转变；电网形态由单向逐级输电为主的传统电网，向包括交直流混联大电网、微电网、局部直流电网和可调节负荷的能源互联网转变；技术基础由以同步发电机为主导的机械电磁系统，向由电力电子设备和同步发电机共同主导的混合系统转变。随着高比例可再生能源的接入与高比例电力电子设备的应用，新型电力系统表现出"双高"特征[2]，供给侧和需求侧同时面临较大的不确定性，如图 7.1-1 所示。如何安全、高效地消纳间歇性可再生能源已成为新型电力系统面临的重要挑战。

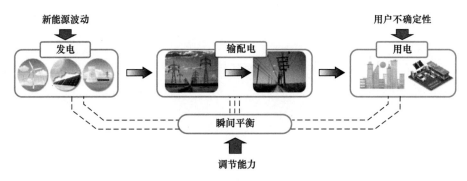

图 7.1-1　电力系统源荷双侧的不确定性

当前，国内外应对上述问题的研究主要集中在供给侧电源的优化设计、电网侧的优化调度以及需求侧的规划管理等方面，"源、网、荷、储"多向协同、灵活互动已成为新型电力系统发展的必然趋势，是持续提高对新能源接纳能力和适应能力的关键措施。这一新的发展要求新型电力系统的运行模式发生巨大转变，需要由"源随荷动"的实时平衡模式、大电网一体化控制模式转变为"源、网、荷、储"协同互动的非完全实时平衡模式、大电网与微电网协同控制模式，从而解决发电和用电之间的时空不匹配问题。

有研究表明，当风光电的渗透率达到 30％时，不匹配问题将导致电网的稳定性变得不可靠[3]，在间歇性新能源（尤其是光伏发电）的持续并网过程中，原本的用电负荷高峰反而成为净负荷的低谷，甚至可能出现净负荷为负的情况，从而导致净负荷日曲线呈现出"鸭子"形状[4]，如图 7.1-2 所示。具体而言，在 17:00～20:00 之间，用电负荷逐渐增长，而光伏发电量却迅速衰减，导致净负荷快速增长，净负荷峰谷差异越发显著。

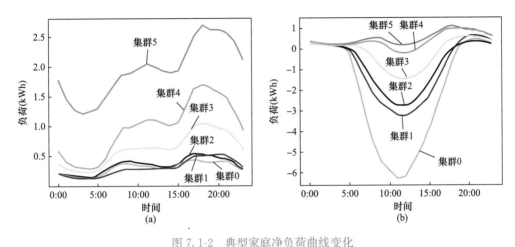

图 7.1-2 典型家庭净负荷曲线变化
(a) 无光伏典型家庭负荷曲线；(b) 有光伏典型家庭负荷曲线

由此可见，新能源大规模、高比例发展要求系统调节能力快速提升，电力平衡对电源侧调峰和负荷侧灵活性调节资源提出了迫切需求。电源侧可集中调度的调控资源包括：可作为备用的火电、水电电源，以及抽水储能、空气压缩储能、化学储能等储能资源。但受限于我国资源禀赋特征，且未来大幅度消减火电发电能力，可集中调度的电源装机容量将降低到总装机容量的 25% 以下，其他调节性电源建设也面临诸多约束，可集中调配的储能资源，其日储能容量很难达到日用电总量的 30%，消纳功率也很难超过总的风光电装机容量的 20%，难以满足高比例可再生能源并网的调控需求。

因此，电网对用电终端储能和灵活用电资源的合理调控就显得尤为重要。新型电力系统"三步走"发展路径对不同时期的用户侧也提出明确需求[1]：①加速转型期（当前至 2030 年）：电力消费新模式不断涌现，终端用能领域电气化水平逐步提升，灵活调节和响应能力提升；②总体形成期（2030—2045 年）：用户侧低碳化、电气化、灵活化、智能化变革，全社会各领域电能替代广泛普及；③巩固完善期（2045—2060 年）：电力生产和消费关系深刻变革，用户侧与电力系统高度灵活互动。

提升"源荷互动"水平已经成为实现未来高比例新能源高效消纳和新型电力系统安全运行的客观要求和必要基础，其实质是用电侧需求与供电侧能力的信息互通与资源优化配置，通过电源侧和负荷侧调节资源之间的协同互动，将在降低电力建设成本、助力新能源并网消纳、保障电力供需平衡、实现电力供需共赢、促进绿色低碳发展等方面发挥越来越重要的作用：

（1）降低电力建设成本：在电力需求急速上升时，满足这部分需求的传统做法是增加包括发电和输配在内的调峰资源。由于峰谷时段持续时间一般很短，尤其是尖峰时段，一年内的累计持续时长也往往只有几十小时，导致相应的调峰资源利用率极低，边际成本居高不下。需求侧响应通过引入市场激励机制，实现用电高峰时段电力负荷的减少或推移，可以减少传统调峰资源的建设，降低电力整体建设成本。

（2）助力新能源并网消纳：在新型电力系统建设和大规模新能源接入的背景下，需求侧响应有助于激励电力用户积极主动、灵活敏捷地响应负荷调节需求，为新能源并网争取一定灵活度，提高新能源并网消纳率，保障电力系统整体安全稳定运行。

（3）保障电力供需平衡：在负荷高峰期，利用市场机制，推动电力用户暂停一部分辅助用电设备的运行，或者降低辅助用电设备的负荷，将部分电力负荷转给更有需要的用户使用，在基本不影响用户的前提下，达到削减电网负荷的目的，助力实现电力供需平衡。

（4）实现电力供需共赢：参与需求侧响应的电力用户可以在不影响自身主要生产经营活动的基础上，通过削减负荷，得到合理的经济回报，降低用电成本。这使得需求侧管理不仅对电力供给侧有益，也能够为电力需求侧带来价值，实现电力供需双方的共赢。

（5）促进绿色低碳发展：通过规模化的需求侧管理，可以推动电力系统的重心从供应侧转向需求侧，促进"源、网、荷、储"柔性互动，打造电力供需的实时动态平衡，在满足生产生活安全稳定用能的同时，促进电力能源绿色低碳发展。

7.2 现有源荷互动技术手段

需求侧管理（Demand Side Management，DSM）是综合资源规划（Integrated Resource Planning，IRP）的主要组成部分，也是当前国际上推行的资源管理方法和管理技术。电力需求侧管理是指电力行业在保证电力服务水平的前提下，通过采取一系列行政、经济、技术措施，引导用户科学合理用电，提高电能利用效率，以缓解电力供需紧张的压力，实现保护环境和减少电力服务成本的用电管理活动[5]。

《新型电力系统行动方案（2021—2030年）》提出，要推动应用新型储能、需求响应，通过多能互补、"源、网、荷、储"一体化协调控制技术，提高配电网调节能力和适应能力，促进电力电量分层分级分群平衡。要扩大可调节负荷资源库，聚合各类资源，积极参与需求响应市场、辅助服务市场和现货市场，并配合政府编制有序用电方案，达到最大负荷20%以上且覆盖最大电力缺口。

《南方电网公司建设新型电力系统行动方案（2021—2030年）白皮书》提出，要推进需求响应能力建设，深入挖掘弹性负荷、虚拟电厂等灵活调节资源，推动政府建立健全电力需求侧响应机制，激励各类电力市场主体挖掘调峰、填谷资源，引导非生产性空调、工业负荷、充电设施、用户侧储能等柔性负荷主动参与需求响应。到2030年，实现全网削减5%以上的尖峰负荷。

由此可见，在市场经济不断发展成熟的当下，电力需求侧管理从之前的一种强制性或半强制性的有序用电行为（如错峰用电、限制供电和紧急切换等），转变为内涵更丰富、参与主体更多元、市场化程度更高的电力需求响应。目前，电力系统针对需求响应已开展了多年技术研究、试点和推广应用，并逐渐发展出虚拟电厂、负荷聚集商等参与主体，建立了电力市场、碳市场等交易平台，出台了相关支持政策，以推动电力系统与用户之间的互动，并取得了显著成效。本节重点介绍电力需求侧管理的相关内容。

7.2.1　需求响应

需求响应（Demand Response，DR）指的是终端用户主动通过对基于市场的价格信号、激励手段，或者对来自系统运营者的直接指令产生响应，改变其短期电力消费方式（消费时间或消费水平）或长期电力消费模式[6]。需求响应是电力需求侧管理的重要方法和手段，倾向于从市场角度（特别是价格），对负荷需求或者用电模式进行调整，对负荷管理的表现为单位时段内用电量的改变，结果通常体现为削峰、填谷和移峰填谷三种形态。其中，削峰是指减少高峰期的电网负荷；填谷是指增加系统闲时的发电容量利用水平；移峰填谷则是指调整峰谷期的负荷使用方式。

需求响应高度依赖市场化手段，其核心运行机制包括价格型和激励型两种，如图 7.2-1所示。价格型需求响应是通过使用各种电价方案引导电力用户调整原有的用电模式，包括其用电负荷、用电时间、用电方式等。价格型需求响应主要包括分时电价、实时电价和尖峰电价。激励型需求响应是指在电力系统的安全性受到威胁或稳定裕度低于标准值时，采用直接补偿或电价折扣的方式来激励和引导用户及时调整负荷、优化用电行为。激励型需求响应主要包括两类激励模式：基于计划的激励模式，包括直接负荷控制、可调度负荷控制；基于市场的激励模式，是指用户上报可调节容量范围、时段等信息，或参与市场竞价，然后在得到调度指令后及时调节负荷，包括需求侧竞价、紧急需求响应、容量市场响应和辅助服务响应等。各地区根据各自电网特征和实际情况开展激励型需求响应项目，具体如表 7.2-1 所示。

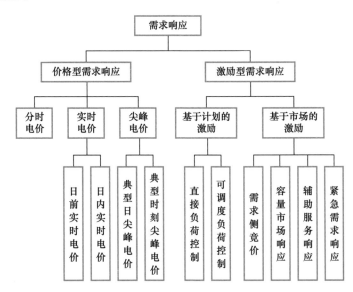

图 7.2-1　电力需求响应运行机制

我国典型激励型需求响应项目 　　　　　　　　　　　　　　　　表 7.2-1

项目类型	价格形成方式	补偿或盈利方式	资金来源
日前邀约 （削峰/填谷）	电能量集中竞价，边际出清	电能量补贴	电力用户分摊、现货市场发电侧考核及返还费用

续表

项目类型	价格形成方式	补偿或盈利方式	资金来源
可中断负荷（日内）	电能量固定补贴电价	电能量补贴	电力用户分摊、现货盈余
可中断负荷（实时）	容量、电能量固定补贴价格	容量补贴＋电能量补贴	现货盈余、市场化用户分摊、尖峰电价增收
紧急型需求响应	容量集中竞价、电能量与现货联动	容量补贴＋电能量补贴	削峰类由工商业用户分摊；填谷类由发电机组分摊
经济型需求响应	电能量集中竞价，边际出清	电能量补贴	削峰类由现货盈余承担；填谷类由发电机组分摊
直控型可调节负荷竞争性配置交易	容量集中竞价，调用时为现货价格	容量补贴（未调用时）、电能量补贴（调用时）	电力用户分摊、现货市场发电侧考核及返还费用

需求侧响应通过预先和具有灵活用电能力的负载签约，当需要消减电力负荷或增加电力负荷时，直接调动这些签约用户或者通知这些用户调节用电功率[7,8]，并根据用户实时响应的功率调节量对用户进行经济补偿[9]。近年来，电力负荷管理中心在各地纷纷成立。它负责新型电力负荷管理系统建设运行，配合政府组织有序用电、需求响应，开展电力负荷数据监测、统计分析、应急演练等工作。以浙江为例，浙江各地成立电力负荷管理中心推进电力消费侧的科学管理，针对夏季降温负荷（空调为主）与冬季供暖负荷（含暖风机等制热设备）等用电负荷，在用电高峰期统筹调度空调温度，降低全省电力总负荷，为电网"减负"。浙江各地电力负荷管理中心已开始在公共建筑、商业大楼、工业园区等场所落实相关技术、经济、政策等手段，为保障冬季社会民生用电腾出空间。例如，国家电网杭州供电公司通过分析各类空调负荷情况，形成理论可调节的工业 18 万 kW、商业 64 万 kW、公共建筑 6 万 kW 响应资源池，相当于可以减少一个大型火电厂的建设，对缓解电力供给的紧张状况起到重要作用。

7.2.2 负荷聚集商

目前，我国开展需求侧响应的市场主体以大工业用户和负荷聚集商为主。建筑—电力交互往往有容量门槛和调节性能要求，建筑可调节负荷体量小、不确定性大，而且不同建筑之间的负荷差异也很大，单一建筑用户难以满足准入条件。为了给闲置的中小负荷提供参与市场调节的途径，负荷聚集（Load Aggregator，LA）作为一种专业化负荷侧资源管理模式，整合分散的用户需求响应资源并将其引入市场交易[10]。负荷聚集商则主要面向中、小型工、商业及居民用户。

负荷聚集商负责匹配电网调节需求和建筑调节能力，需要配置电力市场交易算法、建立可调节潜力评估算法、建筑收益分配算法等，以满足对电网管理平台的交易需求，以及对建筑的调节目标拆解下发、效果检测、效益分配等需求，基于建筑负荷聚集商的电力交互模式如图 7.2-2 所示。此外，建筑负荷聚集商平台还会根据建筑的特性和需求提供柔性改造服务，催生新的业态。

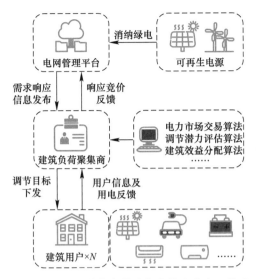

图 7.2-2　基于建筑负荷聚集商的电力交互模式

然而，"负荷聚集商"模式由作为第三方的负荷聚集商集成这些灵活用电负载，使其成为一个等效的可灵活调节的用电负载，进入电力系统的调度平台。然而，这实际上是把数量巨大的分散负载如何进行实时调节的矛盾推给了负荷聚集商，并没有实质地解决问题。而负荷聚集商也很难有根据实时变化的供需关系及时协调其所辖的用电负荷，以配合电网进行实时调节的有效方法。

7.2.3　虚拟电厂

虚拟电厂（Virtual Power Plant，VPP）是一个将分布式电源、储能装置、可控负荷、电动汽车等资源整合优化，参与电力系统运行及电力交易市场的运营实体[11]。虚拟电厂并未改变每个分布式电源并网的方式，其技术核心是建立在高效、安全和双向交互的物联网技术上，通过资源聚合、通信、优化调度，对虚拟电厂内的组成元素进行协调控制，使得分散资源更经济、高效地参与电力中长期、辅助服务、现货等市场交易，平抑可再生能源引入的系统波动，充分发挥负荷侧的调节能力，从而实现供电侧和用电侧的灵活互动，其组成架构如图 7.2-3 所示。

从国内外发展情况来看，虚拟电厂已经成为世界范围内不同系统调度体系和差异化市场环境中的重要组成部分，在电力系统安全保供和稳定运行中发挥重要角色[12]。在欧洲，虚拟电厂不仅能够在平衡市场中获得收益，还可以通过组织分布式交易，助力分布式资源消纳，同时在备用和现货市场中提供服务[13]。例如 Next Krafiwerke 作为德国最大的虚拟电厂运营商，聚合各类分布式能源单元超过 15000 个，总容量超过 12 GW。Next Kraftwerke 虚拟电厂利用低边际成本的可再生发电资源参与电力中长期、现货市场交易，并通过聚合快速响应资源参与 15min 间隔调峰、二次调频、三次调频和平衡市场等辅助服务市场交易[14]。在美国，虚拟电厂不仅在运行备用、需求响应等方面发挥作用，还在可信交易体系下进入容量市场获取收益[15]。例如特斯拉凭借其在家用储能电池上的优势，Powerwall 虚拟电厂项目聚集家庭数已超 7500 户，调节能力超过 50MW，用来参与电网调峰[16]。Sunverge 虚拟电厂通过聚合用户侧资源提供运行备用、调频以及需求响应业务[17]。

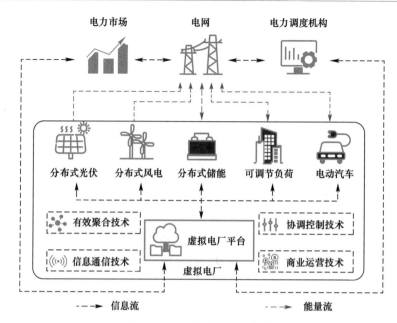

图 7.2-3　虚拟电厂组成架构

在澳大利亚，虚拟电厂一方面助力以 P2P 交易为主的分布式市场运营，同时在调频、调压等方面发挥重要作用[18]。例如澳大利亚能源市场运营商（Australian Energy Market Operator，AEMO）开展虚拟电厂示范项目，其在紧急频率控制辅助服务市场份额超 3%，提供紧急频率响应服务平均水平超 14MW[19]。由此可见，国外已对虚拟电厂进行了大量探索，已形成了较为成熟的市场机制来支撑虚拟电厂的规模化应用。

在我国，近年来已有 10 余个省份开展了虚拟电厂的示范工程建设，示范场景日渐多元、应用成效逐见成色。在华北地区，山西率先引导虚拟电厂进入现货市场，共建设了 14 个虚拟电厂试点项目，聚合容量达 184.74 万 kW，可调节容量达到 39.2 万 kW[20]。在华中地区，湖北整合新能源、分布式储能、工业园区用能等多种资源，形成 2023.7 万 kW 的虚拟电厂资源池，可参与可调资源的省间互济，实现最大填谷电力 195MW，累计调节时长 6h[21]。在华南地区，广东虚拟电厂项目于 2022 年开始进入辅助服务领域，聚合大规模工商业建筑负荷、储能等资源规模超过 150 万 kW，推动虚拟电厂精准响应能力的提升[22]。然而，不同省份能源系统运行方式多样、市场环境迥异、可调资源繁杂，国内虚拟电厂的规模化应用仍然受限于以需求响应为主的补贴困境，进而难以统一纳入电力系统规划与运营体系。

7.2.4　建筑—电网友好交互

建筑是重要的电力系统用户，建筑—电网交互（Grid-interactive Building，GIB）利用智能技术和分布式能源技术实现建筑能源高效利用，通过协同优化能源成本、电网服务和居民需求与偏好之间的关系，提供持续和综合的需求灵活性[23]。美国能源部（DOE）制定了一项有关于电网交互建筑的国家路线图[24]，总结了电网交互建筑提供的电网服务，主要包括效率、削减、转移、调节和发电五种模式，如图 7.2-4 所示。在效率模式下，建筑采用高效设备和技术来降低能源消耗，提高能源利用效率，从而减少建筑能耗；削减模式通过临时减少电力需求来提供辅助服务，例如在电力紧张时降低用电量，为电网提供应急储备；转移模式允许建筑在电网需求高峰时将部分负荷转移到其他时间段，以降低电网负荷，减少能源成本；调节模式用于辅助服务，建筑可以根据电网操作者的信号，在短时间内自主平衡功率供需；发电模式允许建筑自主产生电力供自用，并通过响应电网的信号，将多余的电力注入电网，为发电服务作出贡献。随着智能控制和优化技术的进一步发展和应用的推广，电网交互建筑有望在未来的能源领域扮演更加重要的角色[25]。

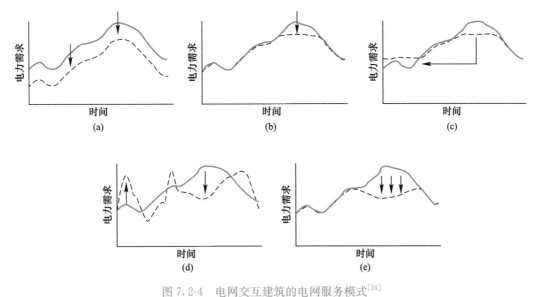

图 7.2-4 电网交互建筑的电网服务模式[24]
(a) 效率（Efficiency）；(b) 削减（Shedding）；(c) 转移（Shifting）；
(d) 调节（Modulating）；(e) 发电（Generation）

然而，目前对于建筑与电网交互的友好性尚未完全达成共识，表 7.2-2 统计了已有研究中建筑与电网交互的友好性评价方法。Jia 等人[26]根据实时电价的高峰/低谷时段划分电网供需关系紧张的时段，将电价高峰时段向电网送电以及在电价低谷时段从电网取电定义为正友好性负荷，反之定义为负友好性负荷，然后根据总正、负友好性负荷以及总送电、取电量计算电网友好交互指标（Grid-friendly Interaction Indicator，GFII）。Klein 等人[27]将建筑负荷曲线与实时电价曲线的积分结果除以总负荷与平均电价的乘积，定义了电网支持系数（Grid Support Coefficient，GSC），评估了建筑中暖通空调系统与电网的交互友好性，涵盖了热泵、冷机和热电联产设备。Li 等人[28]利用电力系统净负荷特性定义了友好负荷曲线，以此提取负荷友好性特征指标，结合云模型计算特征指标对目标的贡献权重，再根据所得权重用逼近理想解排序集总不同特征指标。该方法定量评估了负荷资源对系统调峰的友好性，并为需求侧负荷的用电模式优化提供参考。Cubi 等人[29]提出了电网补偿分数（Grid Compensation Score，GCS）的评价框架，量化了建筑与电网交互对电网负荷波动性的影响。

已有研究中建筑与电网交互的友好性评价方法 表 7.2-2

文献	计算指标	示意图
Jia 等人[26]	确定峰谷时段： $$X_1(t)=\begin{cases}1, & t\in t_{peak}\\0, & t\in t_{others}\end{cases}, \quad X_2(t)=\begin{cases}1, & t\in t_{valley}\\0, & t\in t_{others}\end{cases}$$ 统计正、负友好性功率： $$p_{pos}(t)=p_{out}(t)\cdot X_1(t)+p_{in}(t)\cdot X_2(t)$$ $$p_{neg}(t)=p_{out}(t)\cdot X_2(t)+p_{in}(t)\cdot X_1(t)$$ 计算电网交互友好性指标： $$GFII=\dfrac{\sum_t p_{pos}(t)-\sum_t p_{neg}(t)}{\sum_t p_{in}(t)+\sum_t p_{out}(t)}$$	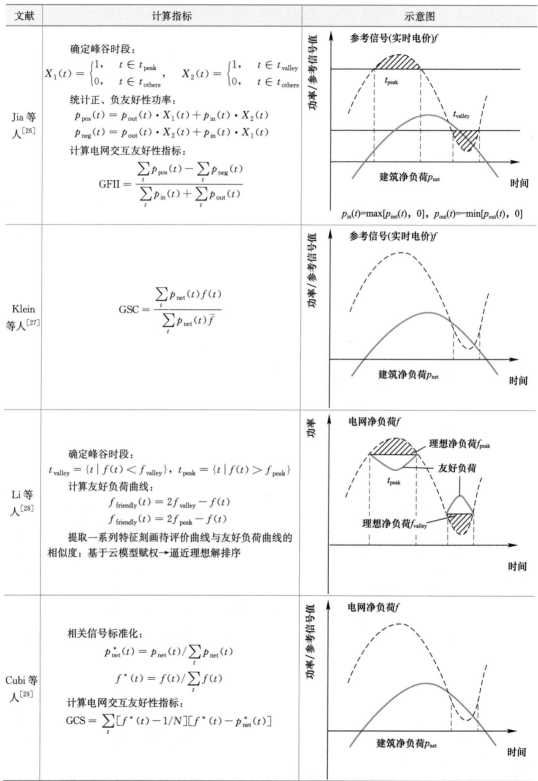 $p_{in}(t)=max[p_{net}(t), 0], \quad p_{out}(t)=-min[p_{out}(t), 0]$
Klein 等人[27]	$$GSC=\dfrac{\sum_t p_{net}(t)f(t)}{\sum_t p_{net}(t)\bar{f}}$$	
Li 等人[28]	确定峰谷时段： $$t_{valley}=\{t\mid f(t)<f_{valley}\}, \quad t_{peak}=\{t\mid f(t)>f_{peak}\}$$ 计算友好负荷曲线： $$f_{friendly}(t)=2f_{valley}-f(t)$$ $$f_{friendly}(t)=2f_{peak}-f(t)$$ 提取一系列特征刻画待评价曲线与友好负荷曲线的相似度；基于云模型赋权→逼近理想解排序	
Cubi 等人[29]	相关信号标准化： $$p_{net}^*(t)=p_{net}(t)/\sum_t p_{net}(t)$$ $$f^*(t)=f(t)/\sum_t f(t)$$ 计算电网交互友好性指标： $$GCS=\sum_t[f^*(t)-1/N][f^*(t)-p_{net}^*(t)]$$	

注：p_{net} 为有源建筑净负荷；f 为参考信号；N 为总时长除以时间步长，在年/日尺度内计算，以日尺度示意。

　　通过实施需求响应,发电企业、售电公司、终端用户都能够获得相应的利益。①对于发电企业来说,需求响应削减了峰值负荷,从而有助于降低电力系统在输配电网以及发电容量上的投资需求,缓解容量备用的压力。②对于售电公司来说,需求响应对促进电力供需的实时平衡具有重要作用,同时也为调频和调压等辅助服务提供了重要手段。③对于终端用户来说,由于用电高峰时段的电价一般比其他时段的电价高,参与需求响应的用户会减少用电高峰时段的用电量而增加其他时段的用电量,从而降低用电成本。④需求响应还可以促进对风能、太阳能等可再生能源的消纳。由于可再生能源固有的间歇性和随机性,当电力负荷处于低谷时,可能会造成可再生能源的浪费,当电力负荷处于高峰时,所供给的电能可能会十分有限,而实施需求响应使得电力负荷实现削峰填谷,从而可以在电力负荷低谷时段消纳更多的可再生能源,在电力负荷高峰时缓解可再生能源不足所导致的供需不匹配问题。

7.3　现有源荷互动响应机制

　　当前,电网主要通过价格杠杆、激励措施或市场机制来调动负荷侧参与电力系统的调节过程。这些机制手段相辅相成,确保了电力系统的运行稳定和供需平衡。不同时间尺度下源荷互动的响应机制如图 7.3-1 所示。

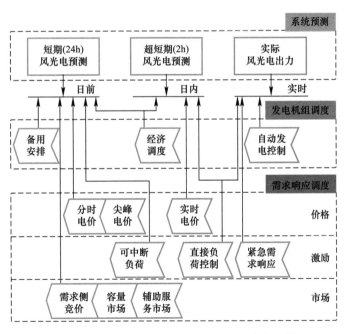

图 7.3-1　不同时间尺度下源荷互动的响应机制

7.3.1　价格机制

　　基于价格的需求响应互动机制是指终端消费者直接面对多种价格信号,并自主改变固有用电模式,从而缓解电网高峰时段的压力。价格机制能有效反映电力系统不同时段供电成本的差别，目前电价机制主要包括：分时电价、实时电价、尖峰电价[30]。

1. 分时电价

分时电价是一种最为普遍的静态时间电价机制，将一天分成几种时段，给各时段设置不同电价，根据各时段之间的电价差引导用户调整用电行为，以促进高峰时段负荷向其他时段转移。我国峰谷分时电价制度出现在 20 世纪 80 年代，直至 2003 年国家发展改革委下发《关于运用价格杠杆调节电力供求促进合理用电有关问题的通知》[31]，分时电价得到全面推广。分时电价的核心是电价的制定和时段划分，主要方法包括基于聚类和隶属度函数、基于供电成本和基于用户需求响应三类，如表 7.3-1 所示。然而，过去大部分省份长时间未进行分时段划分调整，缺乏动态调整机制，存在时段划分不够准确、峰谷电价价差偏小等问题，缺乏对需求侧调节的作用，且分时电价引导下在电价低谷时段易造成用户过度响应，产生新的负荷高峰，仍需探索新方式。

三种分时电价时段划分方法对比　　　　　　　　　　　　表 7.3-1

划分方法	优点	缺点
基于聚类和隶属度函数	计算简单，容易操作，适用于基于聚类和未实施过分时电价地区的初步隶属度函数时段划分	边界模糊，带有一定的主观性；随着负荷增长和用电结构的变化，无法建立动态调整机制影响"削峰填谷"的效果
基于供电成本	能够反映供电成本的差异，有利于在电力资源充足时合理配置电力资源，适用于上网侧与销售侧分时电价联动	无法反映电价对电力供需关系的影响，在电力供需不平衡时无法提供有效的价格信号
基于用户需求响应	常伴随常态调整机制，能够及时向用户传递合理的激励信号	需要用户响应的大量数据，依赖硬件和技术支撑

2. 实时电价

实时电价是一种动态定价机制，其更新周期可以达到 1h 或者更短，能反映短期内生产电能的成本，包含日前实时电价机制和日内实时电价机制。能够弥补分时电价当系统出现短期容量短缺时实时电价不能给予用户进一步削减负荷的激励的不足。此外，实时电价的更新周期是确定电价体系时的一个重要考虑因素，周期越短，则电价的杠杆作用发挥得越充分，但对技术支持的要求也越高。目前，国外实时电价的更新周期最短可达 5min，我国仍处于实时电价理论研究和电力市场建设初期。

3. 尖峰电价

尖峰电价是在分时电价和实时电价的基础上发展起来的动态电价机制，在高峰时段电价的基础上向上浮动部分电价，上浮的电价比例称为叠加尖峰费率，叠加尖峰费率可以反映电力系统的真实供电成本。2021 年 8 月，《国家发展改革委关于进一步完善分时电价机制的通知》要求各地完善峰谷电价机制，强化尖峰电价、深谷电价机制与电力需求侧管理政策的衔接协同，充分挖掘需求侧调节能力，上年或当年预计最大系统峰谷差率超过 40% 的地方，峰谷电价比原则上不低于 4∶1，其他地方原则上不低于 3∶1，并建立尖峰电价机制，尖峰电价在高峰时段电价基础上上浮比例，原则上不低于 20%。另外，山东省提出在容量市场运行前，参与电力现货市场的发电机组容量补偿费用从用户侧收取，并参考电力现货市场分时电价信号，探索基于峰荷责任法的容量补偿电价收取方式，引导电力用户削峰填谷。

7.3.2　激励机制

基于激励的需求响应互动机制是指在电力系统的安全性受到威胁或稳定裕度低于标准值时，通过签订双边合约，采用直接补偿或电价折扣的方式来激励和引导用户及时调整负荷、优化用电行为，主要包括：可中断负荷、直接负荷控制和紧急需求响应等，常见于商业和工业领域。目前，基于计划的邀约激励模式相对较多，多地根据管理办法类、指导意见类文件要求，出台本地实施方案类、电力价格类、电力市场类政策。政府、电网公司提前与用户或者负荷聚集商签订约定实施响应、实时需求响应等协议，然后在接收信号后进行邀约确认、响应执行、响应监测、执行终止、效果评估、补贴发放等。在实施方案及细则中，对邀约激励项目的申请条件、实施流程、基线负荷、补偿标准、补偿资金来源进行明确。

7.3.3　市场机制

基于市场的激励模式，用户上报可调节容量范围、时段等信息，参与市场竞价，然后在得到调度指令后及时调节负荷，主要包括需求侧竞价、容量市场、辅助服务市场等。需求侧竞价是一种基于电力市场竞价进行采购的需求响应机制，参与需求响应的主体以自己的负荷调节能力为资源，可作为负的发电资源参与能量或容量市场，或者作为运行备用资源参与辅助服务市场，在电力市场中与发电方一起参与投标竞价，以投标的形式主动参与市场竞争并获得相应的经济利益，而不再单纯是价格的接受者，市场的出清机制将决定投标的需求响应是否被接受以及最终的市场出清价格。通常供电公司、大用户可以直接参与需求侧投标，而小型的分散用户可以通过第三方的综合负荷代理机构间接参与需求侧投标。容量市场/辅助服务是指用户提供削减负荷作为系统备用，替代传统发电机组或提供资源的一种形式。容量市场是指运营商提前支付一定补偿给用户侧，以获得紧急情况下的稳定资源。当用户未按照要求负荷削减时，将处以罚款。参与者的可削减负荷必须具有随时可获得性和负荷可持续性。辅助服务市场实施方为电网运营商。当系统出现安全和稳定问题时，运营商将对参与竞价并按要求削减的负荷提供补偿，以保障电网的稳定性。参与该项目的用户需要满足的条件：响应时间快（按分钟计），最小容量要求高，具备实时遥信计量控制装置。

7.3.4　小结

对于电网侧"自上而下"的需求响应已有较多政策支持，电力系统也已开展了相关技术研究和实践。例如，将数据中心等特殊类型的建筑用户纳入虚拟电厂，也有通过邀约方式引导大规模居民用户参与电力系统需求侧响应的实践和示范的案例，对实现电力系统与用户侧友好互动提供了有益探索。不同源荷互动响应机制对比如表 7.3-2 所示，这些机制相辅相成，确保了电力系统的运行稳定和供需平衡，但是对于未来大比例风光电接入的新型电力系统，仍需要稳步推进电力市场长效机制建设，完善、丰富市场品种与商业模式。

不同源荷互动响应机制对比 表 7.3-2

响应机制		响应方式	特点
价格机制	分时电价	不同时间段设置不同的电价	易于理解，便于实施，但易造成过度响应；缺乏动态调整机制，存在时段划分不够准确的问题
	实时定价	根据实时市场供需波动提供即时电价	能够反映电力市场的实时波动；我国处于实时电价理论研究和电力市场建设初期
	尖峰电价	在负荷需求高时提供更高的电价	对于能源供应商，降低高峰负荷的效果显著；对于消费者，不一定是最有效的经济性选择
激励机制	可中断负荷	在约定情况下削减负荷并获得经济补偿	响应时间相对较长；采取惩罚性措施，应对措施效果良好
	直接负荷控制	通过远程直接控制设备启停，实现电力需求管理	可以在相对较短的时间内完成部署；直接控制设备启停，响应速度快
	紧急需求响应	系统运营商在紧急情况下向电力用户发出请求	根据是事先签订的合同削减负荷，并获得经济补偿；电力用户可不响应中断请求，且不受惩罚
市场机制	需求侧竞价	基于市场机制，用户根据自身需求参与能源市场的竞价	基于市场机制的方案；需要有效的激励措施，目前的容量支付可能不足以鼓励消费者提交正式报价
	容量市场	提前支付补偿给用户，以获得紧急情况下的稳定资源	参与者的可削减负荷必须具有随时可获得性和负荷可持续性
	辅助服务市场	用于提供调节电力系统稳定性和可靠性所需的辅助服务	提供频率调节和电压控制等服务以维持电力系统的稳定运行

7.4 源荷互动实时引导指标的探索

基于需求响应的源荷互动方式通常仅在一年中的部分时刻开展，并非实时互动，如何能够更好地调动海量建筑终端用户的互动潜力，还需要更好的解决方案。并且从调节需求的规模来看，电网调度很难对每个建筑都给出调节指令（如功率变化曲线），如何疏通这一上层电网有调节需求、下层建筑自身具有柔性/灵活性调节能力之间的"堵点"，更好地发挥建筑作为重要用户侧可调节资源的作用，仍需要深入地研究。因此，针对建筑侧"自下而上"的响应调节（图 7.4-1），本节提出一种电力系统面对海量分布式用户的实时引导信号——电力动态碳排放责任因子（C_r），该信号可充分反映电力系统实时的供需矛盾，

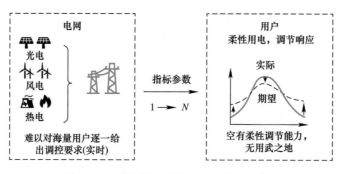

图 7.4-1 建筑侧"自下而上"的响应调节

使其引起的终端用电的调节行为与电力系统当时需要的负荷调节方向一致；同时又应该是"激励"信号，能够有效激励起终端用电的调节行为，使得终端用电愿意积极地实时参与调节。这将成为实现由海量调节个体针对同一调节目标进行实时调节的电力系统能够获得有效调节效果的关键。

7.4.1　基本原则

风光电的大规模应用是基于改变能源结构，由碳基电源转为零碳电源这一目标，而调动终端用电的灵活性，其目的是有效消纳风光电，从而实现电源结构调整。因此，可以选取电力对应的碳排放作为激励信号，不同时刻的电力对应不同的度电碳排放量，从而可激励用电者选择碳排放低的时刻多用电，并尽可能避开碳排放高的时刻用电，以实现调动终端用电灵活性。

目前，联合国政府间气候变化专门委员会（IPCC）的清单法主要考虑特定边界内的直接碳排放，是一个客观的物理量，根据每一瞬间的电力构成，可以获得此瞬间单位电力对应的直接碳排放 $C(\tau)$：

$$C(\tau) = \frac{\sum P_k(\tau) \cdot C_{0,k}(\tau)}{\sum P_k(\tau)} \tag{7.4-1}$$

式中　P_k——电源 k 输出的电功率，kW；

　　　$C_{0,k}$——电源 k 单位发电量排放的二氧化碳，$kgCO_2/kWh$；

　　　τ——时刻。

然而，当面临如何激励经济活动各参与方采取减碳行动时，直接碳排放与减碳活动并不完全对应。例如，火电厂产生直接碳排放是为了满足用电者的需要，所导致的碳排放应在一定程度上由用电者来承担。碳排放责任可以定义为经济活动的参与者由于其行为和决策所应当为之承担的二氧化碳排放责任[32]，不同的分摊方式会产生不同的减碳激励。国际气候变化领域在碳排放核算的制度设计和相关研究中主要涉及三类方法[33,34]：一是"生产者责任法"[35]，即产生直接碳排放的生产者承担全部责任；二是"消费者责任法"[36,37]，即产品生产全过程所产生的直接碳排放都由其最终消费者承担；三是"共担责任法"[38]，即基于某些原则，将碳排放责任在生产者和消费者之间进行分摊。Rodrigues 等人[39,40]早在 2006 年就提出了环境责任分摊应遵循的六项原则，后续又有大量学者在此基础上进行了相应补充，其中得到相对广泛认可和应用的主要有三项原则[41,42]：①总量平衡原则（或标准化原则）：生产者与消费者分摊的碳排放责任之和必须等于产品生产全过程各环节的直接碳排放总量；②一致性原则：各参与方为了降低所分摊的碳排放责任采取的努力必须与降低全过程碳排放总量所需要采取的措施一致；③可持续原则：确定碳排放责任的具体分摊方式可持续，不随未来外界状况的变化而改变。

目前，关于电力系统碳排放责任的研究方法可以分为三类[43,44]：一是基于碳排放流追踪方法的节点碳迹强度（Footprint Carbon Intensity，FCI）[45,46]，通过有向图递归或拓扑矩阵的处理方式建立系统各部分之间的碳流关系；二是基于灵敏度方法的节点边际碳强度（Marginal Carbon Intensity，MCI）[47]，通过分析系统各节点上机组出力、负荷和线路约束的边际量来建立各部分之间的碳排放关系；三是基于合作博弈理论的碳排放责任分摊方法[48,49]，通常通过 Shapley 值分摊方法求解负荷侧碳排放责任。FCI 和 MCI 分别从总量追踪和边际分析的角度考察负荷与系统碳排放的关系，强调负荷节点在网架结构中的位置因素对于系统碳排放的影响，是直接碳排放根据网架结构的精细化处理。Shapley 值分摊方法不偏重于分析参与成员之间的策略互动，而是强调各个成员对于不同联盟的边际作用，每个负荷成员所分得的碳排放责任为其所有的边际作用的平均值。但是上述方法均未考虑碳排放责任在电源侧和用户侧之间的分摊原则，进而难以对发电侧和用电侧的低碳行为起到引导作用。

从电力系统运行的角度看，当电力负荷处于低谷时，作为调峰的火电机组不能完全停机，只能调整至最低负荷工况运行[50]，以保障在负荷重新升高时能够快速"爬坡"，从而满足用电需求，此时即使风光发电量大，也不得不弃风弃光，以维持火电机组在最小功率下运行。此最小功率不再是为了满足电力终端的用电需求，而是为了电网调节所要求的旋转备用。因此，火电机组压火时产生的碳排放不应由当时的用电者承担，而应由未来在负荷高峰期的用电者承担；负荷高峰时，用电侧要承担的碳排放责任就不再仅仅是当时电源侧的直接碳排放，还应加上低谷期调峰电源低负荷运行时的直接碳排放。基于以上分析，笔者设计了相应的碳排放责任核算方法[51,52]，该方法在面向电力系统源荷互动的应用——电力动态碳排放责任因子（C_r），其实质是对每个瞬间电厂真实的直接碳排放量在电源侧和用户侧之间一种基于电网供需关系的碳排放责任分摊，即用电侧消费单位电量所承担的碳排放责任。该方法将电力系统的减碳任务和大比例风光电下的调节任务结合起来，形成了"生产侧抓效率，消费侧抓总量"的减碳路径，从而实现生产侧与消费侧的"双控"。因此，C_r 需要满足上文提到的生产侧和消费侧之间碳排放责任分摊方法的基本原则：

（1）总量平衡原则：任意时刻，生产侧的碳排放责任与消费侧的碳排放责任之和等于当时系统的直接碳排放总量；在全年尺度下，生产侧真实的碳排放总量应由消费侧承担，而其自身的碳排放责任为零。

（2）一致性原则：碳排放责任的分担应与生产侧和消费侧双方可以实现的减碳方案一致，也就是双方降低碳排放的行为与促进生产和消费双方通过改变生产和消费模式以降低碳排放的努力方向相同。

（3）可持续原则：确定碳排放责任的具体分摊方法不随未来状况的变化而改变，即需要适应不同时期的发电结构，包括目前以火电为主、未来以风光电为主，以及处于二者之间的过渡时期。在生产者和消费者之间分配碳排放责任的原则不变，可以实现相关政策的稳定性和可持续性。

此外，为了能够通过电力碳排放责任因子激励终端用户有效的自律式调节，还需要满足灵敏性原则，即：电力碳排放责任因子在一段连续时间的不同时刻应在足够大的范围内波动，从而确实起到对终端用户参与调节的激励作用。

7.4.2 计算方法

对于一个具备足够电源容量的供电区域，如果其内部相互之间的输电能力足够大，不存在输电线路阻塞现象，从而区域内各个电源在一定意义上可以相互替代时，从上一节的基本原则出发，可以在每个瞬间对该区域确定统一的用户侧承担电力动态碳排放责任因子 $C_r(\tau)$，该因子由当时各个电源运行状态决定：

$$C_r(\tau) = \frac{\sum P_k(\tau) \cdot C_{r,k}(\tau)}{\sum P_k(\tau)} \qquad (7.4\text{-}2)$$

式中，$C_{r,k}(\tau)$ 为时刻 τ，电源 k 输出电功率 $P_k(\tau)$ 的同时，转移到用户侧的度电碳排放责任，$kgCO_2/kWh$，不同类型电源的计算方法汇总于表 7.4-1。

不同类型电源转移到用户侧的度电碳排放责任计算方法　　　　　表 7.4-1

电源类型	$C_{r,k}$ （$kgCO_2/kWh$）①
燃煤火电机组	$C_{r,c}(\tau) = \varepsilon_c(\tau) \cdot C_{0,c}$ ②
燃气火电机组	$C_{r,g}(\tau) = \varepsilon_g(\tau) \cdot C_{0,g}$ ③
风光电等零碳电源	$C_{r,u}(\tau) = C_r(\tau)$
集中储能设施	$C_{r,s}(\tau) = C_r(\tau) + \varepsilon_s(\tau) \cdot C_0, P_s(\tau) > 0$ ④
联络线	$C_{r,l}(\tau) = \begin{cases} C_r(\tau), & P_l(\tau) > 0 ⑤ \\ C_l(\tau), & P_l(\tau) \leqslant 0 \end{cases}$

① 各电源 k，燃煤、燃气、零碳电源、集中储能和联络线分别用 c, g, u, s, l 表示。

② ε_c 为燃煤火电机组责任系数，无量纲；$C_{0,c}$ 为燃煤火电机组平均碳排放因子，$kgCO_2/kWh$。

③ ε_g 为燃气火电机组责任系数，无量纲；$C_{0,g}$ 为燃气火电机组平均碳排放因子，$kgCO_2/kWh$。

④ $P_s(\tau)$ 为储能装置的放电功率，kW，当 $P_s(\tau) \geqslant 0$ 时，表示储能装置放电，按照此表方法核算其碳排放责任；当 $P_s(\tau) < 0$ 时，表示储能装置放电储能，按照用电终端核算其碳排放责任；$\varepsilon_s(\tau)$ 为集中储能装置负荷率，无量纲；C_0 为全国电网平均碳排放因子[53]。

⑤ $P_l(\tau)$ 为联络线的送电功率，kW，当 $P_l(\tau) > 0$ 时，表示省间联络线送出电力；当 $P_l(\tau) \leqslant 0$ 时，表示省间联络线受入电力；$C_l(\tau)$ 表示来方电网当时的碳排放责任因子，$kgCO_2/kWh$，若无此数据，可采用该区域电网全年平均碳排放因子[54]。

1. 火电机组

燃煤和燃气机组转移到用户侧的度电碳排放责任（$C_{r,c}$ 和 $C_{r,g}$）分别为责任系数（ε_c 和 ε_g）与机组平均碳排放因子（$C_{0,c}$ 和 $C_{0,g}$）的乘积，其中，责任系数受不同火电机组运行特征的影响。火电机组的出力情况可以间接反映电网的供需关系：当电力系统处于负荷高峰时，零碳电源难以满足负荷需求，火电机组等灵活电源尽可能加大出力，以满足高峰需求，碳排放责任被更多地转移至用户侧，因为此时度电碳排放责任不仅仅是当时火电机组的碳排放，还应包含负荷低谷时火电机组处于热备用状态的碳排放；当电力系统处于负荷低谷时，火电机组发电和当时的碳排放不再是为了满足用户的用电需求，而是为了维持其热备用状态，以应对以后可能出现的负荷高峰，故此时的碳排放应由生产侧承担，不能再转移到用户侧。

因此，可以根据火电机组的相对出力情况确定各机组的责任系数。为满足灵敏性原则，使 C_r 能够有效激励终端用户的自律调节，二者可以用 Logistic 函数关系表示，即在负荷率较低的初始阶段呈指数型增长；在稳定运行的平均负荷率处，达到增长率峰值；随后增长速率逐渐减缓，直至最大运行负荷率。其基本表达式为：

$$\varepsilon(\tau) = \frac{L}{1 + e^{\left[-k \cdot \left(\frac{P(\tau)}{P^{max}} - b\right)\right]}} \qquad (7.4\text{-}3)$$

式中　$\varepsilon(\tau)$——火电机组转移到用户侧的责任系数；

P 和 P^{max}——分别为该时刻火电机组的发电功率和额定功率，MW。

式（7.4-3）中各参数（L，k，b）由火电机组各自的运行特性决定。图 7.4-2 所示为我国北方某供电区域内火电机组的年均负荷率统计情况。

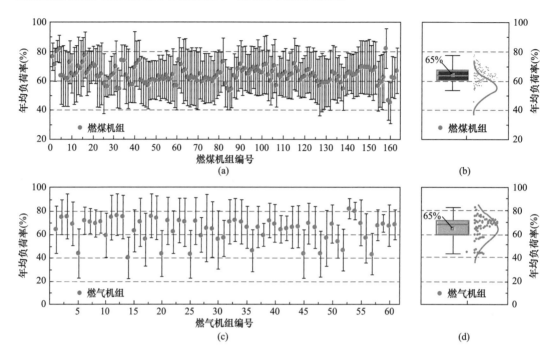

图 7.4-2　我国北方某供电区域内火电机组的年均负荷率统计情况
（a）燃煤机组年均负荷率与标准差；（b）燃煤机组年均负荷率箱型分布图；
（c）燃气机组年均负荷率与标准差；（d）燃气机组年均负荷率箱型分布图

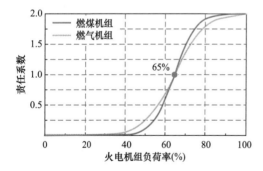

图 7.4-3　火电机组责任系数与负荷率的关系

由图 7.4-2（b）和（d）可知，燃煤和燃气机组年平均负荷率的均值都为 65%，由此确定图中曲线中心点的数值；由图 7.4-2（a）和（c）可知，燃煤机组的稳定运行负荷率在 40%～90% 之间浮动，燃气机组的运行负荷率范围相对较宽，可以在 25%～95% 之间稳定运行，由此确定上述函数的增长率 k；最终通过总量平衡原则（全年尺度生产侧碳排放责任之和为零，生产侧碳排放总量等于消费侧碳排放责任总量），计算求得 L。综上所述，火电机组责任系数与负荷率的关系如图 7.4-3 所示，计算公式如下：

$$\varepsilon_c(\tau) = \frac{2}{1 + e^{\left[-20 \cdot \left(\frac{P_c(\tau)}{P_c^{max}} - 0.65\right)\right]}} \quad (7.4-4)$$

$$\varepsilon_g(\tau) = \frac{2}{1 + e^{\left[-14 \cdot \left(\frac{P_g(\tau)}{P_g^{max}} - 0.65\right)\right]}} \quad (7.4-5)$$

式中　$\varepsilon_c(\tau)$ 和 $\varepsilon_g(\tau)$——分别为 τ 时刻燃煤机组和燃气机组的责任系数，无量纲；

$P_c(\tau)$ 和 $P_g(\tau)$ ——分别为 τ 时刻燃煤机组和燃气机组的发电功率，MW；

P_c^{max} 和 P_g^{max} ——分别为燃煤机组和燃气机组的额定功率，MW。

由图 7.4-3 可知，当火电机组压火运行维持热备用状态时，碳排放责任不能转移至用户侧，$\varepsilon_c = \varepsilon_g = 0$；当各火电机组在稳定运行区间内（燃煤机组：40%～90%；燃气机组：25%～95%），ε_c 和 ε_g 与负荷率呈 Logistic 函数关系，在年均负荷率均值处（65%）增长率达到峰值，$\varepsilon_c = \varepsilon_g = 1$，即此时碳排放责任等于真实碳排放；随后增长速率逐渐减缓，直至最大运行负荷率（燃煤机组：90%；燃气机组：95%），计算求得最大责任系数 $\varepsilon_c = \varepsilon_g = 1.9$。为便于解释，设置该供电区域满负荷运行时，$\varepsilon_c = \varepsilon_g = 2$，即用户侧承担的碳排放责任为电源侧的 2 倍。

2. 风光电等零碳电源

对于风光电等零碳电源，由于其发电过程并不产生碳排放，但不同时刻用户侧对电力的需求不同，所以其转移出去的碳排放责任为当时其所在供电区域的碳排放责任因子 C_r 与其发电量的乘积。即使相同的发电量，在负荷高峰期，电力需求越大，零碳电源转移至用户侧的度电碳排放责任就越多，其自身的减排收益越明显；在负荷低谷期，电力需求越小，零碳电源转移到用户侧的度电碳排放责任就越少，其自身的减排收益就不显著。

3. 集中储能设施

对于各类集中储能设施来说，例如抽水储能机组和集中化学储能，储能充电时 $[P_s(\tau) \leqslant 0]$，从系统中获得电力，应当按照用电终端来核算其碳排放责任；释能放电时 $[P_s(\tau) > 0]$，则根据表 7.4-1 核算其转移至用户侧的度电碳排放责任，该责任由两部分组成，分别是当时碳排放责任因子 $C_r(\tau)$ 和储能负荷率与全国平均碳排放因子的乘积 $[\varepsilon_s(\tau) \cdot C_0]$，即 $C_{r,s}(\tau) = C_r(\tau) + \varepsilon_s(\tau) \cdot C_0$。一方面，释能放电时属于零碳电源，此部分责任转移与零碳电源相同，即为 $C_r(\tau)$；另一方面，未来火电机组占比很小时，集中储能将对 $C_r(\tau)$ 起定标作用，此处采用全国电网平均碳排放因子与储能装置负荷率的乘积进行定标。

综上所述，根据上文确定的各类电源转移到用电侧的电力碳排放责任计算方法，可以进一步将式（7.4-2）化简为：

$$C_r(\tau) = \frac{\sum P_c(\tau) \cdot C_{r,c}(\tau) + \sum P_g(\tau) \cdot C_{r,g}(\tau) + \sum P_s(\tau) \cdot C_{r,s}(\tau) - \sum P_1(\tau) \cdot C_{r,1}(\tau)}{\sum P_c(\tau) + \sum P_g(\tau) + P_s(\tau) - P_1(\tau)}$$

(7.4-6)

式中 $C_{r,c}(\tau)$、$C_{r,g}(\tau)$、$C_{r,s}(\tau)$、$C_{r,1}(\tau)$ ——分别为 τ 时刻燃煤机组、燃气机组、集中储能和联络线转移至用户侧的度电碳排放责任，$kgCO_2/kWh$；

                $P_c(\tau)$、$P_g(\tau)$、$P_s(\tau)$、$P_1(\tau)$ ——分别为 τ 时刻燃煤机组、燃气机组和集中储能的发电功率，以及联络线的送出电力，MW。

由此可见，碳排放责任因子 C_r 只包括与碳排放相关的燃煤机组、燃气机组、储能和联络线的运行状态，而与各类零碳电源无关。一个内部相互之间输电能力足够大的供电区域中，各个火电机组原则上应大致工作在接近的相对负载上，除特殊情况（比如电网安全性保障等）外，不应出现部分机组满负荷运行，部分机组低负荷运行的状态。因此，C_r

可以大致反映区域内火电机组的平均工作状态，即需要投入到平衡零碳电源输出功率与用电负荷之间差值的灵活性调节电源的出力情况，进而反映整个供电区域的平衡状况。当负荷需求大于零碳电源输出时，需要灵活调节电源补充，希望负荷侧尽可能降低用电功率，从而降低火电机组的高峰压力，此时电源侧的碳排放责任更多地被转移到用电侧；而当负荷需求低于零碳电源出力时，火电机组处于低负荷运行状态，为满足以后的高峰需求而作为旋转备用，此时的碳排放责任归属于火电机组，C_r 很小，希望用户侧尽可能增大用电功率，以更好地消纳零碳电力。

由此，电力用户应承担的碳排放责任量 T_c 即为各时刻用电功率 P_T 与 C_r 的乘积在时间上的积分：

$$T_c = \int P_T(\tau) \cdot C_r(\tau) \cdot d\tau \tag{7.4-7}$$

式中　T_c——一段时间内，终端用户使用了功率为 P_T 的电力所要承担的碳排放责任总量，$kgCO_2$；

　　　C_r——随时间变化的电力动态碳排放责任因子，$kgCO_2/kWh$。

由于 C_r 恒为正数，因此终端用户的碳排放责任 T_c 也总是正值，即只要用电就要承担相应的碳排放责任。

7.4.3　算例分析

以我国北方某供电区为例，其电源构成情况如图 7.4-4 所示。该区域目前仍以火电供电为主，火电机组装机容量和发电量占比分别约为 69.7% 和 76.0%，风光电装机容量和发电量占比分别为 23.2% 和 17.4%，抽储机组的装机容量和发电量分别仅占 2.4% 和 0.4%。

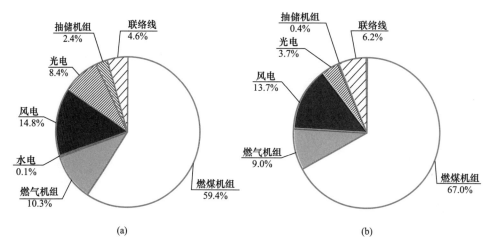

图 7.4-4　我国北方某供电区域电源构成情况
(a) 装机容量；(b) 发电量

根据该供电区域电力系统实际运行数据，由式（7.4-1）和式（7.4-2）可分别计算系统 C 和 C_r，图 7.4-5 分别给出了 1 月、4 月、8 月和 11 月各连续一周 C 和 C_r 的变化情况。可以看到，C_r 在每天都会大范围波动，全年波动范围为 $0\sim1.7kgCO_2/kWh$；而 C 的变化幅度很小，每天的变化范围不超过 20%。由此可认为，本书提出的电力动态碳排放责任因子 C_r 有足够的灵敏度，用以激励用户侧的响应，而碳排放因子 C 却很难满足灵敏度要求。

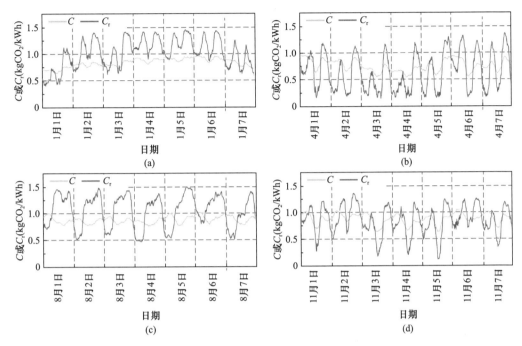

图 7.4-5　我国北方某供电区域典型周电力碳排放责任因子变化情况

(a) 1月；(b) 4月；(c) 8月；(d) 11月

为进一步分析 C_r 与电网供需关系的一致性，定义 SR 为运行可调节电源（火电机组和储能装置）剩余发电能力与电网总发电功率的比值，以此表征电网旋转备用状况，SR 越小表示电网旋转备用越少，供需关系越紧张：

$$SR = \Sigma_{可调节电源}\left(P_k^{max} - P_k\right) / \Sigma_{电网} P_k \tag{7.4-8}$$

式中　P_k^{max} 和 P_k——分别为电源 k 的额定功率和发电功率，MW。

图 7.4-6 为连续两天时间内 SR、运行燃煤机组平均负荷率、抽储机组平均负荷率、C 以及 C_r 的变化趋势。当午夜时段（图中浅色阴影区域），旋转备用容量相对富足，燃煤机组多数处于热备用状态，平均负荷率约为 60%，抽储机组也处于储电状态，表明此时电网供需关系为供大于需，根据式（7.4-1）和式（7.4-2）计算出 C 和 C_r 分别约为 $1.1\text{kgCO}_2/\text{kWh}$ 和 $0.6\text{kgCO}_2/\text{kWh}$，$C_r$ 远小于 C，通过这种降低用户侧度电碳排放责任的方法可以促使终端用户提高用电功率，帮助电网消纳富裕电力；相反，当傍晚时段（图中深色阴影区域），旋转备用容量紧张，火电机组顶峰运行，负荷率约为 78%，抽储机组处于放电状态，表明此时电网供需关系相对紧张，此时 C_r 高达 $1.6\text{kgCO}_2/\text{kWh}$，用户侧需要承担的电力碳排放责任远高于发电侧，以此可以激励终端用户减少用电，帮助缓解电网压力。除此之外，值得注意的是傍晚时段 C 反而比午夜时段还低，表明 C 不能实时有效反映电网的供需关系，其激励作用与期望的终端用户用电行为很多时间是不一致的。而 C_r 的激励作用与电网调度需求完全一致，即在 C_r 较高的时段，负荷侧尽可能降低用电功率，在 C_r

较低的时段，负荷侧尽可能加大用电功率，从而有效帮助电网消纳风光电力、减少弃风弃光。通过这种对于终端用电的调节，可以降低电源侧对旋转备用和储能资源的需求，缓解电网供需平衡压力，从而降低电力系统的碳排放量。

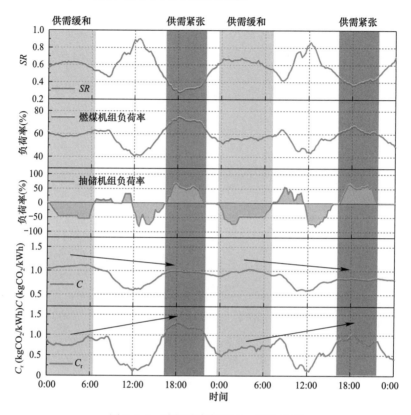

图 7.4-6　碳排放责任因子一致性分析

在此基础上，进一步研究 C 和 C_r 与 SR、火电机组和抽储机组运行状态，以及可再生能源占比的相关关系。由于碳排放责任因子对用户末端的激励作用具有时效性，是日内时间尺度的响应引导，所以下文将 C 和 C_r 以日（24h）为单位进行 $[0，1]$ 归一化，分别得到无量纲数 C^* 和 C_r^*。表 7.4-2 统计了 C^* 和 C_r^* 与风光电发电量占比 WS、SR、火电机组平均负荷率 $\frac{P_c}{P_c^{max}}$ 和抽储机组平均负荷率 $\frac{P_s}{P_s^{max}}$ 的相关系数，并采用双尾显著性检验，结果均在 $p<0.01$ 的水平下相关性显著。

碳排放因子与碳排放责任因子 Pearson 相关系数　　　　　　表 7.4-2

相关系数	WS	SR	$\dfrac{P_c}{P_c^{max}}$	$\dfrac{P_s}{P_s^{max}}$
C_r^*	-0.39[1]	-0.88[1]	0.84[1]	0.60[1]
C^*	-0.57[1]	-0.09[1]	0.25[1]	0.12[1]

[1] $p<0.01$

由表 7.4-2 可知，随着旋转备用的投入（SR 降低）、火电机组负荷率的升高和抽储机组的放电，C_r^* 越高，表明电网供需关系越紧张。进一步证明电力碳排放责任因子可以间接反映电网供需关系和机组运行状态，从而激励用户的调节行为与电网期望终端用电的行为一致。

图 7.4-7 为 C^* 和 C_r^* 随 SR 的变化情况。由图可知，C_r^* 与 SR 呈明显负相关关系，而 C^* 基本不受 SR 影响。除此之外，C_r^* 与火电机组和抽储机组的运行状态的相关性也明显强于 C^*，而 C^* 仅与 WS 显著相关。由于风光电发电的波动性和不确定性，电网需要依靠火电机组旋转备用和储能装置等来满足电力负荷缺口。风光电发电量占比并不能反映电网的供需关系，而反映这一关系的是"净负荷"，即终端用电量与风光电发电量之差，也就是火电机组和储能装置的状态。

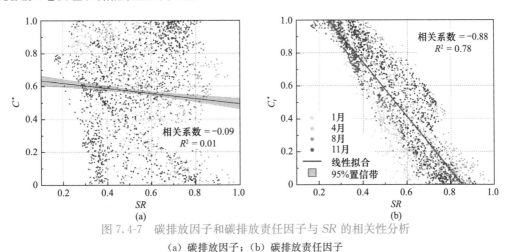

图 7.4-7　碳排放因子和碳排放责任因子与 SR 的相关性分析

(a) 碳排放因子；(b) 碳排放责任因子

7.4.4　实施路径

区域电力调度中心根据对第二天电力负荷和新能源的预测，计划机组次日的运行曲线，由此可以得到 C_r 日前趋势，供终端用户参考。同时，根据机组实时出力情况，每 15min 更新 C_r 实际值，以激励终端用户进行实时响应，调节用电行为。根据 C_r 传播途径的不同，终端响应调控的机制也有所不同，主要包括：可自主响应的终端设备、楼宇机电系统和可聚集负荷场景等。

智能电表通过电力载波方式将 C_r 直接下发至所辖终端用户接口，各类建筑电器获取电力的同时获得 C_r 数值，然后根据近一段时间内的历史数据集，判定实时 C_r 所处的响应区间，从而进行动态调控，实现在高区间降低功率，在低区间提高功率的响应策略，如图 7.4-8 所示。目前国内多个建筑电器厂商正在积极开展可以响应 C_r 的智能建筑电器产品的研发，主要包括空调、风机和水泵等。

图 7.4-8　可自主响应的终端设备参与电网调度信息流动框图

本章参考文献

[1] 章建华. 新型电力系统发展蓝皮书 [M]. 北京：中国电力出版社，2023.

[2] 刘吉臻. 支撑新型电力系统建设的电力智能化发展路径 [J]. 能源科技，2022，20（4）：3-7.

[3] DAS P, MATHUR J, BHAKAR R, et al. Implications of short-term renewable energy resource intermittency in long-term power system planning [J]. Energy Strategy Reviews，2018，22：1-15.

[4] HU M, GE D, TELFORD R. Classification and characterization of intra-day load curves of PV and non-PV households using interpretable feature extraction and feature-based clustering [J]. Sustainable Cities and Society，2021，75：103380.

[5] MEYABADI A F, DEIHIMI M H. A review of demand-side management：Reconsidering theoretical framework [J]. Renewable and Sustainable Energy Reviews，2017，80（10）：367-379.

[6] JIANG M, XU Z, ZHU H, et al. Integrated demand response modeling and optimization technologies supporting energy internet [J]. Renewable and Sustainable Energy Reviews，2024，203（10）：114757.

[7] Federal Energy Regulatory Commission. 2010 Assessment of demand response & advanced metering [R/OL]. （2011-02）[2023-03-29]. https：//www. energy. gov/sites/prod/files/oeprod/DocumentsandMedia/FERC_Assessment_of_Demand_Response_and_Advance_Metering. pdf.

[8] 国家发展改革委. 电力需求侧管理办法（2023年版）[Z]. 北京：中华人民共和国国家发展和改革委员会，2023.

[9] 肖伟栋，刘耀，蒋纯冰，等. 面向源荷互动的建筑—电网数据共享现状与展望 [J]. 暖通空调，2023，53（12）：76-85.

[10] PLAUM F, AHMADIAHANGAR R, ROSIN A, et al. Aggregated demand-side energy flexibility：A comprehensive review on characterization, forecasting and market prospects [J]. Energy Reports，2022（8）：9344-9362.

[11] PANG S, XU Q, YANG Y, et al. Robust decomposition and tracking strategy for demand response enhanced virtual power plants [J]. Applied Energy，2024，373（11）：123944.

[12] DENG R. Analysis of the Application of Virtual Power Plants in Low-Carbon Energy Strategies [C]//2024 6th International Conference on Energy Systems and Electrical Power，2024：549-553.

[13] ZHANG J, CHENG M, XIANG Q, et al. Operation Mode and Economic Analysis of Virtual Power Plant [C]//2023 IEEE/IAS Industrial and Commercial Power System Asia，2023：2102-2106.

[14] 郭昆健，高赐威，严兴煜. 新型电力系统下虚拟电厂研究综述与展望 [J]. 电力需求侧管理，2024，26（5）：49-57.

[15] ALMETWALLY R, MENG J, CHANG L. Ancillary Services in North America：An Overview [C]//2024 IEEE Canadian Conference on Electrical and Computer Engineering（CCECE），2024：926-932.

[16] 陶伟健，艾芊，李晓露. 虚拟电厂协同调度及市场交易的研究现状及展望 [J]. 南方电网技术，2024，（3）：1-15.

[17] Polaris Energy Storage Network. Virtual power plants and battery energy storage system aggregation and operation are far from being satisfactory [EB/OL]. [2024-12-9]. https：//news. bjx. com. cn/html1/20200602/1077642. shtml.

[18] AZIM M L, TUSHAR W, SAHA T K. Regulated P2P Energy Trading：A Typical Australian Distribution Network Case Study [C]//2020 IEEE Power and Energy Society General Meeting（PES-

GM），2020：1-5.

[19]　王宣元，刘蓁. 虚拟电厂参与电网调控与市场运营的发展与实践 [J]. 电力系统自动化，2022，46（18）：158-168.

[20]　澎湃新闻. 山西首批 15 家虚拟电厂建设完成，每天可释放 156.8 万千瓦时电量 [EB/OL].［2024-12-09］. https：//www. thepaper. cn/newsDetail forward 21916952.

[21]　湖北省人民政府门户网站. 5G 基站和汽车充电站也能"发电"　湖北虚拟电厂接入电力资源接近三峡电站.［EB/OL］.［2024-12-09］. https：//www. hubei. gov. cn/hbfb/rdgz/202408/t202408145302507. shtml.

[22]　新浪网. 广东逐步培育形成百万千瓦级虚拟电厂响应能力 [EB/OL].　［2024-12-09］. https：//finance. sina. com. cn/ijxw/2023-06-05/doc-imywftsf5483381. shtml.

[23]　PINTO G，KATHIRGAMANATHAN A，MANGINA E，et al. Enhancing energy management in grid-interactive buildings：A comparison among cooperative and coordinated architectures [J]. Applied Energy，2022，310（3）：118497.

[24]　SATCHWELL A，PIETTE M，KHANDEKAR A，et al. A national roadmap for grid-interactive efficient buildings ［R/OL］.（2027-05-17）［2023-07-15］. https：//www. osti. gov/servlets/purl/1784302/. DOI：10. 2172/1784302.

[25]　潘毅群，王皙，尹茹昕，等. 电网交互建筑及电力协调调度优化策略研究 [J]. 暖通空调，2023，53（12）：62-75.

[26]　JIA S N，SHENG K，HUANG D H，et al. Design optimization of energy systems for zero energy buildings based on grid-friendly interaction with smart grid [J]. Energy，2023，284（12）：129298.

[27]　KLEIN K，LANGNER R，KALZ D，et al. Grid support coefficients for electricity-based heating and cooling and field data analysis of present-day installations in Germany [J]. Applied Energy，2016，162（1）：853-867.

[28]　LI J，YU Y，JIANG Y，et al. Load Friendliness Evaluation for Peak Regulation of Power Grid [J]. Automation of Electric Power Systems，2023，47（20）：115-124.

[29]　CUBI E，AKBILGIC O，BERGERSON J. An assessment framework to quantify the interaction between the built environment and the electricity grid [J]. Applied Energy，2017，206（11）：22-31.

[30]　ZHONG HAIWANG，XIA QING，KANG CHONGQING，et al. An efficient decomposition method for the integrated dispatch of generation and load [J]. IEEE Transactions on Power Systems，2016，30（6），2923-2933.

[31]　国家发展改革委. 关于运用价格杠杆调节电力供求促进合理用电有关问题的通知 [EB/OL].（2003-04-25）［2023-03-29］. http：//www. nea. gov. cn/2011-08/16/c_131052527. htm.

[32]　LENZEN M，Murray J. Conceptualising environmental responsibility [J]. Ecological Economics，2010，70（2）：261-270.

[33]　AFIONIS S，SAKAI M，SCOTT K，et al. Consumption based carbon accounting：does it have a future?[J]. WIREs Climate Change，2017，8（1）：438.

[34]　ZHOU PENG，WANG MEI. Carbon dioxide emissions allocation：A review [J]. Ecological Economics，2016，125（3）：47-59.

[35]　IPCC. 2006 IPCC guidelines for national greenhouse gas inventories [R]. Kanagawa：Intergovernmental Panel on Climate Change，2006.

[36]　MUNKSGAARD J，PEDERSEN K A. CO_2 accounts for open economies：producer or consumer responsibility? [J]. Energy Policy，2001，29（4）：327-334.

[37] PROOPS J L R, ATKINSON G, SCHLOTHEIM B F V, et al. International trade and the sustainability footprint: a practical criterion for its assessment [J]. Ecological Economics, 1999, 28 (1): 75-97.

[38] LENZEN M, MURRAY J, SACK F, et al. Shared producer and consumer responsibility—theory and practice [J]. Ecological Economics, 2007, 61 (1): 27-42.

[39] RODRIGUES J F, DOMINGOS T M, GILJUM S, et al. Designing an indicator of environmental responsibility [J]. Ecological Economics, 2006, 59 (3): 256-266.

[40] RODRIGUES J F D, DOMINGOS T M D, MARQUES A P S. Carbon responsibility and embodied emissions: theory and measurement [M]. London: Routledge, 2010.

[41] MATTOO A, SUBRAMANIAN A. Equity in climate change: an analytical review [J]. World Development, 2012, 40 (6): 1083-1097.

[42] CANEY S. Climate change and the duties of the advantaged [M] //MEYER L H. Intergenerational Justice. London: Routledge, 2012: 321-346.

[43] 刘昱良, 李姚旺, 周春雷, 等. 电力系统碳排放计量与分析方法综述 [J]. 中国电机工程学报, 2024, 44 (6): 2220-2235.

[44] 周全. 节能减排环境下电力系统碳排放责任分摊机制研究 [D]. 上海: 上海交通大学, 2016.

[45] 康重庆, 程耀华, 孙彦龙, 等. 电力系统碳排放流的递推算法 [J]. 电力系统自动化, 2017, 41 (18): 10-16.

[46] 李姚旺, 张宁, 杜尔顺, 等. 基于碳排放流的电力系统低碳需求响应机制研究及效益分析 [J]. 中国电机工程学报, 2022, 42 (8): 2830-2841.

[47] GILLENWATER M, BREIDENICH C. Internalizing carbon costs in electricity markets: using certificates in a load-based emissions trading scheme [J]. Energy Policy, 2009, 37 (1): 290-299.

[48] 周全, 冯冬涵, 徐长宝, 等. 负荷侧碳排放责任直接分摊方法的比较研究 [J]. 电力系统自动化, 2015, 39 (17): 153-159.

[49] 陈丽霞, 孙弢, 周云, 等. 电力系统发电侧和负荷侧共同碳责任分摊方法 [J]. 电力系统自动化, 2018, 42 (19): 106-111.

[50] 刘吉臻, 李云鸷, 宋子秋, 等. 灵活智能燃煤发电技术及评价体系 [J]. 动力工程学报, 2022, 42 (11): 993-1004, 1012.

[51] ZHANG Y, HU S, YAN D, et al. Proposing a carbon emission responsibility allocation method with benchmark approach [J]. Ecological Economics, 2023, 213: 107971.

[52] 张洋, 江亿, 胡姗, 等. 基于基准值的碳排放责任核算方法 [J]. 中国人口·资源与环境, 2020, 30 (11): 43-53.

[53] 生态环境部办公厅. 关于做好 2023—2025 年发电行业企业温室气体排放报告管理有关工作的通知 [EB/OL]. (2023-02-07) [2023-11-06]. https://www.mee.gov.cn/xxgk2018/xxgk/xxgk06/202302/t20230207_1015569.html.

[54] 蔡博峰, 赵良, 张哲, 等. 中国区域中网二氧化碳排放因子研究 (2023)[EB/OL]. (2023-11-17) [2023-11-18]. http://www.caep.org.cn/sy/tdftzhyjzx/zxdt/202310/W020231027692141725225.pdf.

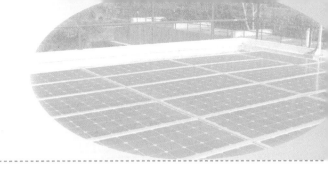

第8章 关键设备与工程案例

　　建筑光储直柔系统主要产品可分为建筑光伏、建筑储能、直流配电、直流电器等。其中，建筑光伏产品市场发展较为成熟，随着规模化生产，相关产品价格已明显下降；建筑储能包括建筑围护结构储能、蓄冷蓄热、电化学储能三种形式，当前在工程应用中以电池储能、电池与建筑围护结构混合储能为主；直流配电方面，电源和配电设备相对比较齐全；直流电器目前销售的基本为交直流兼容产品或无须强制认证的工商业应用。

　　低压直流配电系统是支撑建筑光储直柔规模化应用的核心技术，直流机电设备是其重要支撑，如图8.0-1所示。为支持光储直柔产业发展和规模化应用，科学技术部分别于2022年、2023年立项了"建筑机电设备直流化产品研制与示范""光储直柔建筑直流配电系统关键技术研究与应用"两个国家重点研发计划项目，前者聚焦建筑机电设备直流化研制与示范，研发直流插头插座、空调、风机、水泵、电梯等直流产品，构建支撑建筑柔性用能需求的机电设备体系；后者聚焦光储直柔建筑直流配电系统关键技术研究与应用，研发通用变换器、安全保护装置及智能直流断路器等直流配电设备，开展建筑直流配电工程应用与示范，突破建筑直流配电技术从基础理论到核心自主设备的瓶颈。

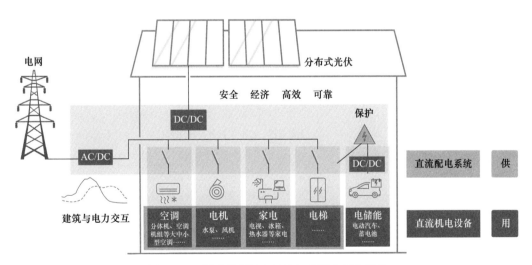

图 8.0-1 低压直流配电系统与直流化机电设备

8.1 直流配电系统关键设备

8.1.1 直流配电产业发展

直流配电是光储直柔系统的重要组成部分，相比于传统交流配电系统既有产品，建筑光储直柔系统所需的部分直流配电产品需要专门研发。在国内厂商的努力下，目前相关直流配电产品品类已能够满足建筑光储直柔系统建设要求。具体而言，建筑直流配电产品主要有变换器、断路器、熔断器、插头插座、面板开关、漏电保护器、绝缘保护装置、电表等。

在直流插头插座方面，国家标准《家用和类似用途直流插头插座　第 1 部分：通用要求》GB/T 42710.1—2023 和《家用和类似用途直流插头插座　第 2 部分：型式尺寸》GB/T 42710.2—2023 已于 2024 年 4 月 1 日起实施。公牛等厂家已完成直流插头插座的产品开发工作，并完成中国家用电器研究院检测实验室的检测，满足对外销售条件。ABB公司研发的直流插座，东莞联升研发的直流插头线也已经能够根据市场情况进行小批量生产。

在直流配电产品方面，多家生产厂家提供了配电成套解决方案，如南京国臣、施耐德、ABB 等。除了上述生产厂家提供的直流配电成套解决方案外，也有很多厂家提供专门的直流配电产品，如：北京人民电器（首瑞）、公牛、北京紫电捷控、上海大周、德意新能、亿兰科、良信、德力西、上海大阈等。相关产品信息如表 8.1-1 所示。

部分直流配电相关产品　　　　　　　　　　　　　　　　　　表 8.1-1

生产厂家	直流配电产品
北京人民电器（首瑞）	直流断路器、旋转隔离开关
公牛	直流插头线、固定式直流插座，直流面板开关
北京紫电捷控	电源模块、电能路由器
上海大周	电能路由器
德意新能	电能路由器
亿兰科	模块化光储系统、储能变换器
良信	塑壳断路器、微型断路器、隔离开关
德力西	塑壳断路器、浪涌保护器、小型断路器、旋转隔离开关
上海大阈	电能路由器、电力变换器

8.1.2 典型产品

1. 交直流 AC/DC 变换器及柔性直流互联装置

通过低压配电交直流互联装置，既可实现配电网末端系统正常运行时的动态增容，也可实现故障下的转供电，提升供电可靠性与分布式电源接纳能力。在交直流混合供电系统中，光伏发电系统往往接在直流母线，由于源荷的双随机特性，平衡源荷需要配置相当规模的储能装置。要支撑大规模高比例的光伏发电，又要减少储能装置的容量，低压柔性直流互联装置可以很好地实现该目标（图 8.1-1）。它通过在不同变压器和直流母线间传递能量，在减少弃光的同时，实现与交流电网的柔性交互。

图 8.1-1　低压柔性直流互联装置

2. 光伏 DC/DC 变换器

光伏 DC/DC 变换器主要适用于光伏发电系统中光伏组件和直流微网之间的连接，通过功率模块三电平电路设计，转换效率高，提高电能利用率；通过最大功率点跟踪（MPPT），使光伏组件始终工作在最大功率点，提高发电效率；能够自适应多种类型电池或光伏组件接入；模块化机架式设计，配置灵活，扩容、维护便捷（图 8.1-2）。

3. 储能 DC/DC 双向变换器

储能装置通过从电源充电来收集和储存电能，然后通过放电向负载供应储存的电能。充放电过程需要得到精确管理，确保储能装置安全、可靠且使用寿命长。在大多数应用中，充放电功能通常由两个独立的功率回路控制，以实施不同的控制目标，如锂离子电池的小充电电流和大放电电流。但是，有些应用需要快速从充电转换为放电或从放电转换为充电。储能 DC/DC 双向变换器即为利用电力电子技术对直流电压、电流进行变换，实现能量双向传输的装置（图 8.1-3），其功率不仅能从输入端流向输出端，也可以从输出端流向输入端，可以说是两个直流系统间的双向高速通道。

图 8.1-2　光伏 DC/DC 变换器

图 8.1-3　储能 DC/DC 变换器

4. 直流插头插座

直流插头插座产品已标准化，如图 8.1-4 所示。直流插头在带电拔出时，根据断开瞬间分断触点两端的实时功率大小，容易产生电弧，影响用户使用。通过创新的瞬断式机械触点开关，减少动触点的分离时间，配合电子开关的配合动作，在满足相关标准要求的情况下，为用户提供了一种成本可负担的直流插座灭弧解决方案。经过大量实验验证，可以满足在 400V/10A 及以下条件长期使用的要求，为直流电器产品提供了一套可信赖的取电耦合装置，直流插座参数如表 8.1-2 所示。

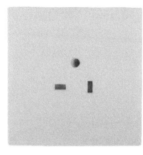

图 8.1-4　家用和类似用途直流插头插座产品

直流插座参数　　　　　　　　　　　　　　　　　　　　　　　表 8.1-2

400V 直流插座参数	48V 直流插座参数
额定电压：400V	额定电压：48V
额定电流：10A	额定电流：16A
正常操作 寿命：≥15000 次	正常操作 寿命：≥15000 次
灭弧装置位置：插座内置	灭弧装置位置：无
额定灭弧效果：无明显可见弧光	执行标准：《家用和类似用途直流插头插座　第 2 部分：型式尺寸》GB/T 42710.2—2023
执行标准：《家用和类似用途直流插头插座　第 2 部分：型式尺寸》GB/T 42710.2—2023	

5. 剩余电流保护断路器

低压直流配电系统剩余电流保护断路器，配合低压直流主动安全监控装置，能有效防止间接接触电击和电气火灾事故，特别在断路器馈电支路发生电缆漏电、设备漏电以及人身触电事故时，能够迅速、可靠跳闸或警告，并可对线路的过载、短路保护。值得注意的是，为简化保护配置，低压直流配电系统中的变换器和开关设备由于本身具有一定的自我保护能力，不再单独配置保护。母线保护装置和绝缘能力降低与接地保护装置可以在实践中合二为一。

图 8.1-5（a）所示为低压直流主动安全监控装置，通过主动安全监控的直流剩余电流选线及保护，配合直流剩余电流保护断路器，解决了直流 IT 系统剩余电流保护的问题；图 8.1-5（b）所示为基于磁通门测量技术的直流剩余电流保护断路器，将低成本、高可靠、紧凑型的磁通门直流测量技术与直流断路器无极性分断技术进行融合，解决了传统分体式直流剩余电流保护或绝缘监测响应时间慢、成本高、占用空间大等问题。

6. 直流绝缘监测保护器

直流配电系统中各极线路都可能出现绝缘问题，受一些具体因素影响，各极线路对地

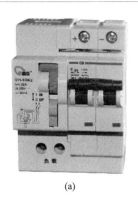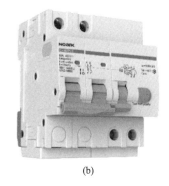

(a)　　　　　　　　　　　(b)

图 8.1-5　剩余电流保护断路器

(a) 低压直流主动安全监控装置；(b) 基于磁通门直流测量技术的直流剩余电流保护器

电位不同，且会随工况而变化，如果采用高电阻接地形式，绝缘监测必须考虑工作接地电阻的影响。因此，直流绝缘监测保护器应能同时对各极线路进行监测，且能够根据实际情况和要求，分别设置各极线路绝缘故障保护动作和动作阈值（图 8.1-6）。

7. 直流断路器

直流配电设备在带载投入或切出时，容易产生电弧，从而有伤人及火灾的风险。为了减少电弧危害，直流断路器主要采用多触点分断技术，使同样规格型号的直流断路器体积比交流断路器体积大。在大功率直流回路切出时，容易发生电弧火光向外喷射，烧伤触点和连接电缆绝缘层，带来安全隐患。图 8.1-7 所示的无飞弧直流断路器，通过独特的反向隧道结构设计，解决了电压耐受和飞弧喷射问题，适用于 1500V 及以下的直流微网母线配电，有利于减小直流配电柜的体积，提高直流配电的安全性。

8. 直流微网隔离保护装置

直流微网隔离保护装置是基于 IGBT 电力电子技术的快速直流电流分断装置，它可检测并切断输出短路电流。其主要功能是在故障影响健康直流电网之前，将故障直流电网与健康直流电网隔离。通过实时在线检测、判断并切断直流故障电流，可在数微秒内隔离系统中故障部分，为直流微网的安全可靠运行提供保障（图 8.1-8）。

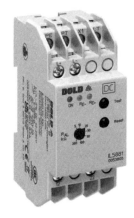

图 8.1-6　直流绝缘监测保护器　　图 8.1-7　无飞弧直流断路器　　图 8.1-8　直流微网隔离保护装置

8.2 直流机电设备与直流电器

8.2.1 产业情况

由于产品的标准、检测及认证问题，专门的家用直流电器受制于国家3C认证，无法正常销售，目前销售的基本为交直流兼容产品或无须强制认证的工商业应用。主要的直流电器如充电桩、空调、照明等，已经有相关产品。充电桩如星星充电、特来电、英可瑞、英飞源等；空调如格力电器、海信空调等；照明灯具多是交直流兼容，市场成熟。光储直柔项目目前用到的直流电器主要为功率电源类、光电显示类、电机类和电热类，见表8.2-1。

光储直柔项目常见直流电器   表8.2-1

产品分类	产品名称	发展情况	项目应用情况
功率电源类	充电桩、充电器、开关电源	本就是直流产品，发展成熟	直流微电网的核心，普遍使用
光电显示类	LED照明、液晶电视、LED显示屏、计算机、手机等	此类产品都需要适配器，交直流输入无影响，大部分都可以直接使用，发展成熟	目前的交流产品兼容，普遍使用
电机类	空调、冰箱、洗衣机、风扇、水泵、排气扇、油烟机等	高效电机都采用永磁同步电机，必须接直流电子开关驱动，内部直流化，简单改动即可，已有多类产品可以交直流通用	需要采购直流专用或交直流通用产品，选择性使用
电热类	电热水器、电陶炉、电茶壶、微波炉、电磁炉、电饭煲、电力锅等	此类产品为电热转换，与交直流电源无关，受制于直流温度保护开关产品价格高、体积大，暂未有成熟产品，少量改装临时使用	除全直流项目外较少使用

直流电器作为光储直柔建筑的用能终端，是光储直柔系统不可或缺的一部分。具体来看，直流电器设备主要有空调、热泵、热水器、充电桩、新风机、风机盘管、LED照明、LED显示屏、计算机、手机、排气扇等。目前，国家重点研发计划项目"建筑机电设备直流化产品研制与示范"正聚焦解决机电设备直流化的痛点问题，优先解决建筑内空调、照明、充电桩等主要用电负荷的直流化。目前已有众多厂家推出相关直流产品，见表8.2-2和图8.2-1。

直流电器部分生产厂家   表8.2-2

直流电器	部分生产厂家
空调（热泵）	格力、海信日立、大金、海尔、美的、柯兰特、广州兆晶、德业等
照明	数字之光、邦奇、奥莱、欧普、三雄极光等
充电桩（双向）	星星充电、英可瑞、英飞源、科旺等
插座插头	公牛、ABB、东莞联升传导等

图 8.2-1　部分直流电器产品图

8.2.2　典型产品

1. 直流空调

空调是理想的柔性负荷。传统的空调控制软件设计中，都是以最大限度接近设定温度为控制目标，为了实现空调功率的调整，主要采用调整设定温度来实现空调机组功率调节，造成功率调整时间不及时、调整功率不可控的问题，功率调节的效果不理想。

以新开发的功率可调型柔性直流空调为例，在多联机（VRV）室外变频控制装置中，将室外机分成 5 档功率可调，增加功率直接调整指令，减少响应时间（图 8.2-2）。电网需求响应控制装置通过给主机直接下达功率调整指令，实现快速准确地调整空调实时运行功率，比间接调整的时间显著缩短，且响应时间可预测，为空调机组参与电力系统实时调节提供了设备层基础。

图 8.2-2　功率可调型柔性直流空调

目前功率可调控型直流变频空调已有系列化产品（图 8.2-3），室外机为 DC 750V 或 DC 375V 供电，模块式拼装结构，可并联使用；室内机采用 375V 供电，有高静压风管式、超薄风管式、四面出风嵌入式等多种末端形式可供选择。

2. 直流照明系统

光储直柔系统中，LED 照明是最常规的直流负荷，220V 交流 LED 照明灯具几乎都可

图 8.2-3　功率可调型直流变频空调

以直接应用在 DC 375V 系统中。但是在智能控制系统部分，由于传统的智能照明控制系统都为 AC 220V 设计，难以直接应用在直流照明中，给用户的选购带来困难。图 8.2-4 为一种直流数字调光器，可在 220～375V 直流系统中应用，无须信号线，实现像可控硅调光一样接线、像 DALI 调光一样单灯单控。

3. 直流双向充电桩

在光储直柔项目中，直流双向充电桩是个优选项。但目前可选产品较少。有适用于住宅小区、地下车库等一位一桩的产品，比如 11kW 小型直流双向充电桩，可以立柱安装，也适合挂墙安装；也有适用于高防护、高海拔、免维护的"房—车—网"互动直流充放电一体机，可大大提高产品可靠性和寿命，有效发挥车载电池移动储能的属性，通过功率主动调节技术，迅速响应直流母线电压波动，维持直流微网的能量平衡，实现能源管理。图 8.2-5 所示的隔离型直流电压输入双向充电桩，即为适应车位安装的低噪声双向充电桩，支持电动汽车与建筑的电力双向互动，6.6kW、11kW 的功率可满足大部分场景应用。

图 8.2-4　直流数字调光器

图 8.2-5　隔离型直流电压输入双向充电桩

8.3　光储直柔工程案例

8.3.1　光储直柔应用发展现状

随着研究和实践的深入，加之部分地区开始出现光伏发电并网难、"红区"消纳难等问题，进一步有力助推了光储直柔技术的应用。截至 2023 年底，国内外已建成并投入运行的光储直柔工程项目两百余项。这些应用初期以示范项目为主，局限于小规模科研性质的示范，且以办公建筑为主；近两年应用场景逐渐丰富，已逐步扩展至住宅、交通场站、产业园区、"一带一路"离网场景等。从研究分布式光伏发电的高效利用而建设的直流微网系统，转向通过安装光伏、储能、直流配电和简单的直流负载，逐步验证直流供电的可行性和直流微网的稳定性。直流负荷的类型也从直流照明单一产品到全系统直流化或交直流有机融合，行业发展呈现出欣欣向荣的趋势。

从光储直柔项目开工数量看，得益于国家政策的鼓励和行业的宣传，更多人开始关注光储直柔项目，从小规模示范项目逐步走向更多场景的实际应用，如图 8.3-1 所示。

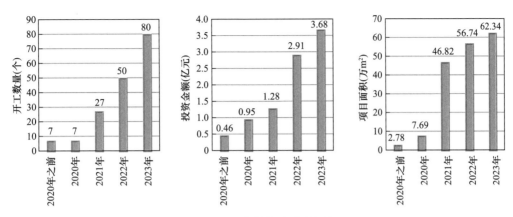

图 8.3-1　光储直柔项目统计

除了常规建筑场景，光储直柔也已超越了单纯建筑内部的供配电应用范畴，应用到更多元化的技术场景中。如工业企业有电价降低的需求，对电价敏感，对供电可靠性要求高，比较容易实施；高速公路，在隧道内照明应用，因为要求灯具可靠性高，采用了去电容化的电源，因为隧道所需亮度与隧道外的亮度正相关，当太阳光线强时，隧道内需要更亮的辅助照明，当阴雨或者夜晚无太阳光时，可以降低隧道内亮度，采用光储直柔系统后，可以显著降低系统综合成本 30% 以上，在合同能源管理的项目中具有明显优势；地铁项目中，由于地铁本身的供电系统就是直流，特别是地铁内基础照明，采用光储直柔可以降低工程费用，还不影响地铁供电的可靠性；在矿山油田等市政供电困难的地方，光储直柔是一个很好的能源解决方案；在"一带一路"共建国家，很多地方的供电不稳定，停电频率高、时间长，光储直柔可以给用户带来稳定可靠的低成本电力。这些都是建筑外的应用场景，随着产品应用经验日渐丰富，更多的场景等待被发现和应用。

本节将介绍几个代表性的工程案例，主要包括光储直柔第一个落地示范项目：深圳未来大厦、教育建筑案例：清华大学节能楼、办公建筑改造案例：深圳福田供电局办公楼及工业厂区案例：武汉施耐德电气光储直柔示范基地等，以期从不同角度认识光储直柔的应用场景，为光储直柔系统的实际应用提供有益参考。

8.3.2　新建光储直柔案例：深圳未来大厦

1. 工程概况

深圳未来大厦位于深圳市龙岗区的深圳国际低碳城核心启动区内。该项目由深圳市建筑科学研究院股份有限公司投资建设，总建筑面积 6.29 万 m²，整体采用钢结构模块化的建造方式，包括办公、会展会议、实验室、专家公寓等多种业态（图 8.3-2）。未来大厦是第一个在实际工程中应用的光储直柔项目，依托未来大厦光储直柔系统的负荷柔性调节能力，2021 年 7 月和 11 月同中国南方电网有限责任公司联合开展了建筑参与"虚拟电厂"的测试。在测试中，未来大厦项目接收电网的调度指令，在保障建筑正常运行、室内舒适度不受影响的情况下，通过光储直柔技术中的柔性负荷控制方法，削减了近 50% 的建筑用电负荷。

图 8.3-2　深圳未来大厦东立面视图

2. 技术方案

该项目构建了包括直流配电设备、分布式电源、直流用电电器、直流用电保护以及智能微网控制在内的低压直流配电系统。系统整体架构设计遵循简单、灵活的原则，力求通过最简洁的架构达到分布式能源灵活接入、灵活调度和安全供电的目的，如图 8.3-3 所示。

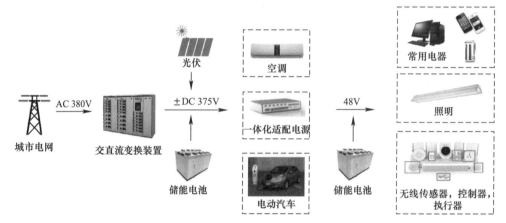

图 8.3-3　深圳未来大厦低压直流配电系统整体架构

（1）光伏系统

在光伏等分布式能源接入方面，深圳未来大厦配置了 150kWp 的光伏系统（图 8.3-4），通过具备 MPPT 功能的直流变换器接入建筑直流配电系统的直流母线。由于该项目按照净零能耗建筑标准设计，采用了多种被动式节能措施，因此通过充分利用屋顶光伏，该建筑有望实现净零能耗，但前提是解决光伏发电和建筑用电负荷不匹配的问题。

图 8.3-4　深圳未来大厦屋顶光伏

（2）储能系统

该项目储能系统总容量 300kWh，在配置形式方面，依据储能电池的使用目的、负载运行特点，采用了集中和分散两种储能形式。储能系统分三个层级：第一层级是楼宇集中式储能，通过双向可控的储能变换器分别接入母线，属于维持母线电压稳定、光伏消纳等的能量型应用，采用了价格低、安全性好的集中式铅碳储能电池；第二层级是空调专用储能，分布在各楼层多联机室外机附近，协助空调负荷的调节并作为空调备用电源，属于削峰运行、动态增容等功率型应用，采用了能量密度大、放电倍率高的分散式锂电池；第三层级是分散地布置在末端的储能电池，服务于 48V 配电网、控制系统和小功率直流电器。按照建筑用能的逐时负荷特性和光伏发电量的预测，对储能配置容量进行了优化设计，该项目全年 80% 的时间可以不依赖市政电网进行离网运行，全年建筑用电峰值负荷降低幅度达到 64%，屋顶光伏发电的自用率达到 97%，实现可再生能源、直流和变频负荷的高效接入和灵活管理，并根据负载变化和需求提供高效、灵活、安全的供电功能。

（3）低压直流配用电系统

深圳未来大厦直流配用电系统整体架构设计遵循简单、灵活的原则，力求通过最简洁的架构达到分布式能源灵活接入、灵活调度和安全供电的目的，系统方案示意见图 8.3-5。直流负载总用电容量达到 388kW，设备类型涵盖了办公建筑内除电梯、消防水泵等特种设备之外的全部用电电器，包括空调、照明、插座、安防、应急照明、充电桩，以及数据中心等。通过集成应用光储直柔技术，建筑配电容量显著降低。如果按照常规商业办公楼的配电设计标准，至少须配置 630kVA 的变压器，该项目对市政电源的接口容量仅配置了 200kW 直流变换器，比传统系统降低了 50%，有效降低建筑对城市的配电容量需求。

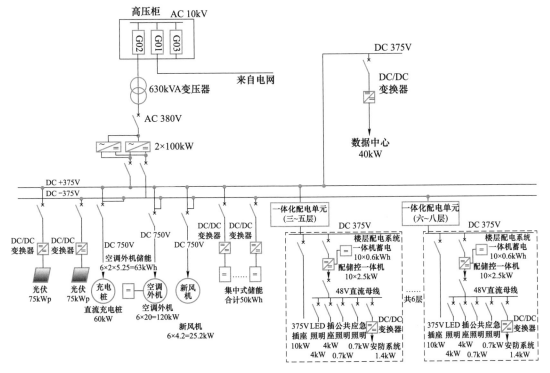

图 8.3-5　深圳未来大厦低压直流配用电系统方案示意图

该项目采用±375V 和 48V 两种电压等级的直流配电系统，兼顾高效性和安全性。系统架构采用正负双极直流母线形式，实现了建筑内一个配电等级提供两种电压等级的灵活配电方式，相应的电压等级在高压侧采用极间电压 DC 750V，中压侧采用 DC ±375V。充电桩、空调机组等大功率设备接入 DC 750V 母线，DC ±375V 母线负责建筑内电力传输，楼层内采用 DC +375V 或 DC −375V 单极供电。

深圳未来大厦低压直流配电系统采用 IT 高阻接地形式，能够从本质上将人员的活动环境从电流的环路中剥离出来，即使人员无保护接触单极也不会形成电流回路。对于可能出现的第二个故障点接地问题，采用了成熟的直流母线绝缘监测系统，配合支路的剩余电流检测，能够实现绝缘故障的报警和定位。

针对建筑室内用电安全要求高的特点，在人员活动区域采用了 DC 48V 特低安全电压，从本质上保障了直流配电系统的安全性。DC 48V 特低电压配电主要覆盖人员频繁活动的办公区域，在满足设备供电需求的基础上，从根本上保障人员的用电安全，并且通过可变换的转接头，可以满足各种桌面办公设备的接入需求。各类常见的移动设备都可以方便地连接电源，建筑用户几乎不用为各类移动设备携带各种电源适配器（图 8.3-6）。

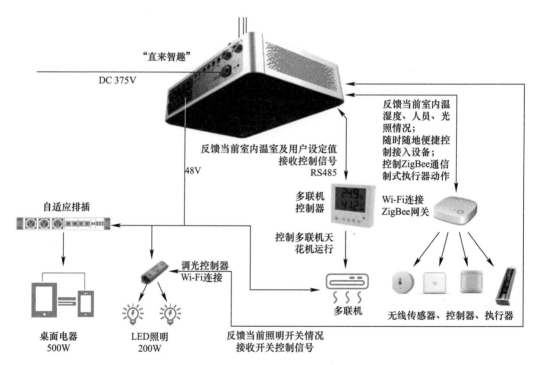

图 8.3-6　深圳未来大厦直流终端用电系统示意图

通过采用 DC 48V 特低电压使强电和弱电系统紧密融合。一体化配电单元在实现 375V 转 48V 变压功能的同时，还内置了分布式控制系统的计算节点（CPN），实现建筑空间内设备分布式群智能控制。利用分布式控制系统快速组网的优点，在直流配电系统所到之处，楼宇自控平台的节点硬件也随之配置，从而能够适应多变的建筑空间和使用功能。与此同时，控制策略可通过编写 App 并下载执行，为日后基于这套系统的功能拓展留下了空间。

（4）负荷柔性控制

在用电负荷柔性控制方面，深圳未来大厦基于直流配电系统采用基于直流母线电压的自适应控制策略。利用直流母线电压允许大范围波动特性，建立起直流母线电压与建筑设备功率之间的联动关系。例如空调设备可以在电压较低时降功率运行，建筑储能电池和电动汽车在电压较高时开始充电，这样就可以通过调节直流母线电压来调节建筑的总功率，而不需要对所有设备进行实时在线控制。目前深圳未来大厦已经实现的柔性用电调节的负载包括集中式储能（75kW/150kWh）、多联机空调（150kW）和双向充电桩（60kW）。

在实现柔性负荷调节的基础上，与南方电网科学研究院合作，打通负荷侧资源进入电网调度业务链条，具备电网直接调控的技术条件，并在楼宇管理系统的基础上，开发了建筑虚拟电厂子平台（图 8.3-7），具备接入多栋建筑进行负荷聚集的条件和日前紧急调度的技术条件。

图 8.3-7　深圳未来大厦"虚拟电厂"子平台示意图

3. 运行效果

（1）系统功能

功能测试包括并离网切换、正负母线单极运行、储能充放电状态切换和大负荷切入/切出四个方面。从实验的整体结果看，深圳未来大厦的直流配电系统运行安全稳定，控制功能正常，没有触发系统故障和相应的保护功能。市政电源、分布式光伏和分布式储能可以通过直流母线电压的自适应控制实现运行工况的切换和不同电源之间的功率分配（图 8.3-8），有效降低了系统稳定性控制对能源管理系统和通信的依赖。

在系统并离网切换中，不同工况下并网到离网的切换时间在 192～620ms 之间，离网到并网的响应时间在 115～160ms 之间，电压波动范围均在 5% 以内。系统在并离网切换过程的电压波动幅值及响应时间均能够满足稳定性要求（表 8.3-1）。

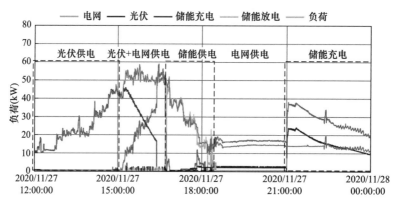

图 8.3-8 深圳未来大厦运行工况切换

深圳未来大厦并离网切换电压波动和响应时间   表 8.3-1

测试工况		稳态电压（V）	电压波动（%）	响应时间（ms）
并网—离网	光伏＞负荷 （光伏主导）	391.2～374.3	4.5	115
离网—并网	光伏＞负荷 （光伏主导）	375.2～390.7	4.1	192
并网—离网	光伏＜负荷 （储能主导）	386.1～375.0	2.9	160
离网—并网	光伏＜负荷 （储能主导）	374.6～383.4	2.3	620

在大负荷切入/切出的实验中，在正常使用的轻载工况下，例如空调启动（负荷 17kW），负荷切入和切出过程电压变化在 1.3%～3.6% 之间，电压稳定时间为 180～417ms，末端用电负载不受影响。在较为极端的情况下，例如相当于交直流变换器总容量 80% 的大功率负载一次性投入时，系统的稳定性受制于变换器容量和变换器的动态响应能力，会出现电压显著瞬态波动的情况。在测试中，一次性对单极母线投入了 75kW 的负载，光伏主导情况下母线电压从 390V 暂降到 330V；储能主导情况下母线电压从 380V 暂降到 360V；电网主导情况下母线电压从 375V 暂降到 290V，部分末端用电变换器出现低电压保护现象。

大负荷投入情况下直流母线电压瞬态波动显著，因此系统中变换器低电压穿越能力需要匹配，系统中冲击性负载需要快速响应的储能来平抑电压波动，具体的匹配关系需要进一步仿真和实验确定。

（2）电能质量

电能质量测试的目的在于研究系统运行过程中直流母线电压/电流控制是否能满足设计电能质量要求，测试内容包括纹波特性、稳态电压特性和暂态电压特性等。

直流系统中纹波指的是直流电压（电流）中仍含有一定的脉动交流成分，变换器的开关动作、控制性能和系统阻抗特性都会影响纹波电压（电流），纹波不仅可能引起谐振，过大的纹波还可能增大损耗，降低电源的效率。依据《低压直流电源设备的性能特性》GB/T 17478—2004 和《低压直流电源　第 6 部分：评定低压直流电源性能的要求》

GB/T 21560.6—2008 两项标准，对不同电源设备单独供电时系统的纹波电压与纹波电流特性进行了测试。整体来看，系统中各变换器纹波性能都能够满足设计要求，电压和电流纹波有效值系数分别不超过 0.5％和 0.75％，峰值系数分别不超过 1％和 1.5％。

在系统运行工况切换的测试中，系统主要运行在三个设定电压值，分别为 390V、380V 和 360V，分别对应光伏、储能和交直流整流电源为主导。三类电源设备都是以定电压控制为主，通过电压带下垂控制，可以实现发电设备之间的平滑切换，稳态电压偏差范围为±15V（360～390V，以 375V 为参考，稳态电压偏差±4％）。

（3）用电保护

短路保护实验主要用于分析短路电流和电压的动态变化，包括短路电流的严重程度以及直流母线电压的跌落深度、短路电流组成、短路保护配合等。短路测试点位置位于楼层配电箱支路开关下端，分别采用阻值为 1Ω 和 75mΩ 的分流器作为过渡电阻进行短路实验。

在 1Ω 短路电阻短路实验中，测得短路电流为 320A，支路断路器（瞬时脱扣电流 112A）脱扣，分断时间为 2～3ms，楼层断路器（瞬时脱扣电流 440A）保持正常，末端电器未受影响，母线电压跌落在限值以内，系统整体供电连续性不受影响。楼层配电箱内的断路器可以对楼层位置的短路故障提供有效保护，楼层和支路两级断路器可以实现正常的级差配合。

在 75mΩ 短路电阻短路实验中，不同工况下短路电流为 0.9～1.9kA，支路和楼层断路器均脱扣，分断时间为 1.5ms 左右，母线电压跌落到 250～366V，末端电器出现低电压保护现象。

在上述实验中，光伏和储能分布式电源贡献了大部分短路电流，短路电流显著大于楼层和支路断路器的瞬时脱扣电流，导致两级断路器同时脱扣，扩大了短路故障的影响范围，末端电器出现了低电压保护情况。因此，对支路和楼层断路器配合、末端换流器暂态电压波动耐受能力，以及系统中电容电感对短路电流的影响，需要进一步深入研究。

（4）柔性控制

目前深圳未来大厦已经实现的柔性用电调节的负载包括集中式储能、多联机空调和双向充电桩。项目组分别对储能空调系统参与电网需求响应的性能进行了测试和实验。分布式储能属于电力电子类柔性可调资源，其控制和调度相对直接。在与电网联合测试的过程中，虚拟电厂平台在接收到电网响应功率指令后，由 AC/DC 变换器主动调节直流母线电压，控制储能电池放电功率，在半小时的响应时间内将平均 60kW 左右的用电负荷降到了 28.9kW，响应削峰比例达到了 51.6％。从图 8.3-9 可看出，光伏发电波动对柔性负荷控制的精度有较大的影响。如何提升控制策略的抗扰动能力是进一步研究的方向。

空调系统也是建筑负荷中另一个可调节的柔性用电负荷。项目组在空调响应特性测试的基础上，建立了空调运行功率和空调设定温度之间的动态关联关系，并对空调参与需求响应的过程进行了测试（图 8.3-10）。在响应时段内，空调负荷从平均 40kW 降低到 20kW，削峰比例达到 50％左右。同时，从测试结果可以看出，相对于储能系统，空调系统的响应能力受制于室内舒适度要求，在空调负荷波动较大的情况下，会优先保障舒适度要求，放弃对目标功率的控制。另外，空调属于温控型柔性负荷，其调节能力取决于建筑本体的储热能力，其功率响应稳定的时间取决于建筑本身的热惯性，与储能和充电桩等电力电子类设备相比，空调柔性负荷更适合参与日前调度的需求响应。

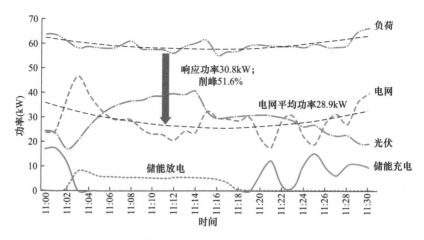

图 8.3-9　深圳未来大厦储能参与需求响应过程

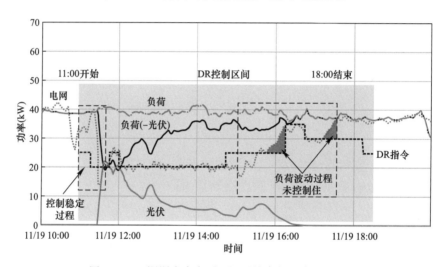

图 8.3-10　深圳未来大厦空调系统参与需求响应过程

图 8.3-11　清华大学节能楼实景图

8.3.3　教育建筑改造案例：清华大学节能楼

1. 工程概况

清华大学节能楼位于北京市海淀区清华大学校园内，地处我国寒冷地区。建筑高度约 17m，地上 4 层，地下 1 层，总建筑面积约 3000m²，地上建筑面积约 2400m²，地下建筑面积约 600 m²。该建筑的主要功能是科研办公，涵盖了会议、实验室等多种功能，项目实景图如图 8.3-11 所示。该项目光储直柔系统由交流系统改造，改造范围主要集中在一、二层的办公、会议、公共区域以及建筑周边的停车区域，直流应用建筑面积约 1200m²。

2. 技术方案

（1）直流配电系统

该项目直流配电系统由两个 AC/DC 变换器与交流电网连接，设计容量分别为 100kW 和 15kW。采用 DC 750V/DC 375V 的单级母线架构供电，并通过双向隔离型 DC/DC 变换器进行直流互联，接地方式采用高电阻接地技术。直流配电系统拓扑图如图 8.3-12 所示。

DC 750V 母线馈线 I 接入了 100kWp 的光伏发电系统，一套磷酸铁锂储能电池组（容量为 100kW/258kWh），两台双向充电桩（额定功率均为 11kW），两套多联机空调（额定功率分别为 14kW 和 18kW）以及一台 60kW 的模块式风冷机组，室内安装 11 台天井机内机，通过两个 1kW 的 DC/DC 变换器以 48V 电压供电；

DC 375V 母线馈线 II 接入了 20kWp 的光伏发电系统，三台单向充电桩（额定功率均为 6.6kW），一台 5kW 的分体空调，其他 DC 48V 供电的小型直流用电设备主要包括：室内照明灯具、办公用品以及插座等。

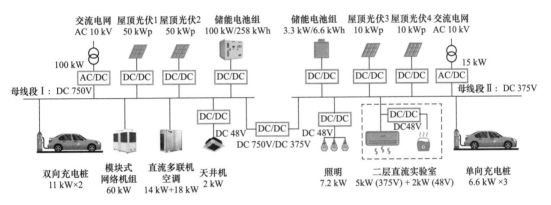

图 8.3-12 清华大学节能楼直流配电系统拓扑图

（2）光伏系统

屋顶光伏发电系统采用单晶硅光伏组件，总装机容量达到 120kWp。其中，240 块额定功率为 425Wp 的单晶硅光伏组件分两组通过汇流箱进行汇流，经由 50kW 的光伏 DC/DC 变换器接入 DC 750V 母线，共计 100kWp；另外 48 块相同规格的 425Wp 单晶硅光伏组件也分两组经汇流箱汇流，然后通过 2 台 10kW 的光伏 DC/DC 变换器接入 DC 375V 母线，共计 20kWp。屋顶光伏安装实物图如图 8.3-13 所示。

（3）储能系统

分布式电池储能由磷酸铁锂储能电池组构成，电池模组 PACK 类型为 1P48S，电池额定功率和容量为 100kW、258kWh，配置 2 台 50kW 双向储能 DC/DC 变换器接入 DC 750V 母线。外观尺寸为 2380mm×1530mm×2550mm（宽×深×高），电量密度为 27.8kWh/m³，功率密度为 45.2kW/m³。电池柜实物图如图 8.3-14 所示。除此之外，另外虚拟储能额定功率和容量为 8kW、16kWh，直流侧接入 375V 直流母线，交流侧接 380V 三相交流电，内置电池管理算法可实现储能功能。

图 8.3-13　清华大学节能楼屋顶光伏安装实物图　　　图 8.3-14　清华大学节能楼电池柜实物图

（4）充电桩系统

该项目周边停车场设置 3 台单向充电桩，额定充电功率为 6.6kW/台，仅由屋顶光伏供电，供电电压为 DC 375V，可以根据光伏发电状况在 320～395V 间波动，当充电需求超过光伏发电时，母线电压下降，促使智能充电桩降低充电功率，以实现功率平衡。相反，如果光伏发电超过了充电需求，母线电压增加，智能充电桩提高充电率，以保持系统能量平衡。充电桩循环监测系统周期为 30ms，死区电压差为 5V。除此之外，设置 2 台双向充电桩，供电电压为 DC 750V，额定充电功率为 11kW/台。充电桩安装实物图如图 8.3-15 所示。

图 8.3-15　清华大学节能楼充电桩安装实物图

（5）直流用电设备

该项目直流用电设备主要包括直流多联机空调、直流分体空调和直流照明系统。其中，两台直流多联机空调采用 DC 750V 电压供电，天井机内机采用 DC 48V 电压供电，负责一、二层的办公、会议和公共区域；二层直流实验室安装一台直流分体空调，采用 DC 375V 电压供电。其他直流用电设备为 DC 48V 的直流照明灯具（额定功率为 7.2kW）、办公用品（额定功率为 2kW）以及插座等。直流分体机空调和直流多联机空调实物图如图 8.3-16 所示。

图 8.3-16　清华大学节能楼直流分体机空调和直流多联机空调实物图

(a) 直流分体机空调；(b) 直流多联机空调

3. 运行效果

(1) 电能质量

该项目在系统并网和离网工况下均能稳定运行，当系统分别采用 AC/DC 变换器和储能供电时，稳态电压测试结果如图 8.3-17 所示。AC/DC 变换器供电时，以 8kW 储能为负荷，AC/DC 变换器稳定电压在 354V 附近，纹波峰峰值系数为 0.7%；储能供电时，光伏功率约为 2.2kW，储能稳定电压在 355V 附近，纹波峰峰值系数为 1.1%。整体来看，系统中各变换器纹波性能都能够满足设计要求，稳态电压可控制在 355～385V，纹波峰峰值系数不超过 1.1%。

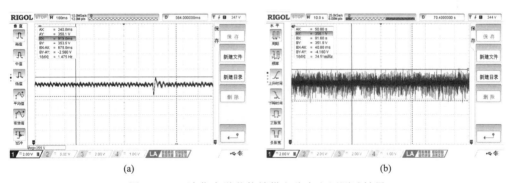

图 8.3-17　清华大学节能楼供电稳态电压测试结果

(a) 并网 AC/DC 变换器供电；(b) 离网储能供电

为实现与电网友好交互，光储直柔系统需要能够灵活地调整电力输出和输入，以平衡供需矛盾，缓解电网压力。因此，系统暂态调节性能对于提升能源效率、增强系统稳定、保障设备安全以及促进可再生能源的利用都具有重要意义。《民用建筑直流配电设计标准》T/CABEE 030—2022 规定：在系统恢复并网、黑启动、短路故障恢复等直流电压建立过程中，直流母线电压恢复时间宜为 0.2～1.0s；当功率以每秒 20% 额定功率的速率增加或减小时，所引起的电压变动不应大于额定电压的 1%；当功率在 100ms 内从 20% 额定功率上升到 80% 额定功率，或从 80% 额定功率降低到 20% 额定功率时，所引起的电压变动不应大于额定电压的 5%，电压调节时间应小于 500ms。

针对并网/离网切换，以及光伏、储能和大功率负荷的投入和切出的暂态过程进行测试，暂态过程及实验结果如图 8.3-18 和表 8.3-2 所示。可以看出，系统可以有效完成并网/

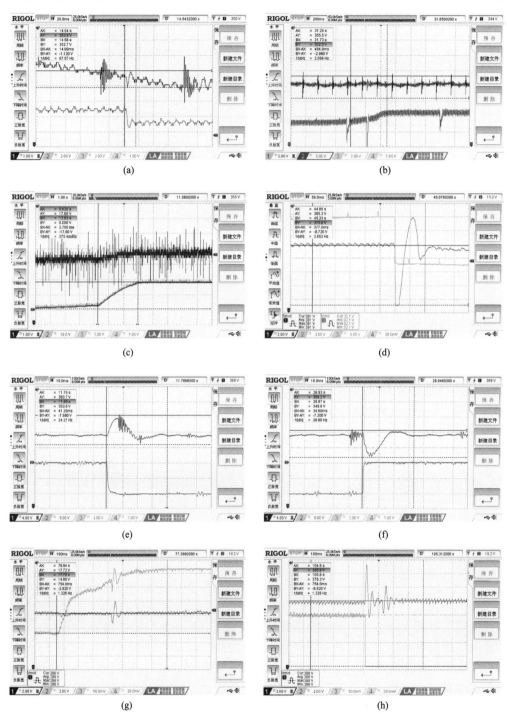

图 8.3-18　清华大学节能楼暂态调节性能

（a）并网→离网切换；（b）离网→并网切换；（c）光伏投入；（d）光伏切出；（e）储能投入；（f）储能切出；
（g）大负荷投入；（h）大负荷切出

离网切换、光伏投入/切出、储能投入/切出和大负荷投入/切出，电压波动最大值为 9V，在母线允许范围内，切换时间最大不超过 2.7s。

并网/离网切换电压波动和响应时间 表 8.3-2

序号	测试工况	变换器容量（kW）	投切功率（kW）	投切功率占比（%）	电压最大波动范围（V）	暂态过程时间（ms）	切换后纹波峰峰值系数（%）
1	并网→离网切换	15	0.7	4.7	1.0	200	0.8
2	离网→并网切换	15	0.5	3.3	0	484	0.8
3	光伏投入	20	6.4	32.0	1.0	2700	0.8
4	光伏切出	20	7.0	35.0	9.0	150	0.1
5	储能投入	8	3.7	46.3	7.7	41	0.8
6	储能切出	8	3.7	46.3	7.2	35	0.5
7	大负荷投入	6.6	4.4	66.0	0.8	750	0.1
8	大负荷切出	6.6	4.4	66.0	8.0	200	0.1

（2）基于电力动态碳排放责任因子的响应调节

该项目以电力动态碳排放责任因子 C_r 为调节信号，采用基于直流母线电压的分布式控制方法，柔性调控示意图如图 8.3-19 所示。直流系统通过 AC/DC 双向变换器与交流电网连接，母线电压控制器通过电力载波方式获取电网 C_r 信号，将其转换成母线电压 U_{DC} 控制信号，并下发给 AC/DC 变换器，令 U_{DC} 在一定范围内变化并作为控制信号，系统中各用电终端 DC/DC 变换器独立监测 U_{DC} 变化情况及其自身功率，根据各自的策略进行快速响应，实现多种系统运行模式的切换。

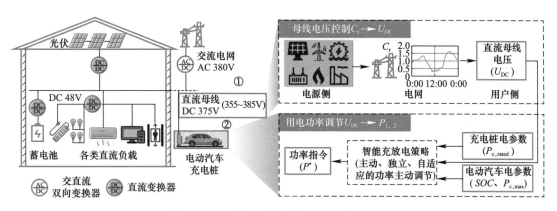

图 8.3-19 清华大学节能楼柔性调控示意图

基于电网实时动态碳排放责任因子控制光储直柔系统母线电压 U_{DC}，首先根据 C_r 预测值 C_{r_pred} 和近 24h C_r 历史值 C_{r_his} 确定 C_r 特征值 C_{r_max}、C_{r_min}、C_{r_mean}，具体算法如式（8.3-1）。然后根据 C_r 实时数据以及 C_r 特征值，设定母线电压控制值 U_{DC}^*，AC/DC 变换器采用双环控制策略将 U_{DC} 控制到 U_{DC}^*。母线电压 U_{DC}^* 的控制策略可根据式（8.3-2）计算。

$$\begin{cases} C_{\text{r\_max}} = \alpha \cdot C_{\text{r\_max,his}} + (1-\alpha) \cdot C_{\text{r\_max,pred}} \\ C_{\text{r\_min}} = \alpha \cdot C_{\text{r\_min,his}} + (1-\alpha) \cdot C_{\text{r\_min,pred}} \\ C_{\text{r\_mean}} = \alpha \cdot C_{\text{r\_mean,his}} + (1-\alpha) \cdot C_{\text{r\_mean,pred}} \end{cases} \tag{8.3-1}$$

式中，$C_{\text{r\_max,his}}$、$C_{\text{r\_min,his}}$、$C_{\text{r\_mean,his}}$ 分别为电网 C_{r} 信号近 24h 历史值的最大值、最小值和平均值，$C_{\text{r\_max,pred}}$、$C_{\text{r\_min,pred}}$、$C_{\text{r\_mean,pred}}$ 分别为电网 C_{r} 信号次日预测值的最大值、最小值和平均值，α 为历史数据影响系数，处于 0～1 之间，表征 C_{r} 历史数据对特征值计算影响的权重。当风光发电量大，C_{r} 预测值偏差较大时，计算 C_{r} 特征值可以以历史值为主。

$$U_{\text{DC}}^{*}(\tau) = \begin{cases} U_{\text{lower}}, \quad C_{\text{r}}(\tau) > C_{\text{r\_max}} \\ U_{\text{stable}} - \dfrac{C_{\text{r}}(\tau) - C_{\text{r\_mean}}}{C_{\text{r\_max}} - C_{\text{r\_mean}}} \cdot (U_{\text{stable}} - U_{\text{lower}}), \quad C_{\text{r\_mean}} < C_{\text{r}}(\tau) \leqslant C_{\text{r\_max}} \\ U_{\text{stable}} + \dfrac{C_{\text{r\_mean}} - C_{\text{r}}(\tau)}{C_{\text{r\_mean}} - C_{\text{r\_min}}} \cdot (U_{\text{upper}} - U_{\text{stable}}), \quad C_{\text{r\_min}} < C_{\text{r}}(\tau) \leqslant C_{\text{r\_mean}} \\ U_{\text{upper}}, \quad C_{\text{r}}(\tau) \leqslant C_{\text{r\_min}} \end{cases}$$

$$\tag{8.3-2}$$

式中，U_{DC}^{*} 为母线电压指令值，U_{upper}、U_{lower}、U_{stable} 分别为母线电压变化范围的最大值、最小值、额定值。$C_{\text{r}}(\tau)$ 为当前时刻电网下发的 C_{r} 实时指令。母线电压控制逻辑如图 8.3-20 所示。

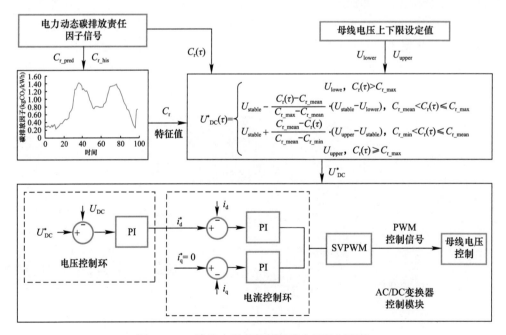

图 8.3-20 清华大学节能楼母线电压控制逻辑

末端各直流设备独立监测直流母线电压，再根据设定的响应策略主动控制各自运行功率。以储能、功率直控型负载和充电桩为例，其基于母线电压的控制策略如图 8.3-21 所示，均随母线电压的升高增加用电功率，反之减小用电功率、储能放电。

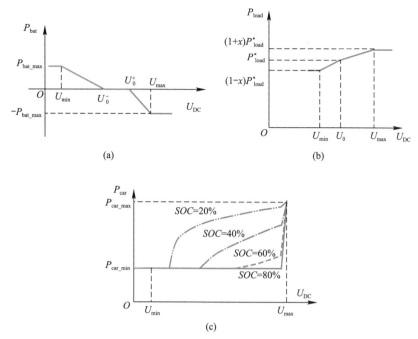

(a)　　　　　　　　　　　　　　　　　(b)

(c)

图 8.3-21　清华大学节能楼末端设备基于母线电压的控制策略

(a) 储能；(b) 功率直控型负载；(c) 充电桩

某典型日基于 C_r 的低碳运行结果如图 8.3-22 所示。该日电网 C_r 信号在 0.8～1.6kgCO₂/kWh 之间波动，0:00～6:00 和 11:00～16:00，C_r 处于谷值，表示电力系统供应富余，鼓励负荷侧增加用电；18:00～22:00，C_r 处于峰值，表示电力系统供应紧张，引导负荷侧减少用电。母线电压控制指令与 C_r 呈相反变化趋势，变化区间为 355～385V，额

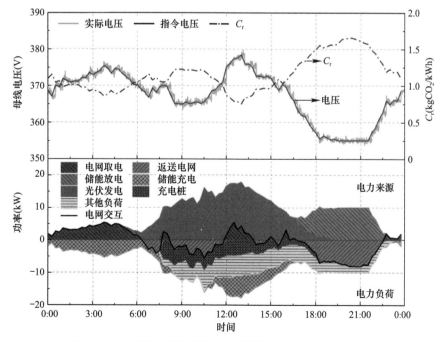

图 8.3-22　清华大学节能楼某典型日基于 C_r 的低碳运行结果

定电压为375V。且实际母线电压控制效果较好，均能完全跟随母线电压控制指令，最大误差不超过0.54%，可保证电压作为主动响应信号的控制精确性。

根据直流系统各模块全天能量平衡关系可知，系统电力来源主要包括分布式光伏、储能放电和电网取电，电力负荷包括充电桩、储能充电、其他负荷以及向电网返送电力。根据电网交互功率可以发现，系统在电网C_r信号较低时（凌晨及正午），利用储能装置充电从电网取电，在电网C_r信号较高时（傍晚），通过储能装置放电向电网送电获取碳排放收益。该方式实现了建筑用户与电力系统的有效互动，即用电行为与电网期望方向一致，当电力系统供需关系紧张时，用户侧还可以通过储能装置将富余电力返送电网。与此同时，当C_r降低时，母线电压升高，充电桩增加充电功率，储能装置增加充电功率或减小放电功率，以提高建筑整体的消纳能力，建筑从电网取电量增加或上网电量减少；反之，当C_r升高时，母线电压降低，建筑从电网取电量减少或上网电量增加，以增加碳排放收益。

8.3.4 办公建筑改造案例：深圳福田供电局办公楼

1. 工程概况

图 8.3-23 深圳福田供电局办公楼现状立面图

深圳福田供电局办公楼位于深圳市福田区中航路44号，建于20世纪80年代，占地面积5065 m²，主要建筑功能包括办公、营业厅和220kV变电站。本次近零碳改造范围为一～九层的办公区域，改造建筑面积为4338m²。其中：地上一层主要为营业厅，二～八层为办公区域，九层为展厅及员工活动室。该项目现状立面图如图8.3-23所示。

2. 技术方案

该项目建设光储直柔新型配电系统，通过直流配电系统将分布式光伏、分布式储能、双向直流充电桩、直流空调、直流照明等连接起来，采用直流母线电压的自适应控制策略，开展"建筑—车—电网"多元互动应用示范，实现多种灵活资源与电网友好互动。

系统采用单极母线架构，DC 750V/DC 375V/DC 48V三级母线电压，办公楼屋顶薄膜光伏（16.1kWp）、钛酸锂储能电池（10kW/13.2kWh）、V2G双向直流充电桩（2×30kW）、直流变频多联机空调（3×13.9kW）和直流新风机组室外机（12.8kW）接入DC 750V直流母线，直流变频新风机组室内机及其他中等功率设备接入DC 375V直流母线，直流变频多联机空调室内机、LED直流照明等接入DC 48V直流母线。另有屋顶花园四周和光伏停车棚共39.44kWp的光伏接入AC 380V交流侧。该项目光储直柔系统拓扑结构示意图见图8.3-24。

（1）建筑光伏系统

该项目光伏系统设计综合考虑了场地太阳辐射条件、周围建筑遮挡、建筑屋顶及结构构件安全等多方面因素，采用多样化的光伏组件形式，合理优化光伏组件安装位置和规模，光伏系统总装机容量达到55.54kWp，年发电量约5.2万kWh（图8.3-25）。

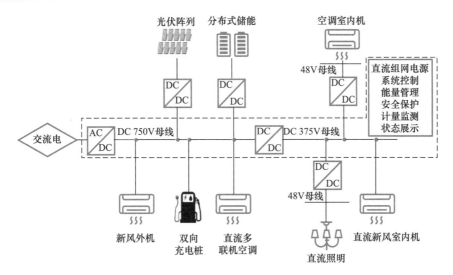

图 8.3-24 深圳福田供电局办公楼光储直柔系统拓扑结构示意图

图 8.3-25 深圳福田供电局办公楼光伏系统与储能设备实景图

1）屋顶花园四周采用高效的单晶硅组件，光电转换效率达到 22.5％，装机容量达到 9.28kWp；

2）光伏停车棚采用高效单晶硅光伏组件，光电转换效率达到 22.5％，装机容量达到 30.16kWp；

3）屋顶采光顶采用 40％透明率薄膜光伏组件，光电转换效率达到 17.0％，装机容量达到 16.1kWp。

其中，屋顶采光顶 16.1kWp 的薄膜光伏接入光储直柔系统，采用多组串接形式，每一组串开路电压设计为 600V～650V，在光伏组件安装位置就近布置光伏变换器，集中汇流后统一接入直流组网电源 DC 750V 直流母线。屋顶花园四周和光伏停车棚共计 39.44kWp 的光伏接入交流系统，逆变器布置于支架下端。

（2）分布式储能系统

分布式储能系统按照光储直柔系统容量的10％设计，考虑建筑消防安全和平抑波动应用对电池循环寿命的要求，采用户外安装方式，优先采用钛酸锂电池，10kW/13.2kWh，接入直流组网电源DC 750V直流母线。分布式储能系统主要用于实现平抑波动和暂态功率调节功能，在孤岛情况下，还可以为重要负荷提供应急或后备供电。

（3）直流组网电源

直流组网电源是光储直柔系统的能量核心，由直流组网电源建立 DC 750V 和 DC 375V 两级开放式直流母线，电网额定功率为 100kW，配置 10kW/13.2kWh 锂离子电池储能，接入光伏 21kWp，满足 1 个 20kW 的双向直流充电桩、1 个单向充电桩、25.71kW/750V 直流空调、2.5kW/375V 直流照明、直流新风系统 6.72kW 的用电需求，并预留 10kW/375V 直流电器供电功率。

（4）直流柔性负载

1）直流空调：在建筑三层安装光伏直驱变频多联机空调3台和1台光伏直驱变频多联式新风机组，其中：多联机空调室外机功率为 6.79kW×3，直流新风机组最大功率为 6.79kW，合计 27.16kW。直流多联机空调室外机和直流多联式新风机组室外机接入 DC 750V 母线，与直流用电设备共同实现光储直柔技术目标。

2）直流照明系统：在建筑三层改造 28 盏灯具，采用 DC 48V 供电，总功率约为 1.68kW，配置 2.5kW 直流照明电源。

3）双向直流充电桩：场地内有 2 个停车位为电动汽车停车位，布置具备 V2G 功能的双向直流充电桩，单桩额定充电功率均为 30kW，合计功率 60kW。双向直流充电桩接入直流组网电源 DC 750V 直流母线，并接受直流组网电源的柔性控制和功率双向流动。设备如图 8.3-26 所示。

(a)　　　　　　　　　　　(b)

图 8.3-26　深圳福田供电局办公楼"光储充"一体化系统设备

（a）钛酸锂电池＋直流组网电源；（b）双向直流充电桩

3. 效益分析

该项目光储直柔系统光伏总装机容量达到 55.54kWp，年发电量约 5.2 万 kWh，每年节省运行电费约 3.7 万元。通过建筑光储直柔系统、双向直流充电桩、超级快充等参与"建筑—车—电网"多元互动，可以获得额外的经济收益，不仅有助于降低电网电力负荷峰谷差，提高供电安全性、可靠性和稳定性，还可以减少电力基础设施的投资，降低运行维护成本以及拉闸限电带来的经济损失。

该项目打造了中国南方电网有限责任公司首个融办公、生产、生活一体化的近零碳建筑改造标杆，形成低成本、可复制、可推广的既有电力生产办公建筑近零碳改造示范工程样板和可感知、可体验的近零碳建筑示范推广基地、科普体验基地和技术研究基地，将推动中国南方电网有限责任公司现有电力生产办公建筑零碳化改造升级，引领建筑电碳经济平台技术的高质量发展，助力深圳以先行示范标准实现"双碳"目标。

8.3.5 工业厂区案例：武汉施耐德电气光储直柔示范基地

1. 工程概况

武汉施耐德电气光储直柔示范基地是施耐德电气光储直柔解决方案的首个落地案例（图 8.3-27），该基地通过完整的直流产品、解决方案以及系统层面的柔性调节能力，可实现新增充电桩等关键负载 100% 的光伏绿电供给，并结合已有光伏发电帮助工厂减少碳排放。

图 8.3-27　项目实景图

该项目探索了新一代直流保护方案，利用新三代碳化硅半导体技术，实现了无弧快速短路保护，大幅提高了直流微网的稳定性。此外，直流系统利用先进的电力电子技术和灵活的直流控制模式，有效管理和调节建筑中的光伏发电和电池储能功率，实现了直流配电保护和柔性负荷控制，确保了直流配电系统的安全可靠、高效灵活。

2. 技术方案

（1）系统总体架构

该项目直流配电系统总体架构如图 8.3-28 所示。与众多光储直柔采用 IT 系统不同，该项目创新应用了交直流统一的 TN-S 接地方式，配合开放协议的全固态保护控制模块，实现了直流配电系统安全保护和灵活控制，为光储直柔技术和产品的验证和持续研发提供了示范。

电源采用市电双向变换器柜，基于 IGBT 等全控型功率半导体器件和模块化多电平变换器技术，具备灵活调节交流系统有功无功、潮流反转、快捷方便等特点。

直流母线是直流配电系统的关键环节之一，可实现能量输送和分布式电源接入的功能，还承载着部分控制信息传递功能。在建筑应用场景下，直流母线选择树干式拓扑结构，形式简单、成本低、保护配合、故障定位相对容易。

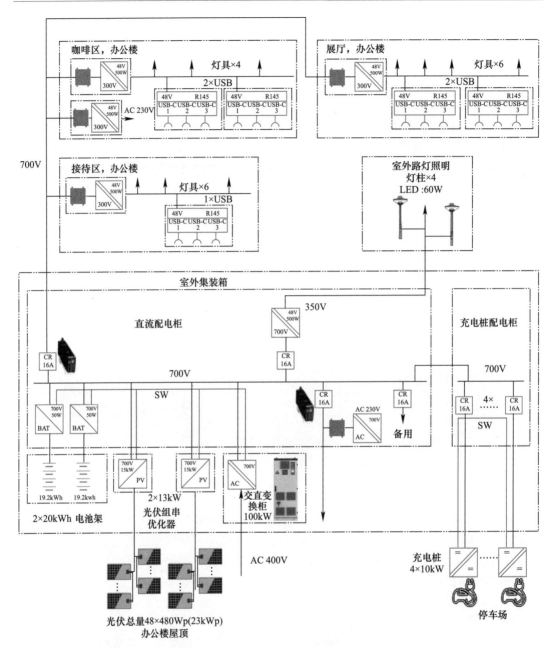

图 8.3-28　武汉施耐德电气光储直柔示范基地直流配电系统总体架构

（2）光储直柔系统

该项目所配置的光储直柔区域为厂区潜在新增充电桩负荷区域（远期可达数十个充电桩），以户外集装箱的形式配置（图 8.3-29、图 8.3-30）。同时，其靠近办公楼外侧，以方便接入楼内直流照明及办公直流负载。光伏组件选取距直流负载最近的屋顶接入。相比之下，厂区交流低压 380V 主配电房则距离该负荷区域约 200m。项目运行经验表明，就近直流侧源荷平衡省去了配电距离的损耗。

该项目配置光伏 23kWp，储能 48kWh，最大总负载约 50kW，其中柔性负载约 40kW。通过该配比可以实现光伏最佳的本地消纳（不返送）以及负载柔性的高调节性。

同时，预留回路可便利地扩展光伏接入量以及更多直流负载。

图 8.3-29　武汉施耐德电气光储直柔示范基地屋顶光伏系统与充电桩

图 8.3-30　武汉施耐德电气光储直柔示范基地储能系统与建筑室内直流用电场景

该项目选用 4 台 11kW、700V 直流输入的双向直流充电桩，均具备基于直流母线电压的直接调节能力。在运行过程中发现，对于该类负载的规划及运行特点（基于该建筑园区的运行特点）尤为重要。应在设计初期充分考虑充电负载的柔性调节度。

该项目采用施耐德电气数字化监控平台，将各变换器、电源、负载支路数据均接入统一的直流微网系统。同时，若干系统参数的设定也可通过平台远程操作（图 8.3-31）。在监控系统后台可调用分钟级的数据，作为系统控制优化迭代的重要依据。项目经验表明，由于光储直柔系统涉及多电源、变换器及各种负载，配置统一、精简的监控系统将大大缩短调试及试运行时间。

从项目初期的运行情况来看，负载调节能力得到了充分调用；光伏的本地消纳同样达到非常高的比例。但同时由于充电桩负载特性及其体量，部分时间处于低载运行（图 8.3-32）。

3. 项目特点

（1）安全：电气装置的风险通常取决于安全类型、电压水平和段内最大电流。

直流电气装置可能会具有特定的风险。根据储能装置在某一点的供电情况，可以对危险和非危险装置部件进行分类。对于直流电气装置，从区域 0（最高危险区）到区域 4（最低危险区）确定了五个不同的风险等级。针对直流系统不同的分区保护，特别是针对末端的固态保护，实现微秒级的零弧保护功能，如图 8.3-33 及表 8.3-3 所示。

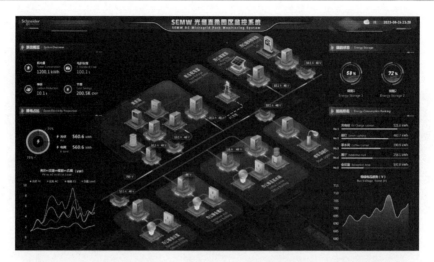

图 8.3-31　武汉施耐德电气光储直柔示范基地光储直柔园区监控系统

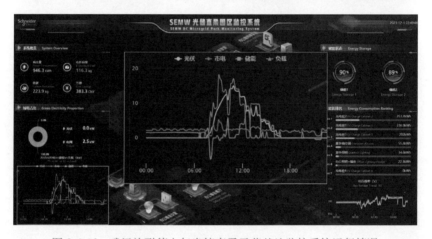

图 8.3-32　武汉施耐德电气光储直柔示范基地监控系统运行情况

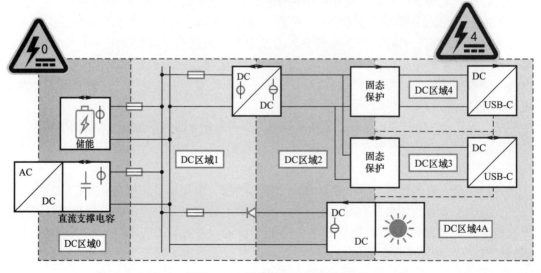

图 8.3-33　风险等级分区示意图

	风险等级分区说明	表 8.3-3
分区		说明
区域 0：无保护源 在这个区域，存在着具有高功率的自主电源，包括电池（多联电池或大容量电池）、公共电网和大型光伏装置		可能存在极高过电流； 可能有多个电源
区域 1：具有较高短路功率的受保护源 在这个区域，来自区域 0 的电源若发生故障，下级的保护器件被动进行保护（如熔丝或断路器）		可能存在较高过电流； 可能有多个电源
区域 2：具有较低（受限）短路功率的受保护源 在这个区域，电流受限超低电压（ELV）源（处于潮湿或湿润环境中电压小于 DC 120V 或 60V 或 30V）		过电流太小，阻碍安全设备（机械断路器）执行安全功能； 可能有多个电源； 双向电力流动
区域 3：多个电子源 在这个区域，可能存在"产消者"（发电机、用电设备或二者的组合）		极低过电流； 无短路功率； 可能有多个电源； 双向电力流动
区域 4：单一电子源 这个区域中只有用电设备		没有明显的过电流； 不支持多个电源； 单向电力流动

（2）高效：通过 DC/DC 变换器减少系统转换损耗，实现系统的效率提升。

（3）柔性：通过下垂的分布式控制，实现各末端负荷基于母线电压的源荷平衡运行。

（4）简捷：直流系统基于产品模块化搭建，灵活实现系统按需规划、即插即用及系统二次扩展，如图 8.3-34 所示。

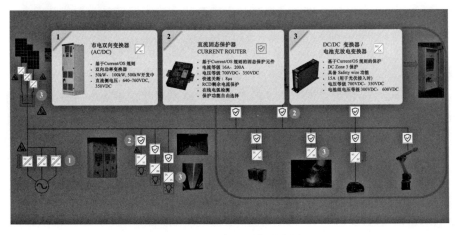

图 8.3-34　直流系统示意图

第9章 总结与展望

9.1 光储直柔研究与发展需求

9.1.1 技术发展需求

"光储直柔"不仅是单项技术的发展，也亟待系统整体的集成创新和应用实践，从单项技术的发展来看，建筑领域应用光伏、储能、直流配电、柔性用电技术仍需进一步探索。

1. "光"：更高的效率与更低的成本

在光储直柔系统中，光伏技术在建筑中的应用起步较早、规模最大。与光伏电站相比，建筑分布式光伏通过与建筑设计、施工同时进行，或安装在既有建筑屋面上，可以节省土地租赁等一系列建设维护费用，比光伏电站更具经济优势。技术迭代和规模化应用又会使光伏组件的效率和经济性进一步提高。未来光伏会成为建筑的重要组成部分，兼具绿色、经济、节能、时尚等优势。

2. "储"：充分发挥建筑等效储能优势

有效、安全、经济的储能方式对于可再生能源的高效利用来说至关重要。不同的储能方式有各自的技术特性和相关资源储备的限制，目前尚不存在一种单一技术路径可以满足所有储能需求。与电网级储能相比，与建筑等用电终端结合的分布式储能方式（如光储直柔系统），在提高可再生能源利用率、降低输配电系统容量要求、提高电网安全性等方面具有较大优势。建筑侧的等效储能极有可能为应对当前迫切的储能需求提供实用、经济的解决方案。如调动电动汽车的蓄电池与电网或建筑进行能源互动（即VBG），实现电力储存、利用建筑物自身的热容实现热冷量储存（如TABS）、通过热惯性实现冷热量储存（如热泵结合蓄冷蓄热等）等。

3. "直"：更成熟的低压直流配电系统（智能电器与配电设备）

直流配电技术同样是建筑场景的新技术，近年来发展势头迅猛。未来成熟的建筑级低压直流配电技术将进一步提高光储直柔系统的可靠性和技术经济性，其中最关键的是直流微网主要部件（智能电器和配电设备）标准化。除已经较为成熟的LED直流照明、便携式电子设备外，空调、冰箱、洗衣机、风扇等需求旋转电机的电器正逐步采用效率更高、调节性能更好的无刷直流电机或永磁同步电机。除了常用的小功率家庭电器外，大型特种设备的直流化也亟待推进，如电梯、消防风机、大型冷水机组等。建筑级各类配电设备也是光储直柔系统发展的瓶颈问题，包括各类 DC/DC 变换器、AC/DC 变换器等，亟须产品支撑。

　　4."柔"：柔性用能的量化评估与激励机制

　　柔性用能是光储直柔系统的最终目的，柔性建筑实现的"用电负荷可控"这一特征对于电网的运行调节具有重要意义。从可再生能源最大化利用的角度来看，最有利于电网的用电负荷应该与电网的可再生能源发电完全匹配。光储直柔建筑的用能柔性可以通过建筑用电曲线和可再生能源发电曲线之间的不匹配度来给出。需要开展更深入的研究来揭示光储直柔系统中的各组成部分（即光伏、储能技术/模式、智能直流电器等）对建筑用能柔性的影响，从而给出最大化柔性的技术方案。进一步地，目前仍然缺乏一套通用的定义方法来量化建筑用能的柔性，也难以给出科学有效的建筑柔性用能激励机制，仍需要探索进一步能够实现源荷友好互动的有效途径。

9.1.2　系统集成与实践需求

　　光储直柔是推动建筑领域实现"双碳"目标的重要支撑技术，根据城乡建设发展需求、光储直柔发展面临的重要机遇，现阶段光储直柔的系统集成和工程实践应重点从如下三方面开展攻关：

　　1.城市：推动建筑光伏自消纳、建筑—电动汽车协同的光储直柔系统建设

　　城市建筑空间资源相对较少，即便充分利用屋顶光伏，通常也仅能满足自身 15%～30% 的用电量需求。除仓库、会展中心等可大面积安装屋顶光伏的建筑，一般城镇建筑都可以实现光伏完全自我消纳、"只进不出"。电动汽车的电池资源是光储直柔最重要的储能资源，通过有序充电桩系统把车载电池接入光储直柔系统，是建筑成为可大范围变化的灵活负载的保证。"有序充电桩＋光伏"又可以作为推动光储直柔系统发展的先导，可先通过这部分工程获得屋顶空间和停车位资源，并容易获得经济效益。为此，需要城乡建设部门将充电基础设施与建筑新建、改建工作统筹考虑、同步发展、协同推进，需要开发利用电动汽车电池资源的智能有序/双向充电桩系统，需要推动建筑与电动汽车融合发展的基本模式、技术实现途径、关键充电桩产品、建筑与充电基础设施规划设计方法、建筑—车—电网（VBG）协同调控方法等多方面的研究。这样，既能解决电动汽车发展中面临的充电基础设施不足、充电需求对电网冲击大等难题，又能为建筑光储直柔系统的发展提供可利用的重要调蓄资源，使得建筑、交通这两大终端领域能够协同实现零碳化发展，并最终与电力系统实现友好交互。

　　2.农村：建设以屋顶光伏为基础的农村光储直柔新型能源系统

　　农村具有丰富的屋顶可安装光伏，这是农村发展光储直柔的巨大优势，但如何用好屋顶资源、采用何种模式，是需要回答的关键问题。把屋顶光伏作为农村以全面电气化为目标的新能源革命的基础，应优先解决农村生活、生产和交通的能源需求，替换掉目前农村的燃煤、燃油、燃气等化石能源。未来随着农机设备全面电气化，农村户均电池资源将高于城市，成为重要的分布式储能资源。与此同时，农村用电需求相对较低，屋顶光伏电量通常远大于农户自身用电需求，在利用光伏解决自身用电需求后，可利用农村具有的调蓄资源来协调发电与各种用电之间在时间上的不匹配，并协调将多余电力稳定地向电网输送，使得村庄成为具有一定规模的光伏发电站。这样就能够建成以屋顶光伏为基础的光储

直柔新型农村能源系统，满足农村未来发展的基本能源需求、促进农村能源结构全面转型，并为全社会贡献可再生电力，更好地服务于乡村振兴、"双碳"目标。

3. 建立合理响应机制，充分发挥建筑柔性能力，助力电力系统供需匹配

光储直柔的最终目的是协助电网实现风光电的消纳，但目前尚未有可操作的与电网协调的调节机制。怎样破解这个局面？核心是解决与电网互动协调的问题，使光储直柔系统的柔性真正发挥作用。近期要解决的是负载侧峰谷差调节问题，使建筑由电力负载峰谷差的制造者转变为消除者；远期建成大比例风光电后，主要功能又转为跟随风光电的变化用电，从而有效消纳风光电、促进供需匹配。在建筑等终端用户具有柔性用电能力后，需要与电力系统有良好的互动指标、指令，来充分发挥终端的重要作用。当前峰谷电价、电力系统提出的需求侧响应、虚拟电厂等政策机制还很难完全匹配对用户侧实时调度、配合未来可再生电力发展的需求，需要有新的、合理的指标体系来填补这一关键缺失。例如，碳排放是实现"双碳"目标的重点，当前可设计出基于降低碳排放、促进整个能源系统减碳的指标，来引导建筑等终端用户发挥自己的柔性用电能力、适应电力系统碳排放的波动，从而真正通过供需协同来降低碳排放。这一方面的工作还需要供需两端多部门间的协同推动，设计出更适宜供需匹配、引导终端发挥柔性能力的政策机制和指标体系。

9.2 建筑与电网友好互动的发展展望

建筑中使用电力导致的间接碳排放通常占到建筑碳排放的80％左右甚至更高，降低建筑使用电力时的碳排放是实现建筑减碳目标的重要途径，也是构建建筑新型能源系统的重要环节。尽可能地利用自身和外部供给的零碳电力、构建电网友好型建筑是实现建筑零碳目标的重要抓手。为此，建筑等用户侧与电力系统的友好交互正受到越来越多的关注，在建筑光伏利用基础上柔性建筑、光储直柔等理念得到越来越多的研究和实践探索，如何进一步推动建筑与电力系统交互、友好互动，促进包含光储直柔建筑在内的更大规模、海量建筑用户投入到与电力系统的源荷互动中，还需要更加深入的技术研究和工程应用。

9.2.1 建筑与电网互动调节方式

从建筑等用户侧具有的调蓄资源、调节潜力来看，用户侧储能/等效储能为调节自身用电曲线提供了很好的弹性/灵活性，而建筑等用户具有的可调能力需要与电网的调节需求相适应。换言之，电网需要将自身的调节需求明确传达至用户侧，用户侧再根据自身具有的可调能力、运行保障的基本功能等综合做出决策，以实现对电网调节要求的响应。这一供需两端之间的调节过程示意如图 9.2-1 所示，电网的调节指令可通过一定的通信手段下发至用户侧，建筑等用户侧需要根据调节需求与自身用电需求来综合决定可执行的调节策略，用户侧的调节效果可根据需求反馈至电网。

当前电网对用户侧的调节方式如需求响应、虚拟电厂、车网互动等已发挥了很好的调节作用，但当前多是偶发性的调节，一年中的响应时段有限，未来当能源系统中存在更多的实时调节需求时，需要电网的调节指令能实时传递到用户，这就需要探索出电网与海量用户之间实时互动的指标参数。例如在分时电价、需求响应指令之外，当前已有研究提出将实时的电力碳排放因子、碳排放责任因子作为能源系统对用户侧的调节需求信号来反映

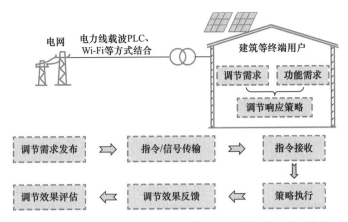

图 9.2-1　新型电力系统中对建筑等用户侧的调节过程示意图

能源系统的调节需求，用户可根据上述实时指令来调节自身用电，以实现动态响应，这种方式有望为未来海量用户参与能源系统的实时调节提供有益探索。

图 9.2-2 给出了建筑与电网互动的实现方式，从所应对的负荷类型来看，可以根据同类型负荷来实现海量用户侧灵活性资源与电网的互动，这些用户侧资源可跨越空间，依靠就地采集终端负载信息和远距离通信技术结合等方式来实现对灵活性负载的有效调节，例如车网互动技术可以支持大规模充电桩与电网的互动；目前一些电力公司与建筑用户或空调企业正在联合进行针对大量的冷水机组、热泵机组等暖通空调设备实施响应电网调节需求的实践；多栋建筑尽管不处于地理上的邻近空间，但也可根据统一的电网调度指令或调节需求来共同执行调节指令，一些商业综合体、数据中心甚至地铁车站等均能够实现这种负荷侧的响应。

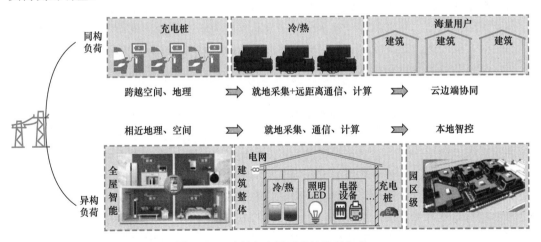

图 9.2-2　建筑与电网互动的实现方式

电网与建筑的互动也可以通过包含多种类型负荷的统一用能主体来实现，这些处于相近地理空间的用户，可以根据自身的用能需求与电网的调度响应需求来综合决策。例如当前家庭智能化、数字化技术的发展推动了"全屋智能"等技术的应用，单个家庭可能拥有多种类型的用电负载，经由统一的全屋控制系统来响应外部电网的调控指令需求；对于整栋楼宇或多栋建筑组成的园区，未来将越来越具有微电网的形态，需要在原有以用电保障为主的基本功能上拓展出管理好自身分布式光伏、响应电网调节需求的新功能，原有的楼宇/园区运行控制系统已对自身建筑能源系统的运维管理做出了安排，在此基础上可以增加参与电网调节的功能模块，并对建筑内的照明、空调等用电设备设计出新的运行策略，以便更好地实现建筑用户与电网的交互。

9.2.2 建筑电力需求的深入认识与可调能力挖掘

首先是对建筑等终端用户侧电气化率提升和负荷特征的进一步认识。随着经济社会的发展，终端用户对电力需求的增长是各方面的共识，这就需要对用户的负荷特性进一步挖掘，既要针对当前用户的用电特征及影响因素开展深入研究，也要对用户侧用电可能出现的变化、增量等有前瞻性布局。例如在建筑用电需求侧，冷热类负荷一直是重要的用户侧电力负荷峰值成因，当冬季供暖方式转变为热泵时，用户侧就会呈现出新的电力负荷需求特性，这种发展情形会导致夏热冬冷地区、北方供暖地区等出现新的电力需求变化；随着交通电气化的发展，私家车电动化后带来的充电需求也是需要重点关注的用户侧电力需求变量，其与建筑用户固有的电力需求之间能否有效融合，电动汽车的充电负荷需求如何更好地得到调节甚至根据其转移特征来将其充电需求、放电能力等在不同建筑间有效分配，也需要深入挖掘。从建筑等用户的用电需求影响因素来看，建筑能耗可包含较为稳定的基础能耗和受到运行使用影响的波动能耗两部分，其中建筑日常运行中的基础能耗多与维持建筑基本功能的安防通风等用电负载相关；波动能耗除了受建筑本体性能的影响外，气候、使用行为等因素是决定用户电力需求变化的重要因素，例如空调能耗受气候的显著影响，办公插座能耗主要由人员使用行为决定。

其次是对建筑电力需求的基本保障任务和解决方案的探索。在电气化发展趋势下，建筑有了更多的新的用电需求，例如煤改电、电动汽车等新的用户侧用电终端不断涌现，对终端电力的保障要求越来越多；很多既有建筑面临电力增容困境，成为既有建筑改造实施中面临的主要问题，如何将新的、不断增长的终端用电需求与新型能源系统的建设相结合，探索出适宜的解决路径就变得极为迫切。随着我国城镇化不断发展，城市更新、既有建成区的宜居宜业改造也越发迫切，在城市更新改造过程中面临的很大难题即是电力系统增容困难与更高的终端用户用电容量需求之间的矛盾，既有容量存在难以应对增长的无序充电、新增电力需求难以满足等困境；若单纯扩大电网容量，会带来改造投资过大、运行效率不高等经济性问题。与建筑分布式光伏发展相结合，将这些分布式可再生电力资源利用好，就地解决一部分新增电力需求；将新增的充电需求与既有的建筑配电系统打通，通过终端有序充电、自律用电等方式实现建筑与电动汽车的有效协同，有望成为在城市更新改造中应对新增电力需求、更好保障终端用户用电需求的经济、低碳路径。

再次，应对建筑自身用电负荷的柔性/可调能力有进一步认识。当前已有的用电负荷如空调、照明、插座等分项用电具有不同的可调能力，对分项用电可调能力的描述也已提出相应的方法。建筑分布式光伏的加入，对其调动自身可调能力提出新的目标；当建筑加入新的充电需求（如电动汽车用电负荷）时，其可调能力又会发生新的变化；当加入建筑响应外部电网的指令要求时，应当对建筑用户在叠加消纳自身光伏后对电网净负荷的需求有更科学的描述，以便更好地认识建筑与电网的互动关系。当不同类型的用电负荷聚集在一起成为一栋建筑的整体用电时，其可调能力有多少、逐时变化规律及受到什么样的因素影响，应当有进一步的认识，以便对建筑整体响应电网调节时做出更合理的策略设计。不同类型的建筑具有不同的功能要求和用电特征，也具有不同的灵活性/柔性响应能力，需要对建筑用电需求及可调能力进一步深入挖掘，针对不同功能建筑、建筑中不同用电环节制定不同的响应调节策略。

9.2.3　电网调节需求与建筑能源保障需求的博弈

什么是真正的电网友好型建筑，目前还未能给出特别明确的定义。电网需求什么样的终端用户，也是值得进一步思考的问题。电力系统研究者提出了以用户净负荷需求与电网负荷曲线间的相对关系来衡量用户负荷的友好特征，而未来随着建筑自身用电负荷、电网净供给负荷的变化，二者之间的友好互动如何刻画、何种建筑具有更好的电网友好性，仍需进一步剖析。建筑能源系统在不断发展变化，而电力系统也处在发展变化中，二者之间的友好衔接并非单纯基于与当前现状的结合，而是更多着眼于未来能源结构、未来电力系统架构下的有机融合。很多当前情境下适用的技术路径，也需要面向新型电力系统的发展变化给出新的解决方案，例如商业建筑中广泛应用的蓄冷技术原本是为了应对夜间电力低谷、日间用电高峰，但当整个电力系统的供给状况改变时，需要面向午间电力低谷、夜间电力高峰来应对电力系统的调节需求，但同时又需要综合考虑建筑冷负荷高峰多出现在午间的基本需求，技术适用性、系统配置运行等均需要做出新的改变。

建筑能源保障需求是一个人因、气候、设备等多重因素主导的过程，与电力系统集中统一管理、物理数学边界约束明显的决策过程相比，建筑能源系统的构建除了基本物理、数学逻辑之外，还受到用户自主性、主动性等因素的显著影响。建筑节能的过程很大程度上也是在建筑能源需求保障与用户满意度之间寻求平衡，以达到降低能源需求的目的。使用者/用户的需求或满意度对能源供给有决定性影响，建筑用电能力柔性调节的过程也应当重视这种终端用户的真实需求，例如空调系统很多情况下的可调能力受到用户可接受的温湿度范围等的影响；新风供给在理论上也是跟随人员使用来变化的；电动汽车充放电的可调能力在很大程度上由用户可接受的充电方式、充电行为来决定；照明、办公插座用能等某种程度上也受到人员使用的影响。因而要高度重视人因作用在建筑能源系统中的影响，人行为规律的研究已在建筑能源系统模拟中得到重视，需要进一步揭示人在建筑能源系统需求中的主观作用，并将人因导致的终端用户满意度的衡量评估纳入建筑用户的可调能力刻画中；如何将人因与整体建筑能源系统的柔性可调能力相结合，在基本的物理参数之外寻求对用户整体满意度的保障与电力柔性可调能力之间的平衡，也是可以探索的研究方向。

电力系统自上而下的调节需求与建筑等用户侧具有的自下而上的调节能力之间需要寻求动态平衡点，以便更好地应对未来电力系统的实时调节需求。例如空调系统节能的发展方向是"局部时间、局部空间"的分散式可调系统（如分体空调、多联机空调等）、分布式保障来最大限度地降低能源需求，实现节能，并非楼宇式集中空调系统或园区级集中冷热供应方式就一定能够达到高效节能的效果。而这种支持分散、分布式能源系统应用的海量建筑用户与电网集中统一调度、调节指令明确的系统间如何有效协同，是需要未来在对用户侧灵活性调度利用过程中需要差异化考虑的方向。以商业建筑为例，商业综合体的运维管理系统中已接入建筑日常运维管理的基本功能，对租户、公共区域等实行不同的管理模式，要想实现与电网调节需求的结合，需要在满足建筑日常使用功能的基础上对可调负荷进行挖掘，例如公共区域的空调、照明可在很大程度上成为柔性调节资源，而租户的用电则需要另外的一套规则来实现有效调度。怎样在满足用户/租户用电基本需求的基础上，把服务电力系统的调节目标融入建筑整体的运维管理中，需要在其中寻找新的平衡点。

9.2.4 电力系统与建筑部门的进一步融合

与传统的集中式电力系统相比，建筑自身是分散的系统，其本身能源系统构建过程中就充分发挥了独立个体的作用，电力系统等提供接入条件，建筑作为海量分散的用户来满足自身需求，与大电网集中的统一调度管理等方式有明显区别。但在新型电力系统发展过程中，建筑等终端用户承担起"产、消、储、调"诸多任务，发展出"宜分布则分布、宜集中则集中""集中与分布相结合"的系统模式，与新型电力系统的系统形态、分布式电源发展及系统调节等任务有了更多的融合机会。对建筑节能、降低建筑中关键环节能耗的措施研究也表明，由于建筑的服务属性决定了其采用分散式系统时能够更好地满足自身用户的调节使用需求，不一定适宜采用集中的系统来统一满足建筑中不同用户的使用需求。因此，从建筑的功能需求特点出发，建筑本身适宜采用分散、局部空间、局部时间等系统方式来降低自身能耗，而新型电力系统建设目标下，大电网、电力系统集中的统一调度模式未来可能需要发生改变。如何把建筑的分散、个性化需求与电力系统的运行调度需求相结合，如何更多地将微网层级的电力系统调控与建筑终端用户的能源系统打通，也是需要进一步探索的重要问题。

电力系统需要的灵活调节能力可在建筑用户侧获得极大补充，建筑用户侧具有的冷热调节、电动汽车等等效储能能力具有很好的技术经济性，需要在满足自身用能需求的基础上结合电力系统的调节需求来确定适宜的运行调控策略；而未来发展的分布式储能方式，则有望进一步加大用户侧的可调能力，使得用户真正成为具有灵活可调特征的电力系统友好负载。例如正在发展的光储直柔建筑，其出发点也是在保障建筑自身电力需求基础上更好地面向电力系统调节需求来构建柔性灵活的建筑能源系统。如何将建筑用户侧的灵活调节能力充分应用到电力系统的调节过程中，需要电力系统自上而下的调节需求与终端用户自下而上具备的调节能力之间的互联互通；需要将电力系统的调节指令、实时调节信号等通过先进的通信、数字化手段传输至终端用户；终端用户需要在满足自身需求的基础上，加入对电力系统调节指令的响应，以此获得友好互动的效果。

数字化、智能化是未来各行各业重要的发展方向，电力系统已实现较高的数字化水平，新型电力系统也将进一步迈向智能化。相比电力系统的数字化飞速进程，建筑部门整体的数字化进展稍显落后，并且受到海量建筑用户、分散式管理等因素制约，整体的数字化水平参差不齐，建筑还难以整体迈进高度数字化时代。当前已有很多易于集中管理的建筑综合体、功能型建筑等探寻出各自的数字化发展路径，并将建筑自身能源管理作为重要的环节，高度数字化的建筑能源管理系统可以先行一步与电力系统的数字化进程有效对接，通过建筑能源系统的数字化推动建筑其他运维管理过程的全面数字化；电力系统的调节指令、调节需求也可以通过数字化的手段下发至建筑用户的运维管理系统，实现建筑、电力系统在实时数据、响应调节等方面的数字化衔接，更好地促进电力系统对用户侧柔性灵活资源的有效利用。